模式识别技术在木材智能检测中的应用

张怡卓 著

科学出版社
北京

内 容 简 介

实木板材表面特征与物理性能直接影响板材利用与产品质量，本书以实木板材表面特征与物理性能检测为对象，以图像处理与光谱分析为检测手段，应用模式识别领域的新技术与新方法对实木板材开展检测与分析等。本书内容整合了作者的科研成果，系统介绍了线性分类器、聚类算法、主成分分析法、遗传算法、粒子群优化算法、支持向量机、压缩感知、神经网络等模式识别的基本原理，以及参数优化和相关改进策略，给出了实木板材物理性能检测与表面特征分析的整体流程和实验结果分析的相应方法。本书理论与实践相结合，可以帮助读者掌握模式识别方法的具体应用过程，并解决应用中遇到的问题。

本书可作为林业工程、控制工程、计算机科学与技术、电子科学与技术等专业高年级本科生、研究生的参考书，也可为其他相关专业人员了解模式识别方法提供入门参考。

图书在版编目（CIP）数据

模式识别技术在木材智能检测中的应用 / 张怡卓著. --北京 ：科学出版社, 2025. 3. -- ISBN 978-7-03-080777-9

Ⅰ. S781.1-39

中国国家版本馆 CIP 数据核字第 2024W82W66 号

责任编辑：姜 红 孟宸羽 / 责任校对：邹慧卿
责任印制：徐晓晨 / 封面设计：无极书装

科学出版社 出版
北京东黄城根北街 16 号
邮政编码：100717
http://www.sciencep.com
三河市春园印刷有限公司印刷
科学出版社发行 各地新华书店经销
*
2025 年 3 月第 一 版 开本：720×1000 1/16
2025 年 3 月第一次印刷 印张：16
字数：323 000

定价：148.00 元

（如有印装质量问题，我社负责调换）

前言

木材是现代生产生活应用最广的四大材料（钢材、水泥、木材、塑料）中唯一可再生、可降解和再循环利用的绿色环保材料和生物资源，是国民经济和人民生活不可缺少的重要物资。木材具有大自然赋予的美丽纹理，独特的色泽、质感，以及优越的材料特性。尤其是经锯切或刨开后，这种纹理就会显现出来并带有光泽，使材料的质感体现更加具体、形象。木材正是因为具有这种美妙的艺术特质，被广泛地应用于室内装饰，如衣柜等室内家具陈设，隔断屏风重点部位的造景及室内地板、天花板造型等。随着社会人口的增长和经济的发展，人们对木材的需求也与日俱增，过度的使用和采伐使森林遭到严重破坏。为了更加合理地使用木材资源，在木材产品加工与生产中，既要节约木材，又要实现木材的合理应用。

在木材的加工过程中，首先要把原木锯成板材，而板材表面存在的各种缺陷直接影响板材的使用价值和经济价值，因而板材表面缺陷是评价板材质量的重要指标之一。首先，板材花纹美观与否对板材及木制品十分重要，板材表面的纹理和颜色直接影响木材的等级、强度、使用价值及经济价值。其次，实木板材的密度、含水率，特别是力学强度等物理性能，也影响着实木产品的品质、稳定性和经济价值。因此，针对实木板材表面和物理性能开展的无损检测，一方面可以实现产品质量的工程目标，满足指接、拼板、家具、地板、装饰等木材加工行业各个领域多目标优选的分类要求，实现对木材高效利用并提高优化利用水平；另一方面可以为木材加工企业提供工业综合自动化的整体解决方案，提高产品质量、生产自动化程度和效率。

近红外光是波长为 780～2526nm、介于可见光及中红外区间的电磁波。近红外光谱分析技术是一种快速高效、绿色无污染、可靠性高的间接分析技术，可以对不同物质形态样本的性质进行定性、定量检测。现代近红外光谱分析技术是 20 世纪 90 年代以来发展最快且受关注度最高的光谱分析技术，其将光谱分析、数理统计和计算机技术融为一体，实现对待测样本快速准确地无损检测。与 X 射线相比，近红外光谱分析技术对人体没有伤害，保障了检测人员的安全；与超声波相比，近红外光谱分析技术在检测过程中不需要耦合剂，易于进行野外检测；与核磁共振相比，近红外光谱采集仪体积小、携带方便；与机械应力波相比，近红外光谱分析技术操作简单，测量结果精度高。在近红外光谱建模过程中，存在样本数量不足、光谱曲线谱峰重叠、光谱波长冗余及光谱与标定对象间存在非线性关系等问题。因此，建模过程要实现光谱预处理、特征有效优选及非线性建模等操作，进而提高关联精度。

图像处理技术在硬件与算法有效配合下，具有信息采集量大、处理分析柔性灵活、速度快、精度高的优势。图像处理包括图像增强、图像复原、图像分割与图像理解等内容。在实木板材的分选处理过程中，相关研究主要集中在表面特征提取、缺陷分割、纹理与缺陷的分类识别环节。缺陷与纹理具有随机性，传统方法通常对缺陷与纹理进行分步处理，导致图像特征因子增多、分类器设计不灵活，严重制约了在线检测速度。

鉴于上述原因，本书以实木板材表面特征与物理性能为检测对象，以图像处理与光谱分析为检测手段，应用模式识别领域的新技术与新方法对实木板材开展检测与分类等。本书可为实木板材在线分选的自动化、智能化提供有效方法，可以实现合理选材、科学用材，进而提高木材利用率。同时，本书对促进木材无损检测行业的发展、木材加工企业提档升级有借鉴意义。

本书部分研究工作是在国家林业和草原局公益项目（20130451）、“948计划”项目（2015-4-52）、黑龙江省自然科学基金项目（C2017005）的支持下完成的，特此鸣谢。此外，作者指导的研究生参与了本书相关内容的研究工作，他们是涂文俊、侯弘毅、张淼、门洪生、苏耀文、马琳、刘思佳等，在此一并表示感谢。

由于作者水平有限，本书不足之处在所难免，敬请读者批评指正。作者邮箱是：nefuzyz@163.com。

张怡卓
2024年7月11日

目　录

绪 论

木材是一种极有价值的材料，具有可再生、分布广、转化能源低的优点。而实木板材作为室内装修的主要装饰材料，更具有自然美观、触感舒适、调节湿度、冬暖夏凉、吸收噪声、安全环保等优点，已成为消费者喜爱的装饰用材。目前，国内木材供应缺口越来越大，导致木材进口量增加。我国作为典型的生态脆弱型国家，林木的紧缺不仅增大了资源利用的压力，而且也增大了对国外资源的进口压力。因此，如何合理地利用木材、优化木材行业中对于木材的处理过程，同时提升木材资源的使用比例，是目前林业科研人员迫切需要解决的问题。

木材无损检测技术可以在不破坏待测木材自身的结构特征、化学组成、最终用途的前提下，对木材的物理性质、化学成分、内部结构特征、力学性能、内外缺陷等方面进行检测。相比传统的木材检测手段，无损检测技术在环保、高效、节约成本等方面都有显著优势。其中，近红外光谱（near infrared spectrum，NIR）分析技术作为一种高效、方便的无损检测技术，得到了蓬勃发展。近红外光谱分析技术具有对人体无害、无须特殊化学试剂、可深入待测物体内部对物体的结构信息与化学信息进行检测、携带方便、操作容易的优点，目前已经被专家学者广泛应用在木材无损检测的各个领域。此外，随着计算机视觉技术的发展，基于计算机视觉的自动化检测技术得到了不断更新与完善，在工业生产中产生了巨大的经济价值。

在木材的加工过程中，板材是木材应用需求量最大的品种，而板材表面存在的各种缺陷直接影响板材的利用价值和经济价值，因而板材表面缺陷是评价板材质量的重要指标之一。首先，板材花纹美观与否对一些板材及木制品十分重要，而且板材表面的纹理和颜色也直接影响木材的等级、强度、使用价值及经济价值。其次，实木板材的密度、含水率，特别是力学强度等物理性能，也影响着实木产品的品质、稳定性和经济价值。本书对实木板材密度、弹性模量、板材表面纹理与缺陷、缺陷内部形态的识别开展无损检测研究，相关研究内容与方法如下。

在密度检测方面，首先采用蒙特卡罗采样（Monte-Carlo sampling，MCS）法剔除奇异样本，采用光谱多元散射校正（multiple scatter correction，MSC）和萨维茨基-戈莱（Savitzky-Golay，S-G）滤波器对光谱数据进行预处理，消除光谱漂移、表面散射和噪声的影响，然后通过仅向区间偏最小二乘法（backward interval partial least squares，BiPLS）和连续投影算法（successive projections algorithm，SPA）对特征波长进行提取，降低不相关变量对预测效果的影响，最后根据提取的光谱特征，构建基于小波神经网络的木材密度预测模型。

在弹性模量预测方面：一方面，从针叶材管胞结构对木材弹性模量的影响入手，设计一套集光源发射、光斑采集与板材遍历于一体的纤维角检测平台，实现了图像校正、图像高频信号抑制与边缘点提取，通过光斑特征提取构建抗压弹性模量的前馈神经网络模型；另一方面，应用近红外光谱构建了弹性模量预测模型，应用马哈拉诺比斯距离（Mahalanobis distance，MD）与肯纳德-斯托内（Kennand-Stone，K-S）算法，剔除异常样本与样本集自动划分，应用 MSC 和 S-G 平滑法和一阶导数法消除了散射光、基线漂移和噪声干扰，在局部线性嵌入-偏最小二乘法（locally linear embedding-partial least squares，LLE-PLS）、等距特征映射-偏最小二乘法（isometric feature mapping-partial least squares，Isomap-PLS）的非线性降维优化后，构建极限学习机（extreme learning machine，ELM）非线性模型。

在实木板材缺陷检测方面，首先从缺陷表面检测入手，应用近红外光谱分析技术对实木板材表面存在的活节、死节、裂纹与虫眼 4 类缺陷进行识别，采用偏二叉树双支持向量机构建缺陷分类模型，并运用模拟退火算法对 4 类核函数、参数及波长特征进行全局寻优，最后构建缺陷分类模型。在表面缺陷检测的基础上，利用边缘光谱信息对缺陷形态进行反演预测，采用联合区间偏最小二乘算法（synergic interval partial least squares，SiPLS）选取近红外光谱主成分，找出最佳区间组合，采用 Isomap-PLS 模型选取非线性降维数，最后采用小波神经网络（wavelet neural network，WNN）建立缺陷角度预测模型，并利用 SolidWorks 2016 软件模拟出缺陷在板材内部的形态。

在实木板材表面纹理与缺陷的快速、协同检测方面，首先对频谱变换的特征提取方法进行研究，选择小波变换与曲波变换对板材表面直纹、抛物线纹理与乱纹进行特征提取，在分析两类特征提取器的特点后，进行特征融合，实现了纹理辨识。从板材分选的精度与速度实际应用出发，综合考虑缺陷与纹理协同分选，应用双树复小波变换（dual tree-complex wavelet transform，DT-CWT）提取表面特征，在特征优选后应用样本集构建压缩感知分类器，通过分析分类器的构建过程、识别精度与速度验证了分类器的优势。

本书相关研究内容一方面可以实现产品质量的工程目标，满足指接、拼板、家具、地板、装饰等木材加工行业各个领域多目标优选的分类要求，实现木材高效节约并提高优化利用水平；另一方面可以为木材加工企业提供工业综合自动化的整体解决方案，提高产品质量、自动化程度、生产效率。

第1章 板材基本密度的近红外光谱检测方法

1.1 概述

实木板材密度是影响板材性质的重要属性，不仅可以用来评估板材的实际重量，根据它的变异性和变化规律判断板材的工艺性质和木材的干缩、膨胀、硬度、强度等其他性能的变化[1]，还能够反映树木的生长规律，为林业方面其他学科的研究提供研究方法，是研究木材利用与木材培育相关性的常用指标[2]。板材密度通常分为基本密度、生材密度、气干密度和绝干密度 4 种，其中基本密度最常用[3]。基本密度由绝干材重量和生材体积确定，这两项指标比较稳定，测定的结果准确。板材基本密度的大小直接影响板材的物理与力学性质[3]，进而决定了板材的使用价值。对板材基本密度进行科学、有效、快速的检测不仅可以保证板材使用的安全性，而且可以使匮乏的木材资源实现材尽其用。寻求一种快速、准确的板材性质评价方法，已成为木材研究的重要内容之一。

本章从板材基本密度快速无损检测的目标出发，结合适当的模式识别技术，设计有效可靠的板材基本密度无损快捷的检测手段，为自动化在线检测板材性质提供研究方法，促进木材检测行业的发展，实现合理选材、科学用材相结合，提高木材利用率。

1.2 密度检测基本方法

密度检测主要有三类方法：传统称重法、机械力密度检测法和射线密度检测法[4]。

1. 传统称重法

传统称重法是通过测量木块质量和体积的方式得到木块的密度。通常按照国家标准将测量目标切成小块，测量其质量和体积，得到每块样本的密度，从而得到整个木材的密度分布。这种方法可以准确地测得木材的真实密度，可以作为密度真值对其他设备进行标定，但是其具有操作复杂、自动化程度低、耗时、有损等缺点，大大降低了木材的使用价值。

2. 机械力密度检测法

机械力密度检测法的原理是由于木材的硬度、阻力等性质与木材的密度紧密相关，因此可以通过木材的硬度或力学性质来预测木材密度，常用的有以下几类。一是应用 Pilodyn 间接测木材密度，Pilodyn 是可以快速准确对木材基本密度进行检测的手持测量仪。仪器测量值与密度存在一定的相关性，探针刺进木材深度越大，木材的密度越小，深度越小则密度越大[5,6]。茹广欣等[7]利用 Pilodyn 对青海云杉的基本密度进行了统计分析，建立青海云杉基本密度与 Pilodyn 测量值的关系模型。结果表明，Pilodyn 不仅可以预测青海云杉活立木外侧部分的基本密度，也能够预测整株木材的基本密度。殷亚方等[8]以我国人工林中 4 种阔叶树为实验对象，研究了利用 Pilodyn 检测立木木材密度的可行性，证明了运用 Pilodyn 可以评估一些立木的基本密度。该方法存在局限性，由于木材树种不同，宏观的硬度性质也会不同，木材的各向异性也会对密度检测的结果产生影响。二是基于微钻力的木材密度检测，木材微钻阻力仪是由德国研制的用于探测树木或木材内部结构的仪器，通过小型电机将钻针以恒定速率钻入木材内部，在此过程中会产生相应的阻力，阻力的大小反映出木材密度的变化[9]。木材微钻阻力仪具有操作简单、精度和分辨率高、对木材基本没有损坏等优点，可以快速探测树木和木材的内部情况。

3. 射线密度检测法

射线密度检测法是一种具有精度高、检测速度快、测量结果稳定等特点的非接触式的检测手段[4]。由于不同密度物质对射线的衰减程度不同，射线对密度大小异常敏感，因此射线密度检测法能够精确地测出木材的密度，通过逐点测量也可以测得木材的微密度，反映木材不同部位的变异情况。国外相关专家依据射线对木材密度的精准反应设计了木材微密度检测设备，探索了 X 射线在木材无损检测领域的应用。阮锡根等[10]为了更高效、快速地测定木材密度，结合 X 射线检测木材密度的原理，设计了直接扫描式 X 射线木材密度计，该仪器是利用微机控制的整体化检测仪。李丽等[11]将 β 射线应用在无损检测设备上，以杨木旋切单板作为实验对象，研究了木材厚度和射线透射时间等因素对检测的影响。

1.3 近红外光谱分析技术

近红外光谱分析技术是20世纪90年代以来发展较快、较引人注目的高效现代分析技术之一，它综合了计算机技术、光谱技术和化学计量学等多个学科的最新研究成果，得到了普遍的认可[12]。美国材料与试验协会（American Society for Testing and Materials，ASTM）将近红外光谱区定义为780～2526nm，介于中红外光谱区（mid infrared spectroscopy，MIR）及可见光谱区（visible infrared spectroscopy，VIS）之间，因此近红外光谱区的信息丰富，既具有中红外光谱区的特点，也包含了可见光谱区光谱信息容易获取和处理的特点。近红外光谱区承载的分析信息主要是分子内部含氢基团振动的倍频与合频特征信息。有机分子一般都包含C—H、N—H、S—H、O—H等含氢基团，这些含氢基团的不同倍频与合频特征信息以及主要的化学结构信息，都能够体现在近红外光谱上，因此利用近红外光谱能够分析物质的化学结构与性能。不同的含氢基团或者相同含氢基团在不同的组成结构或化学环境中对近红外光的吸收度不同，这就成为近红外光谱能够分析有机物组成和性质的前提。

1.3.1 近红外光谱分析技术特点

近红外光谱分析技术具有下列优点：①分析速度快。光谱的采集过程一般可在2min内完成，通过建立的模型可以快速对测定样本进行定性或定量判断。②分析效率高。一次光谱测量可以与多个定标模型进行联系，对样本的多种成分与性质进行判别。③非破坏性分析。近红外光谱采集与分析不会损坏样本，对样本的利用率与活体分析都具有正面的意义。④便于实现在线分析。因近红外光谱在光纤中也具有较好的传输特性，可以适应生产过程，实现在线分析。

同样，近红外光谱分析技术也存在不足：①灵敏度相对较低。对组分的分析表明，只有含量高于0.1%的组分才适合进行近红外光谱分析，随着近红外光谱分析技术的不断进步，灵敏度也会有所提高。②近红外光谱分析技术属于一种简洁的分析技术，需要大量前期工作，需要具备化学分析知识、科研费用与时间，同时定标模型建立也会影响分析结果。

1.3.2 木材的近红外光谱检测研究现状

近红外光谱分析技术是一种低成本、无污染的分析技术，具有操作简便、测定速度快、结果准确、无损等特点。近红外光谱分析技术被广泛应用于林业工程与林产品加工领域各项参数的检测，如密度[13]、纸浆得率[14]、木质素和纤维素含量[15,16]、水分[17]、微纤丝角[18]、静曲强度（modulus of rupture，MOR）、弹性模量（modulus of elasticity，MOE）[19]等。20 世纪 90 年代，Birkett 等[20]就认为近红外光谱可以用来快速、无损地预测木材材性。在木材密度研究方面，Schimleck 等研究表明近红外光谱分析技术可以有效预测亮果桉[21]、巴西红木的密度[22]。近年来近红外光谱分析技术仍被科研人员所研究。

1. *在光谱预处理方面*

江泽慧等[23]利用一阶导数和二阶导数预处理方法对光谱进行预处理，结果表明，对木材纤维素结晶度建立近红外光谱模型时，原始光谱建模结果优于一阶导数和二阶导数。李耀翔等[24]对枫桦近红外光谱进行小波压缩，分析了不同小波基对近红外光谱模型的影响，结果表明，小波变换可对枫桦木材密度近红外光谱进行有效压缩，虽然对校正模型的结果影响较小，但是预测效果较好，决定系数为 0.9139 和标准误差为 0.0138，预测效果优于原始光谱建立的模型。王学顺等[25]应用小波变换进行杉木木材近红外一阶导数光谱去噪研究，采用 9 点平滑法、25 点平滑法分别与小波变化结合等方法进行实验，结果表明，小波变化可以去除一阶导数光谱中的噪声，保留光谱中的有效信息，提高光谱信噪比和光谱的分析能力，在木材近红外光谱分析中有较好的应用前景。贺文明等[26]利用近红外光谱检测法测定木材化学物质含量时，对原始光谱进行一阶导数+多元散射校正和一阶导数+矢量归一化预处理，并去除干扰信息，发现对模型有主要贡献的区间为 7150～6900cm^{-1}、5000～4750cm^{-1}和 4400～4350cm^{-1}。

国外学者 Jones 等[27]对火炬松气干密度建立近红外光谱模型，发现预处理方法 MSC 比一阶导数和二阶导数效果更好，预测相关系数为 0.83，残差预测偏差（residual predictive deviation，RPD）为 2.59。Hein[28]在应用近红外光谱分析技术预测桉树微纤丝角和密度时，发现使用 S-G 平滑算法结合标准正态变量、一阶导数和二阶导数可以减少噪声，并增强校正结果。Inagaki 等[29]在利用近红外光谱分析技术分析木材气干密度和纤维长度时，分别应用 17 点平滑滤波一阶导数与矢量归一化和多元散射校正进行预处理，通过偏最小二乘回归法建立预测模型，相关系数分别为 0.91 和 0.92。

2. *在光谱特征提取方面*

窦刚等[30]在木材树种分类识别中，使用了一种散步矩阵求解特征值方法对近红外光谱特征波长进行选择，并对噪声波长进行了滤波处理。结果表明，此方法有较好的效果。对东北地区 5 种常见树种进行识别，准确率达到 95%，有较好的分类精度与速度。梁龙等[31]应用稳定度自适应重加权采样方法对特征变量进行选择，应用此方法结合支持向量机（support vector machine，SVM）建立定性模型，对 4 种桉树和两种相思木进行识别，利用最终筛选的 15 个特征变量建立识别模型，分类准确率达 97.9%，具有较好的预测性能和稳定性。

3. *在建模方法方面*

国内学者江泽慧等[32]利用近红外光谱分析技术对杉木密度进行预测，对不同切面建立模型，发现横切面反映了木材早晚材、年轮宽度、木射线和薄壁组织等信息，利用横切面建立模型的预测精度最高。李耀翔等[33]运用偏最小二乘（partial least squares，PLS）法及主成分回归（principal components regression，PCR）法对落叶松建立密度预测模型，研究结果表明偏最小二乘法建立的预测模型更加准确可靠，验证模型相关系数为 0.918、预测标准误差为 0.021。丁丽[34]利用反向传播（back propagation，BP）神经网络、径向基函数（radial basis function，RBF）神经网络、SVM 和 PLS 结合近红外光谱分析技术，对杉木中综纤维素、木质素、密度、微纤丝角含量的相关性进行分析，为定量预测提供了研究思路。于仕兴[35]对支持向量机进行改进，建立基于粒子群支持向量机的近红外回归模型，预测桉树木质素含量，并与传统的回归模型进行比较，支持向量机模型的回归系数为 0.970956，均方根误差为 0.0021545。李耀翔等[36]利用近红外光谱分析技术分析木材密度时，结合了高斯核变换的非线性偏最小二乘法，表明近红外光谱信息与木材实际密度值之间不是单纯的线性关系。马明宇等[37]测量了 89 个木材树种的近红外光谱，分别采用反向传播人工神经网络和广义回归神经网络建立近红外光谱模型，两种模型都有较好的预测结果。

Alves 等[38]对海岸松和落叶松建立偏最小二乘法近红外光谱模型，模型的 RPD 分别为 3.5 和 3.2，而对两种树木建立的共用模型 RPD 也达到了 3.1，具有较好的预测精度。Isik 等[39]使用最小二乘支持向量机（least squares support vector machine，LS-SVM）非线性建模，表征近红外光谱与木材密度、力学强度等性质，这种间接预测木材性质的方法对改善木材质量与树木育种具有重要的意义。Pfautsch 等[40]在评估桉树心边材时，基于偏最小二乘相应变量做分类的偏最小二乘回归分析（partial least squares discriminant analysis，PLS-DA）算法建立近红外光谱模型，相关系数达到 0.88。Santos 等[41]利用近红外光谱分析技术对澳大利亚黑檀木基本密度进行预测，发现至少需要 45 个校正集、16 个验证集，建立的模型和验证结果才更具有实际意义。Fujimoto 等[42]发现利用近红外光谱分析技术能够根据木材水分含量预测其密度值，偏最小二乘回归分析表明在 1366nm、1400nm 和 1428nm 的吸收谱上载有水分与纤维素信息。

在木材性质与近红外光谱信息建模中，越来越多的学者将模式识别与智能算法应用于光谱数据分析，算法的改进与新应用都是研究的重要方向。Tsuchikawa 等[43]对近红外光谱分析技术在木材领域的研究进展做出预测，认为近红外光谱分析技术在线检测的研究是发展的必然趋势。

1.3.3　近红外光谱分析流程

近红外光谱分析的过程实际上是对光谱处理与分析的过程，主要的几个操作步骤与光谱处理流程如图 1-3-1 所示。

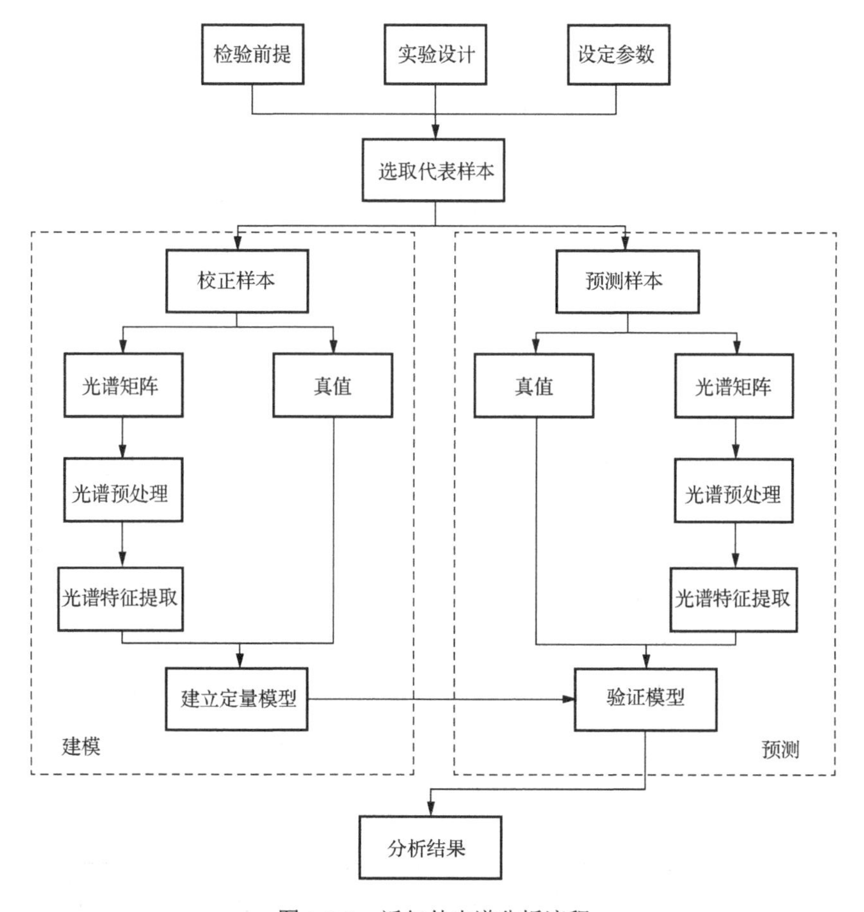

图 1-3-1　近红外光谱分析流程

由图 1-3-1 可见，近红外光谱分析主要有以下环节。

（1）样本收集。对样本近红外光谱进行分析时，建模样本应尽可能地代表样本的属性范围，所以需要挑选出足够多且具有代表性的样本，校正集范围应比预测集范围广。

（2）参比值测量。收集完样本后，需要运用标准方法测定样本组成或性质的真值，称为参比值，参比值的测定一般选用国标法或常用的方法。近红外光谱分析是参比方法，属于二级分析，因此参比值的精度是近红外光谱定量分析的精准度的基础。

（3）近红外光谱采集。样本准备好后，利用满足测试条件的仪器与规范的测试条件采集光谱，建立模型与预测分析未知样本时，光谱要在相同条件下采集。

（4）模型建立与优化。模型的建立是运用化学计量学方法，建立光谱矩阵与建模样本集的参比值之间的数学关系；模型的优化是运用元启发式算法，筛选光谱特征波段，提升模型的准确率。

（5）模型验证。用预测集样本对所建模型进行验证，查看模型是否适合分析样本，如果不适合则需要继续优化模型。

1.4 样本制备与近红外光谱定量分析流程

1.4.1 柞木样本材料制备

不同品种的树木其理化特性有着显著的差异，因此近红外的吸收光谱形状也有所不同。树木的品种是影响预测模型的主要因素，同时地理位置、气候、土壤等外界条件也是影响预测模型的重要因素。普适的预测模型需要大量的、各种条件下的木材样本。

木材样本采自黑龙江省五常市林业局冲河林场。在柞木人工林内，取 12 株样木，树龄 20a，伐倒并标记树木生长方向，在每株标准木的胸高（1.3m）附近连续截取 5cm 圆盘。带回实验室将每个圆盘去皮后，按照国家标准《无疵小试样木材物理力学性质试验方法　第 2 部分：取样方法和一般要求》（GB/T 1927.2—2021）制备 20mm×20mm×20mm 的密度样本，并挑选出无缺陷、无明显颜色差异的样本 120 个。样本获取过程如图 1-4-1 所示，部分样本如图 1-4-2 所示。

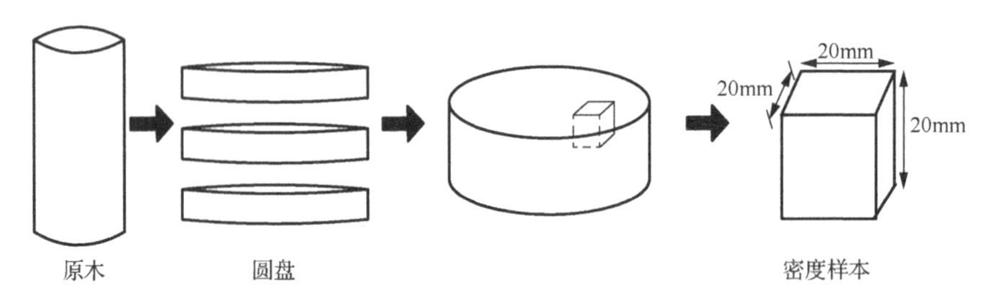

图 1-4-1　木材样本获取示意图

图 1-4-2　部分样本图片

1.4.2　实验仪器介绍

选用的近红外光谱仪为德国 INSION 公司近红外光谱仪，如图 1-4-3 所示。近红外光谱仪采用微机电系统（micro-electromechanical system，MEMS）技术开发，高度集成减小产品的尺寸和重量，保证了近红外光谱仪不受机械冲击、剧烈振动和较大温度变化的影响，抗震性能和波长的一致性良好。该近红外光谱仪无可移动器件，适合木材样本的在线检测。光源为卤素光源，工作电压为 6V。卤素光源与柞木样本采用 Y 形光纤连接。光纤的另一端与光谱仪连接，通过通用串行总线（universal serial bus，USB）与个人计算机（personal computer，PC）相连。

图 1-4-3　近红外光谱仪

光谱仪扫描参数如表 1-4-1 所示。

表 1-4-1 光谱仪扫描参数

指标	参数
分辨率	<16nm
光谱波长范围	900～1700nm
操作温度	0～40℃
热波长稳定性	<0.05nm/K
探测器阵列	InGaAs 探测器
入口光纤芯径	300μm
体积	67mm×36mm×22mm

1.4.3 柞木样本光谱采集

利用德国 INSION 公司开发的 SPECview 7.1 软件进行数据采集，软件界面如图 1-4-4 所示。

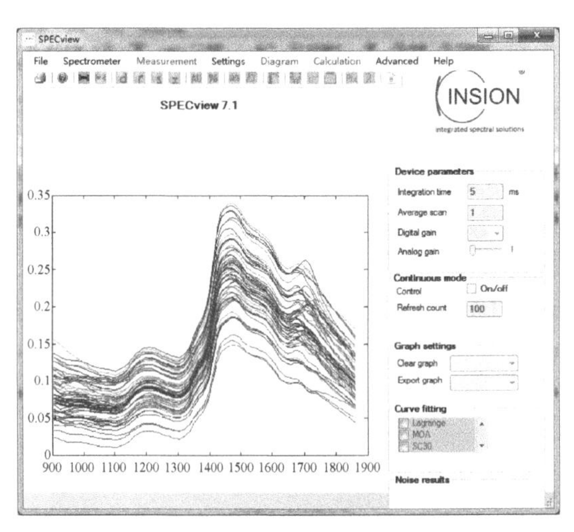

图 1-4-4 SPECview 7.1 软件界面

实验室温度、湿度基本恒定，室内温度控制在 20℃，平均相对湿度为 50%，样本在恒定湿度环境下放置质量不变，不考虑含水率的影响。在采集柞木样本光谱数据前，先将近红外光谱仪和卤素光源打开预热 1h，待仪器稳定后进行采集。设备在初始化时需要进行校准，先进行 5 次全黑采集，计算设备内部暗电流对测量产生的影响，然后使用标准聚四氟乙烯白板进行 5 次采集，进行标准吸光度校准。随后开始对样本气干情况的光谱进行采集，光纤探头固定在定制的支架上，探头与试件的垂直距离需要保证 1mm 不变，并将采集环境放置于没有外界环境光干扰的环境中，并在木块上形成半径 5mm 的光斑。光谱采集示意图如图 1-4-5 所示。

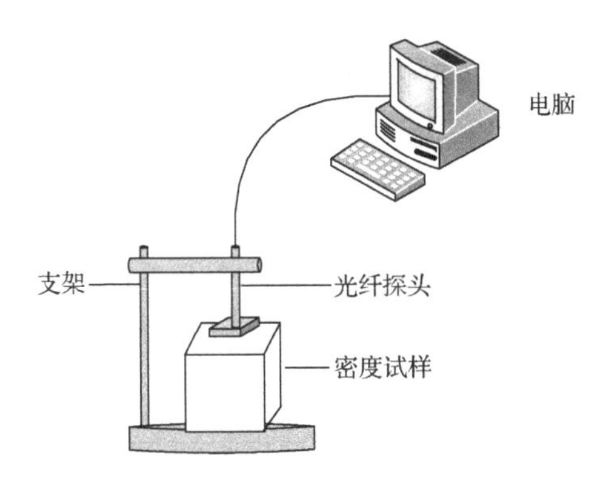

图 1-4-5　木材样本近红外光谱采集示意图

由于木材的各向异性，制材过程中不同的下锯方法得到的三种不同切面称为木材的三切面，即横切面、径切面、弦切面。横切面与木材生长方向垂直，即树干的端面，横切面制作的板材耐磨、硬度高，易折断，不宜刨削。径切面是顺着树干的轴向切取，通过髓心与年轮垂直。径切面板材收缩小，不易翘曲，木纹挺直，硬度较好。弦切面是顺着木材纹理，不通过髓心，与年轮相切的切面，呈现细线状或纺锤形，较美观，但易翘曲变形。

木材的生长特性导致了木材不同切面的近红外吸收光谱的吸收峰不同，研究发现近红外对木材不同切面采集的光谱存在差异，但光谱趋势相似。如图 1-4-6 所示，可以看出横切面的光谱吸收最强，径切面和弦切面的光谱吸收相对较弱，三条谱线的形状相似，但是三条谱线的吸收强度具有明显不同，这与木材的生长特性和细胞的排列方式密切相关。

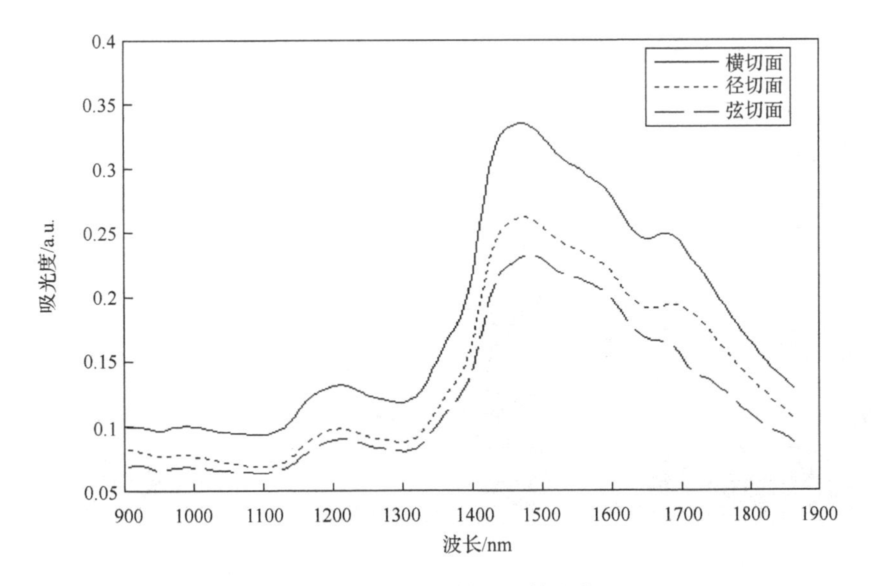

图 1-4-6　三切面的近红外光谱

实验表明，横切面预测效果最好，但这是对小试件而言，木材实际应用中横切面面积较小，不利于进行分析，考虑到生产实际测量，在此选用木材径切面进行分析。

每个面均做 9 点采样，采样点随机且尽量均匀分布在当前切面上，需要保证没有漏光，并且探头高度要保持不变。使用 10ms 的曝光时间连续采集 30 次取平均，结果输出到 Excel 中。对木材基本密度进行预测时共采集 120 个样本，样本光谱如图 1-4-7 所示。

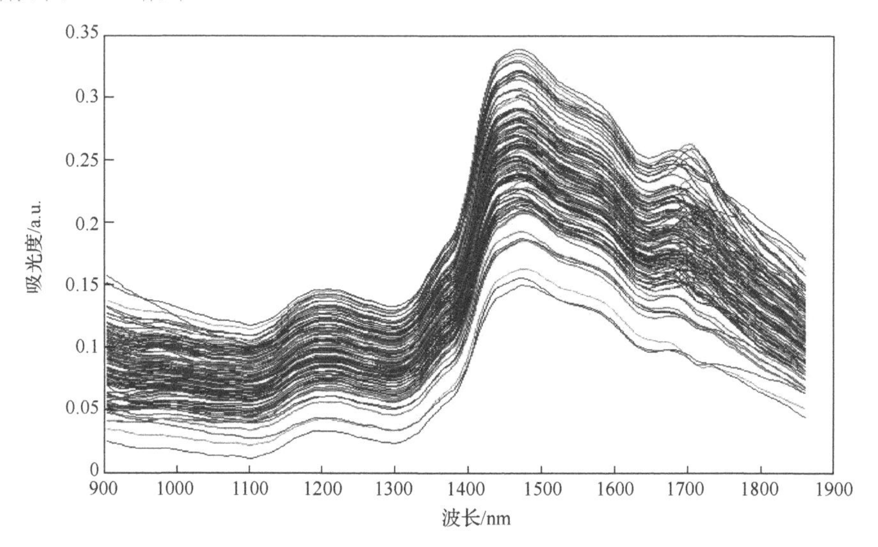

图 1-4-7　柞木样本近红外光谱图

1.4.4　柞木基本密度测量

柞木基本密度按照国家标准《无疵小试样木材物理力学性质试验方法　第 5 部分：密度测定》（GB/T 1927.5—2021）进行测定。先分别测出标准样本在饱和水状态下的体积，其次用天平秤得样本全干状态的重量，最终计算样本基本密度值，实验过程如图 1-4-8～图 1-4-10 所示。

图 1-4-8　饱和水状态下的样本体积测量

图 1-4-9　样本烘干

图 1-4-10　样本全干状态质量测量

在 120 个样本中，校正集和预测集的比例为 2∶1，其中密度最大和最小样本归为校正集，以 80 个校正集样本建立校正模型，剩余 40 个预测集样本用来测试性能。表 1-4-2 所示为样本基本密度的统计结果，从表中可以看出样本密度的分布范围，密度值范围为 0.6993～0.8364g/cm^3，可以看出样本密度分布范围，预测集样本密度信息被校正集样本密度信息所覆盖。

表 1-4-2　样本基本密度汇总表

	样本数量	平均密度/（g/cm^3）	最大密度/（g/cm^3）	最小密度/（g/cm^3）	标准差
校正集	80	0.7549	0.8364	0.6993	0.0380
预测集	40	0.7628	0.8237	0.7125	0.0302
样本总数	120	0.7536	0.8364	0.6993	0.0351

1.5　木材基本密度的光谱奇异值剔除与光谱数据预处理

1.5.1　光谱奇异值剔除方法

剔除建模样本中的奇异值是优化近红外光谱模型的一种有效手段，建模过程中奇异样本的加入会降低模型的预测精度。奇异值是由实验环境变化、仪器测量误差等因素产生的，在建模样本中剔除这些奇异值可以提高建模数据的有效率，进而提高模型的准确性。

光谱数据中奇异样本的识别方法主要有三类：一是经典诊断识别方法，如马哈拉诺比斯距离判别法杠杆值法、最小半球体积等，通过样本间距离或预测误差的离散程度来识别奇异样本；二是稳健回归的方法[44,45]；三是基于统计学的奇异样本识别方法，如蒙特卡罗采样法、半数重采样法等。这三类方法可以有效辨识由仪器使用不当、仪器故障等原因导致的粗大误差，在木材基本密度与近红外光谱建模中，可用上述方法对奇异样本进行识别并剔除。

1. 马哈拉诺比斯距离判别法

在近红外光谱分析中，第 i 个样本的光谱为 $x_i=(x_{i1},x_{i2},\cdots,x_{ip})$，表示第 i 个样本在第 p 个波长处的吸光度，$X=(x_1,x_2,\cdots,x_n)^{\mathrm{T}}$ 表示 n 个样本的光谱。对光谱进行中心化处理后的数据 X_c 可反映数据变化规律，光谱矩阵 X 的协方差矩阵 C 为

$$C={X_c}^{\mathrm{T}}X_c/(n-1) \tag{1-5-1}$$

协方差矩阵C可以表达样本在空间中的分布，是奇异值剔除的重要参数。每个样本与光谱矩阵X_c重心之间的马哈拉诺比斯距离定义为

$$D_{\mathrm{M}}{}^2(i)=(x_i-\bar{x})C^{-1}(x_i-\bar{x})^{\mathrm{T}} \tag{1-5-2}$$

式中，$\bar{x}$表示平均光谱。马哈拉诺比斯距离可以有效衡量数据重心与样本之间的偏差，已被证实在光谱分析中效果良好。马哈拉诺比斯距离大于p个波长的χ^2分布则样本为奇异点。

2. 杠杆值法

每个样本的杠杆值是帽子矩阵$H=X_c(X_c^{\mathrm{T}}X_c)^{-1}x_i^{\mathrm{T}}$的对角线上的元素$h_{ii}$：

$$h_{ii}=\mathrm{diag}(H)=x_i(X_c^{\mathrm{T}}X_c)^{-1}x_i^{\mathrm{T}} \tag{1-5-3}$$

杠杆值的阈值为$2p/n$，超过这一阈值的样本都认为是奇异点。马哈拉诺比斯距离判别法和杠杆值法作为传统方法，有如下特点：①易于理解，效果直观；②马哈拉诺比斯距离和杠杆值都是经验值，很难适应各类情况下的光谱数据；③计算中涉及矩阵求逆，结果一致性较差。

3. 最小半球体积法

设数据集中有n个样本，利用最小半球体积（smallest half volume，SHV）法计算数据集中所有样本的距离，构建一个$n\times n$的样本距离矩阵用以分析数据集，矩阵中的元素表示两个样本之间的距离。两个样本i和j在p个波长下的向量长度定义为

$$l_{ij}=\sqrt{\sum(x_i-x_j)^2} \tag{1-5-4}$$

由于每个样本和自身没有距离，所以矩阵对角线上的元素为0，矩阵的每一列按照距离由大到小排列，对前$n/2$个距离求和，求和结果最小的列表示样本在p维空间上有最接近的$(n/2)-1$个相邻元素，换句话说就是在空间上有$n/2$个样本最集中，可以近似认为它们代表数据的正确趋势，求和最小的列所表示的样本为中心样本。计算$n/2$个样本的平均值和方差，用于计算全部样本的马哈拉诺比斯距离或杠杆值。

4. 半数重采样法

半数重采样（resampling by half-mean，RHM）法[46]在全部实验样本X中随机挑出半数样本组成矩阵$X(i)$，计算$X(i)$的平均值$\mu(i)$和方差$\sigma^2(i)$，使用平均值对原始样本矩阵X进行标准化处理。其中，$L(i)$是第i个被选中样本的向量长度：

$$L(i)=\sqrt{\sum_{k=1}^{p}\left(\frac{X_k-m_k(i)}{\sigma_i(i)}\right)^2} \tag{1-5-5}$$

式中，p 为光谱波长点数。一般选用 2%～8%作为剔除奇异样本的阈值，去除向量长度较大的样本。RHM 法流程如图 1-5-1 所示。

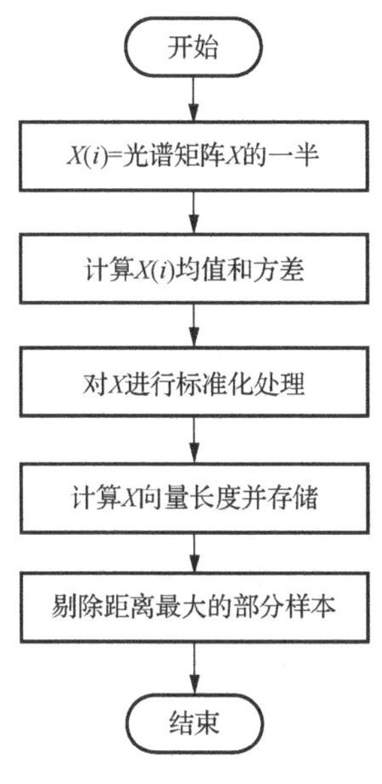

图 1-5-1　RHM 法流程

一般采样数大于样本数的两倍即可保证 RHM 法的结果可靠。RHM 法避免了矩阵的求逆运算，此方法具有简单、快速等优点。

5. 蒙特卡罗采样法

蒙特卡罗采样法的异常样本剔除是 2010 年由 Cao 等[47]提出的，目的是防止多个奇异样本对模型造成影响而难以发现的情况。其方法步骤如下：①利用偏最小二乘法或主成分分析法确定最佳隐变量数；②用蒙特卡罗采样法按一定比例将原始光谱分为校正集和预测集；③将校正样本使用第一步得到的参数建模，再用得到的模型使用预测样本进行验证，计算每个样本的预测误差；④重复以上步骤直至每个样本均被覆盖，最终得到各个样本的预测误差分布；⑤统计各个样本预测残差的平均值和方差，剔除平均值高和标准差高的样本。

各种粗大误差导致测量过程产生奇异样本，这些样本聚集在一起会相互隐藏，从而影响对数据变化规律的预测以及数据的统计特征，所以奇异点剔除需要对数据的中心和方差进行合理估计。马哈拉诺比斯距离判别法和杠杆值法都需要设定一个经验阈值而且通常无法准确判断多奇异点；SHV 法是从整体上选出最可靠的一半光谱计算中心和离散度，然后考虑其他样本相对中心的距离；RHM 法是对原始光谱进行随机半数采样，剔除距离最大的部分样本；MCS 法是基于统计学原理，考虑每个样本对模型预测准确性的影响。

1.5.2 木材近红外光谱数据预处理方法

为了消除高频噪声、基线漂移、光散射等影响，将光谱数据转换成吸收度值后，需要对光谱进行预处理。常用的预处理方法包括一阶导数、S-G 平滑处理、标准正态变量变换和多元散射校正等。一阶导数能够平缓背景的干扰；S-G 平滑处理可以去除光谱噪声，也可以消除基线漂移和倾斜等噪声；标准正态变量变换和多元散射校正能将光谱中的散射信号与化学吸收信息进行分离。

1. 导数光谱

导数光谱法是近红外光谱分析中的一种常用的预处理方法，在提高光谱分辨率、消除基线漂移等方面具有良好的效果。在近红外光谱分析中主要应用一阶导数 $\frac{\mathrm{d}A(\lambda)}{\mathrm{d}\lambda}$ 和二阶导数 $\frac{\mathrm{d}^2A(\lambda)}{\mathrm{d}\lambda^2}$，通常情况下也被记为 $\mathrm{d}A$ 、d^2A（一次微分、二次微分）。导数光谱轮廓更清晰、分辨率更高，可以更清晰直观地判断原始光谱的变化趋势。

由于对柞木样本采集的光谱是离散光谱，此时一阶导数公式为

$$\frac{\mathrm{d}A}{\mathrm{d}\lambda}=\frac{A_{i+1}-A_i}{\Delta\lambda} \text{ 或 } \frac{\mathrm{d}A}{\mathrm{d}\lambda}=\frac{A_{i+1}-A_{i-1}}{2\Delta\lambda} \tag{1-5-6}$$

二阶导数公式为

$$\frac{\mathrm{d}^2A}{\mathrm{d}\lambda^2}=\frac{A_{i+1}-2A_i+A_{i-1}}{\Delta\lambda^2} \tag{1-5-7}$$

S-G 平滑也可用于求取导数光谱，可得到与平滑系数相似的导数系数，以 5 点二次多项式拟合方法为例，则有如下公式：

$$\frac{\mathrm{d}A}{\mathrm{d}\lambda}=\frac{1}{10\Delta\lambda}(-2A_{i-2}-A_{i-1}+A_{i+1}+A_{i+2}) \tag{1-5-8}$$

$$\frac{\mathrm{d}^2A}{\mathrm{d}\lambda^2}=\frac{1}{7\Delta\lambda^2}(-2A_{i-2}-A_{i-1}+2A_i+A_{i+1}+A_{i+2}) \tag{1-5-9}$$

虽然导数运算可以消除基线漂移和背景干扰，但是对于波长数较少的光谱所求导数可能存在较大的误差。而且对光谱进行求导时会引入噪声，需要与去噪算法一起应用。

如图 1-5-2 和图 1-5-3 所示是柞木样本的一阶导数和二阶导数光谱图，相比于原始光谱图 1-4-7 可以看出，柞木样本的导数光谱吸收峰特征更加明显，提供了更加直观的观测手段，以及更多的分析依据，提高了光谱数据的利用率。

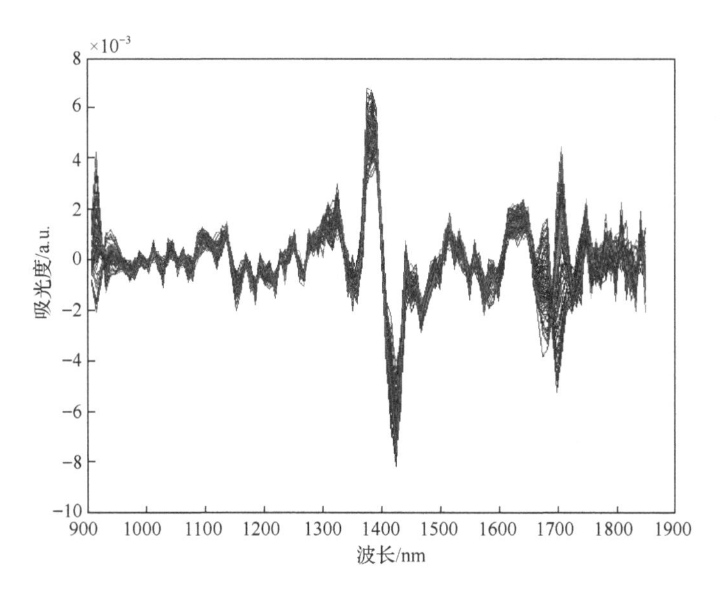

图 1-5-2　柞木样本一阶导数光谱

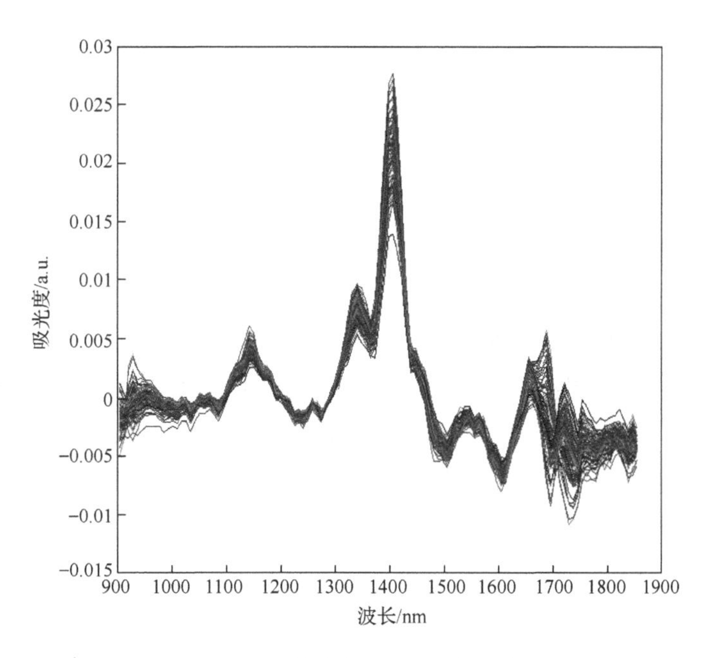

图 1-5-3　柞木样本二阶导数光谱

2. 光谱平滑

光谱平滑是一种消除高频随机噪声、提高信噪比常用的信号处理方法。其基本思路是对平滑中心点附近的数据平均或拟合达到降低噪声的目的。使用这一方法的基本假设是光谱平滑窗口内噪声平均值为零。经典的平滑算法有窗口移动平均法和窗口移动多项式最小二乘平滑法。

平滑算法一般可用下式表示：

$$y_k^* = \frac{\sum_{i=k-r}^{k+r} a_i y_i}{\sum_{i=k-r}^{k+r} a_i} \tag{1-5-10}$$

式中，y_k^*是第 k 个光谱点平滑后的值；a_i 为平滑系数；r 为 S-G 平滑算法的窗口长度，窗口宽度为$2r+1$，在窗口内进行加权平均，将平滑窗口逐点后移，此方法可以平滑高频噪声、提高信噪比。

对于数据为 n 的含噪光谱，选择宽度为 $N=2r+1$ 的窗口，对窗口中的数据取平均值，作为第 k 个点波长点平滑后的值。窗口移动平均法的计算公式为

$$y_k^* = \frac{1}{N}\sum_{i=k-r}^{k+r} y_i \tag{1-5-11}$$

由上式可以看出，平滑后的第 k 点数据就是$2r+1$个点的平均值，实际上就是以当前点为中心，以半径为 r 求平均值，并依次对光谱点重复此操作，最终得到 $n-2r$ 个平滑后的数据。

对含噪声的原始光谱数据进行平均值运算，可以有效提高光谱数据的信噪比，此方法是平滑处理中最简单有效的一种方法。但是采用窗口移动法不能对光谱数据的前 r 个点和后 r 个点进行平滑处理，所以此方法平滑后的光谱会丢失边界信息，同时窗口宽度的选择也是影响结果的因素之一。

窗口移动多项式最小二乘平滑法也称为 S-G 平滑算法，是由 Savitzky 等[48]于 1964 年共同提出的。该方法在窗口移动平均法中应用了多项式最小二乘拟合，在保证去除噪声和提高信号信噪比的前提下，也可保留光谱的边界有用信息[49]。

一般的平滑可以用下式表示：

$$X_i^* = \frac{\sum_{j=-r}^{r} X_{i+j} W_j}{\sum_{j=-r}^{r} W_j} \tag{1-5-12}$$

式中，X_i^*、X_{i+j} 分别是平滑后和平滑前光谱数据中的元素；W_j 是移动窗口中的权重。

S-G 平滑算法与窗口移动平均法的基本思路类似，都是通过移动窗口来实现的，只是 S-G 平滑算法不是简单地求平均值，而是利用多项式对移动窗口内的数据进行多项式最小二乘拟合，将窗口内 $N=2r+1$ 个数据拟合为 k 次多项式：

$$X^{*}_{i,j}=a_0+a_1\lambda_j+a_2\lambda_j^{\ 2}+\cdots+a_k\lambda_j^{\ k}\ (i=1,2,\cdots,n;j=j-r,\cdots,j,\cdots,j+r)\quad(1\text{-}5\text{-}13)$$

式中，$a_0,a_1,\cdots,a_k$ 是待定次数。通过最小二乘拟合得到 X_j^{*}，即窗口中心点的光谱。

应用 S-G 平滑算法对光谱数据预处理时，窗口宽度不同、多项式次数不同，都会对平滑效果产生影响。所以对柞木近红外光谱进行 S-G 平滑时，要结合分析要求、仪器分辨率等因素共同抉择平滑系数。光谱平滑其实就是数字低通滤波，部分高频干扰是仪器噪声，通过低通滤波可以在一定程度上减少噪声产生的影响。滤波的效果取决于低通滤波器的频谱特征，低通滤波器的频谱特征不同，滤波的效果也不同。

数据平滑是光谱信息预处理中的常用方法之一，可以去除高频信号噪声。图 1-5-4 和图 1-5-5 是对柞木近红外原始光谱进行平均平滑和 S-G 平滑后的光谱图，可以看出，平滑后的光谱消除了部分噪声。

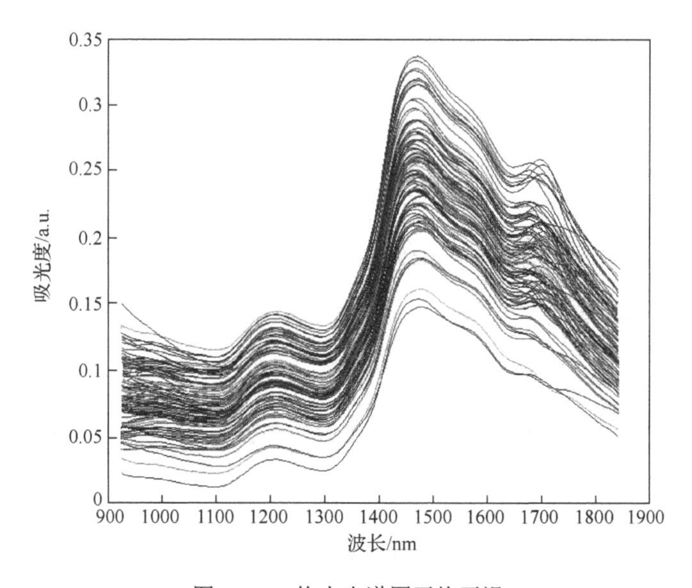

图 1-5-4　柞木光谱图平均平滑

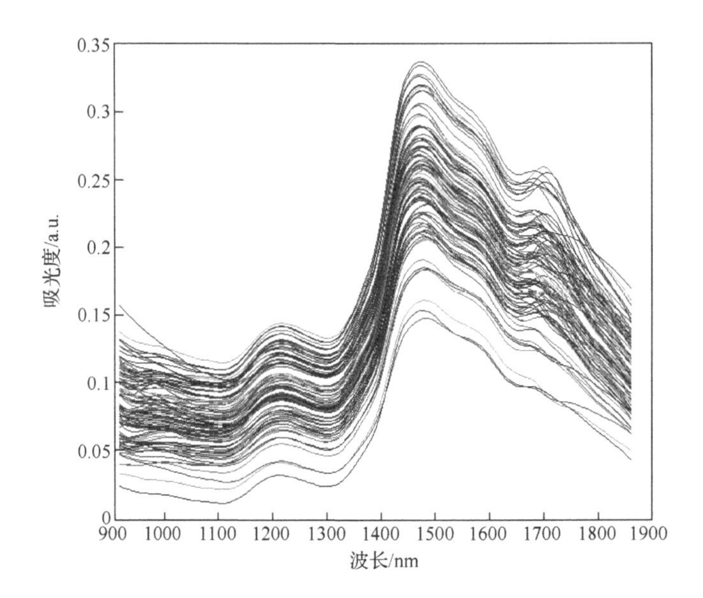

图 1-5-5 柞木光谱图 S-G 平滑

3. 标准正态变量变换

标准正态变量[50]（standard normal variate，SNV）变换主要用来消除固体颗粒大小、光程变换和表面散射对近红外光谱的影响。SNV 变换是基于行对一条光谱进行处理。对于光谱矩阵 $X_{i,k}$，有公式如下：

$$X_{i,\mathrm{SNV}}=\frac{X_{i,k}-\bar{X}_i}{\sqrt{\dfrac{\sum_{k=1}^{m}(X_{i,k}-\bar{X}_i)^2}{m-1}}} \tag{1-5-14}$$

式中，$\bar{X}_i$ 为第 i 个样本光谱的平均值，$k=1,2,\cdots,m$，m 为波长点数；$i=1,2,\cdots,n$，n 为校正集样本数。图 1-5-6 为经过 SNV 预处理后的柞木样本近红外光谱曲线。

4. 多元散射校正

多元散射校正与 SNV 变换的目的类似，也是用来消除被测对象表面颗粒大小、分布不均匀等产生的光谱散射效应。

MSC 是一种能够消除光谱漂移、散射效应的常用方法[51]。如果样本具有相同的散射系数，可以用一个理想光谱消除光的散射对样本光谱的影响。对于 n 个样本，每个波长的吸光度值 y_i 对其平均值 $\bar{y}$ 的线性回归方程为

$$y_i=a_i\bar{y}+b_i+e_i \tag{1-5-15}$$

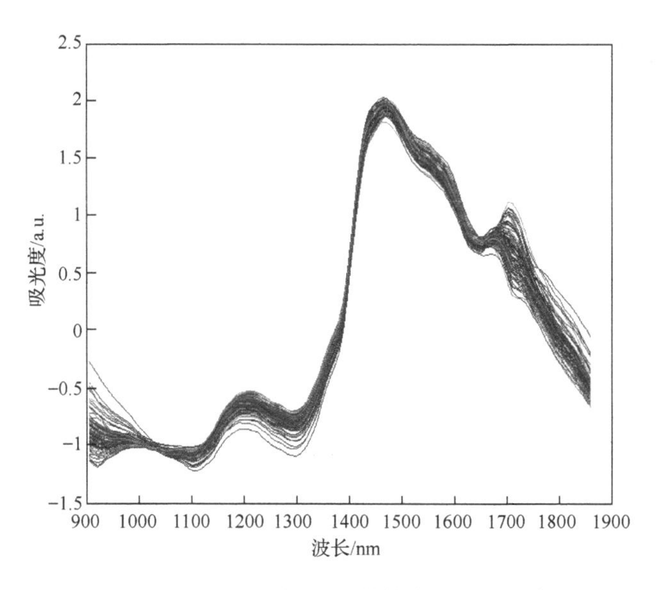

图 1-5-6　SNV 预处理后的柞木近红外光谱

式中，a_i 为斜率；b_i 为截距；e_i 为回归误差。经过 MSC 处理后的校正光谱为

$$\tilde{y} = \frac{y_i - b_i}{a_i} \tag{1-5-16}$$

由于 MSC 处理的前提是散射与波长、样本的浓度变化无关，所以 MSC 更适合组分性质变化较窄的样本。如图 1-5-7 所示是经过 MSC 预处理后的柞木样本近红外光谱曲线。

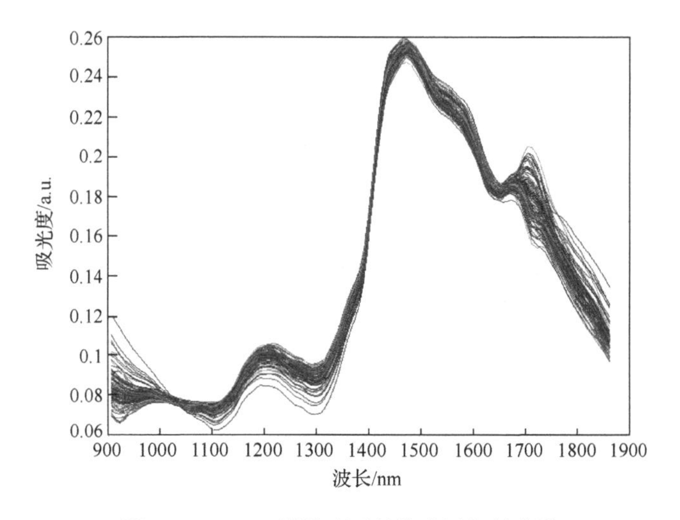

图 1-5-7　MSC 预处理后的柞木近红外光谱

1.5.3 实验结果与分析

1. 木材基本密度与光谱奇异值剔除实验

在光谱波长900～1700nm范围内，分别采用杠杆值法、半数重采样法、蒙特卡罗采样法剔除奇异样本，校正集共有80个样本，通过计算得到每个样本的杠杆值、RHM值以及预测残差的均方根误差（root mean square error，RMSE），得到图1-5-8～图1-5-10所示的统计图。从图1-5-8可以看出，样本8、17、23、37和52的杠杆值表现出奇异样本的特征。利用RHM法循环800次计算每个样本被选为奇异样本的次数，如图1-5-9所示，大部分样本被选中的次数为0，选取距离最大的8%样本分别为8、23、37、44、59和72，这6个样本可能是奇异样本。如图1-5-10所示是利用MCS法循环2000次得到的每个样本预测残差的平均值-方差分布图，样本8、23、37、52、64和72偏离大多数样本计算结果，这6个样本可能是奇异样本。

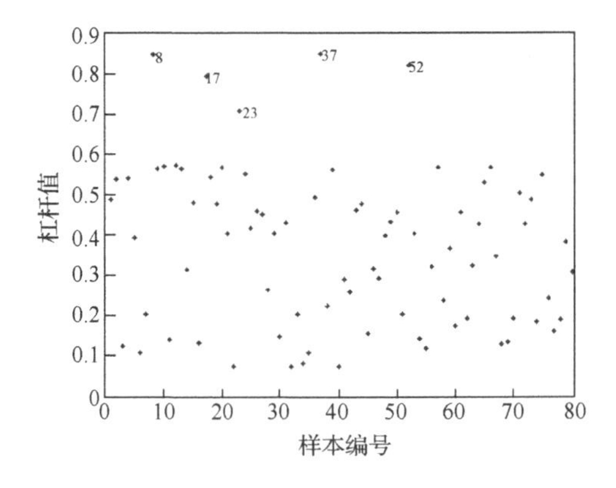

图1-5-8 样本杠杆值与样本编号分布图

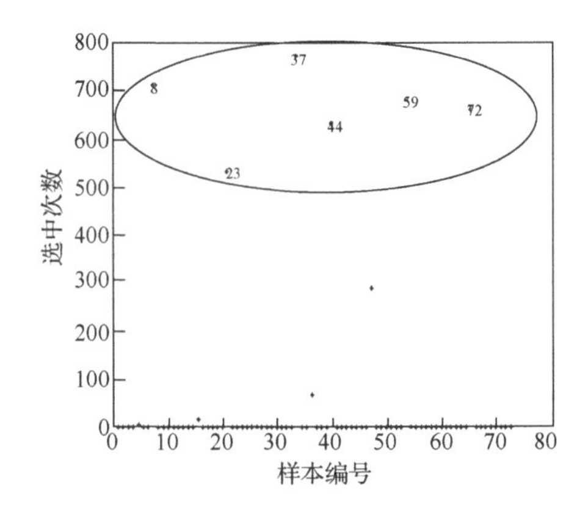

图1-5-9 RHM法各样本被选为奇异样的次数

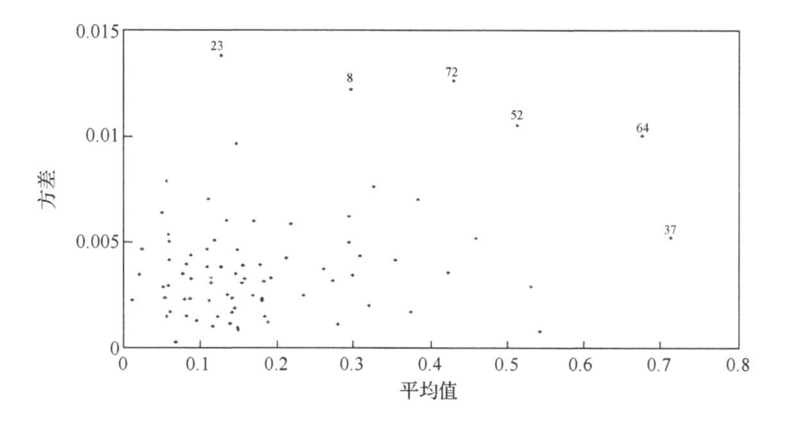

图 1-5-10　MCS 法样本预测残差的平均值-方差分布图

对上述三种奇异点剔除算法选出的样本以及不进行奇异点剔除的样本分别建立偏最小二乘回归模型，实验结果如表 1-5-1 所示。三种奇异样本剔除方法均提高了建模的准确率，但依据杠杆值法剔除的结果较差，可能是因为杠杆值是经验值，不具备数值稳定性。RHM 法和 MCS 法均具有较好的剔除效果，在实验对象为柞木基本密度的情况下，MCS 法效果最佳，预测集模型的相关系数为 0.904，RMSE 为 0.0275。

表 1-5-1　奇异样本剔除实验结果

方法	建模样本	校正集		预测集	
		R_c	RMSE	R_p	RMSE
无	80 个样本	0.862	0.0296	0.846	0.0317
杠杆值法	剔除样本 8、17、23、37 和 52	0.906	0.0271	0.873	0.0290
RHM 法	剔除样本 8、23、37、44、59 和 72	0.916	0.0258	0.892	0.0281
MCS 法	剔除样本 8、23、37、52、64 和 72	0.925	0.0234	0.904	0.0275

2. 木材基本密度与光谱奇异值剔除实验

剔除奇异样本后，用 1.5.2 节所述方法对柞木近红外光谱预处理。在此选用 S-G 平滑算法分别与导数法、SNV 和 MSC 结合进行预处理，实验结果如图 1-5-11 所示。由图中可以看出，导数光谱可以更清晰直观地看出光谱变化趋势以及光谱波峰，SNV 和 MSC 可以去除光谱漂移。但是由于实验中全光谱波长数为 117，导数计算对于波长数较少的情况存在较大的误差，而柞木基本密度变化范围较窄，采用 MSC+S-G 平滑的预处理更适合本章的研究对象。使用 S-G 平滑算法对信号进行平滑滤波时，需要谨慎选择合适的滤波器半径，半径过大会影响数据的走势，损失有效信息，半径过小则效果甚微，经过实验得到平滑半径为 7。

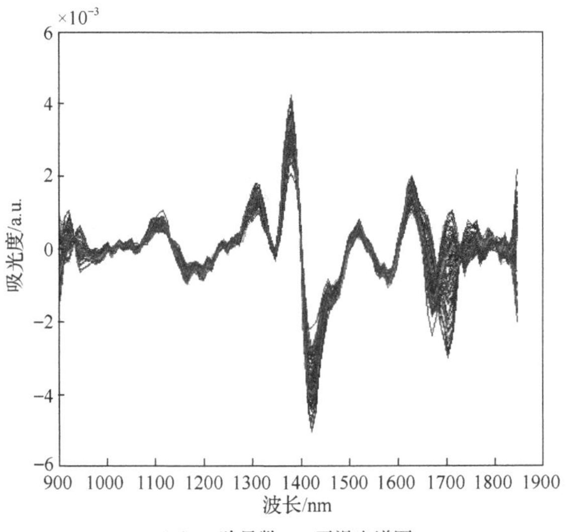

（a）一阶导数+SG平滑光谱图

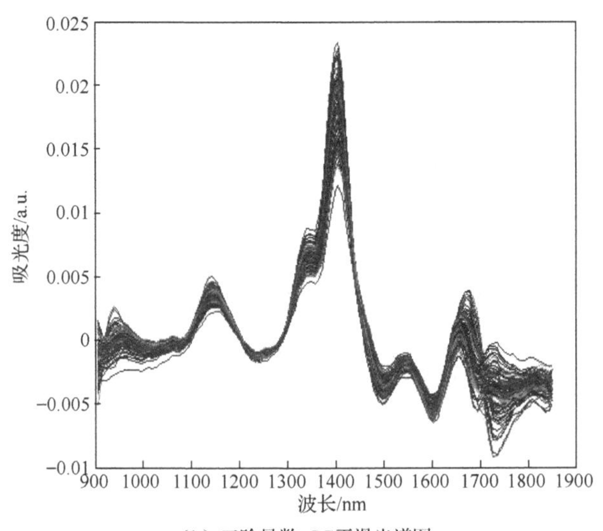

（b）二阶导数+SG平滑光谱图

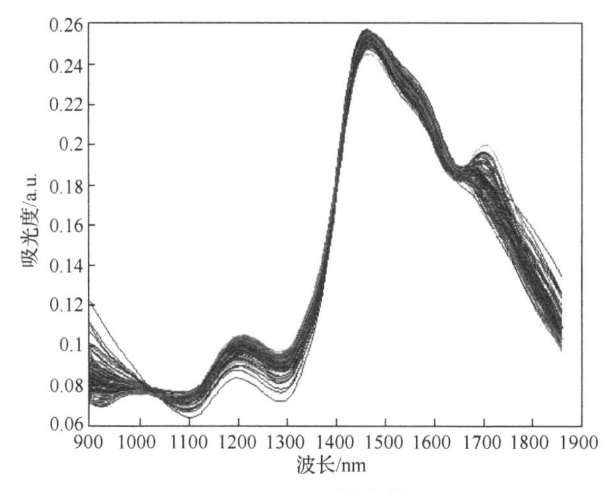

（c）SNV+SG平滑光谱图

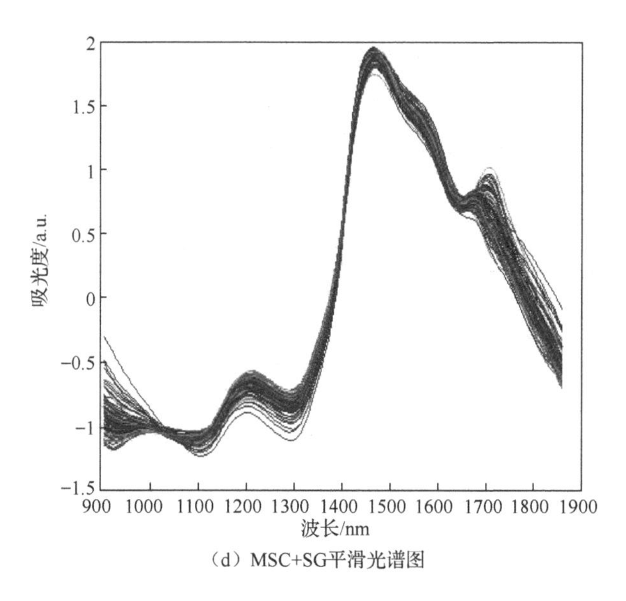

（d）MSC+SG平滑光谱图

图 1-5-11　不同预处理方法的光谱图

1.6　木材基本密度的近红外光谱特征波长提取

1.6.1　谱区选择算法

PLS 是近红外定量分析中应用最广泛的经典建模方法之一[52,53]。但是由于光谱中存在与所建模对象不相关的成分，使用 PLS 对其建模会对校正模型产生影响，使精度和准确度有所降低。移动窗口偏最小二乘法[54]（moving window partial least squares，MWPLS）、区间偏最小二乘法[55]（interval partial least squares，iPLS）、BiPLS[56]是依据 PLS 原理对光谱进行筛选的改进算法，即剔除相关性低或无相关性的波段，使模型更加简练的同时提高其精度。

MWPLS 的基本原理是使用固定宽度的移动窗口，依次获取一系列光谱子区间，并分别建立 PLS 模型，然后按 RMSE 最小的原则选出最佳谱区。MWPLS 对于窗口宽度较为敏感，因为窗口宽度影响每个子区间所含的信息量，窗口宽度不同得到的 PLS 模型的性能也有所不同，故窗口宽度是 MWPLS 的关键参数。

iPLS 方法与 MWPLS 不同，首先将光谱分为多个等长的子区间，分别建立 PLS 模型，然后计算全波段的回归模型并和每个子波段进行交叉验证，选出预测残差平方和值小于整体的波段进行建模。与 MWPLS 类似的是，波段窗口宽度也会影响每个子区间的信息量，使得子区间划分数量成为 iPLS 的关键参数。

BiPLS 同样是将全光谱分为多个等长的波段，不同的是 BiPLS 联合多个子区间进行建模，依次剔除 RMSE 高的波段，直到确定 RMSE 最小的多个子区间为选中的谱区，子区间划分数量是 BiPLS 的关键参数。

表 1-6-1 所示为 PLS 及其改进方法 MWPLS、iPLS 和 BiPLS 在谱区选择上的比较，可以看出相比于 MWPLS 和 iPLS，BiPLS 联合多个子区间，防止其他子区间关键的波长特征被误剔除。

表 1-6-1 谱区选择算法比较

算法	是否划分子区间	是否联合子区间
PLS	否	否
MWPLS	是	否
iPLS	是	否
BiPLS	是	是

1.6.2 连续投影算法

连续投影算法[57]（successive projections algorithm，SPA）通过对参数降维来减少建模时所用的参数量，从而达到高效建模的目的[58]。利用向量的投影分析，寻找含有最低冗余信息的变量组，能使变量之间的共线性达到最小而同时减少建模所用变量的个数。

SPA 的工作原理是通过迭代的方法，对原始数据投影映射，构造新的变量集，建立回归模型评价预测效果。在提取光谱数据的特征波长时，共有 M 个样本，每个样本数据有 p 个变量，即 $x_1, x_2, \cdots, x_p$。设 $X_{\text{train}}^{(q)} = \left\{x_1^{(q)}, x_2^{(q)}, \cdots, x_p^{(q)}\right\}$ 为第 q 次迭代后样本数据 X_{train} 的投影。在迭代开始前，首先令 $x_j^{(1)} = x_j\,(j = 1, 2, \cdots, p)$，设 A 为

投影映射。随机选取初始迭代变量 $x_{k(1)}^{(1)}$，需提取变量个数为 $p^* \leqslant p$，SPA 步骤如下。

（1）分别计算所有的 $x_j^{(1)}(j=1,2,\cdots,p)$ 对 $x_{k(1)}^{(1)}$ 的投影：

$$x_j^{(1)} = x_{k(1)}^{(1)} A_j^{(2)} + x_j^{(2)} \quad (j=1,\cdots,p) \tag{1-6-1}$$

由公式（1-6-1）与多元方程计算，可以推导出：

$$\begin{aligned} x_j^{(2)} &= x_j^{(1)} - x_{k(1)}^{(1)} A_j^{(2)} \\ &= x_j^{(1)} - (x_j^{(1)\mathrm{T}} x_{k(1)}^{(1)}) x_{k(1)}^{(1)} (x_{k(1)}^{(1)\mathrm{T}} x_{k(1)}^{(1)})^{-1} \quad (j=1,2,\cdots,p) \end{aligned} \tag{1-6-2}$$

（2）$A_j^{(2)}$ 为 $x_j^{(1)}$ 的投影映射，$x_j^{(2)}$ 为 $x_j^{(1)}$ 的投影矩阵，最大投影对应样本数据索引设为 $k(2)$，则 $k(2) = \arg\max_j \left(\left\| x_j^{(2)} \right\| \right)$，依次推导。

（3）第 q 步，计算 $x_j^{(q+1)}(j=1,2,\cdots,p)$ 对 $x_{k(q)}^{(q)}$ 的投影：

$$x_j^{(q)} = x_{k(q)}^{(q)} A_j^{(q+1)} + x_j^{(q+1)} \quad (j=1,2,\cdots,p) \tag{1-6-3}$$

由公式（1-6-3）可以推出：

$$x_j^{(q+1)} = x_j^{(q)} - (x_j^{(q)\mathrm{T}} x_{k(q)}^{(q)}) x_{k(q)}^{(q)} (x_{k(q)}^{(q)\mathrm{T}} x_{k(q)}^{(q)})^{-1} \quad (j=1,2,\cdots,p) \tag{1-6-4}$$

（4）当 $q = p^*$，迭代终止，则 $X^{(i)} = \left\{ x_{k(2)},\cdots,x_{k(q)} \right\} \quad \left(i=1,2,\cdots,p \right)$ 就是需要选取的变量。

因为迭代的第一个初始变量 $x_{k(1)}^{(1)}$ 是随机选取的，所以令每个变量都做一次初始变量，并进行上述的迭代过程，且每次迭代选取 p^* 个变量，因为进行了 p 次迭代，会得到 $p \times p^*$ 矩阵 X^*：

$$X^* = \begin{Bmatrix} X^{(1)} \\ X^{(2)} \\ \vdots \\ X^{(p)} \end{Bmatrix} \tag{1-6-5}$$

X^* 表示基于 p 个不同初始变量迭代选取的变量矩阵，其中，$X^{(j)}$ 是根据初始变量 $x_j^{(1)} = x_j$ 得到的，再根据 PLS 对每组候选变量集合做回归模型，通过对每组变量建模结果进行比较，选出 RMSE 最小的那组变量作为最终目标变量组。

1.6.3　基于 BiPLS-SPA 的光谱特征优选方法

由于 SPA 在全波段寻找最低限度冗余信息的变量时，计算量较大。本节在使用 SPA 之前先对数据进行初步筛选，然后再使用 SPA 进行降维，在保证建模效果的同时极大地降低了计算量。本节提出的 BiPLS-SPA 算法是对 SPA 数据降维的改进，BiPLS-SPA 算法步骤如下。

（1）将全光谱波段等分成 w 个子区间，在每个子区间分别建立 PLS 模型。

（2）计算每一个子区间的均方根误差，对比各部分模型的精度。

（3）依次减少信息量最差或共线性变量最多的 v 个子区间，在剩余的 $m-v$ 个子区间上建立 PLS 模型。均方根误差最小所对应的多个子区间即为所优化的区间组合。

（4）设光谱数据集共有 M 个样本，每个样本数据为 $x_1, x_2, \cdots, x_J$，设 J 为 BiPLS 选择波长数，设 $X_{\text{train}}^{(q)} = \left\{x_1^{(q)}, x_2^{(q)}, \cdots, x_p^{(q)}\right\}$ 为第 q 次迭代后样本数据 X_{train} 的投影。令 $x_j^{(1)} = x_j\ (j = 1, 2, \cdots, J)$，设 A 为投影映射。

（5）从数据集中随机选取初始迭代变量 $x_{k(1)}^{(1)}$，设需提取波长变量个数为 p^*，则 $p^* \leqslant J$。

（6）分别计算所有的 $x_j^{(1)} (j = 1, 2, \cdots, J)$ 对 $x_{k(1)}^{(1)}$ 的投影：

$$x_j^{(1)} = x_{k(1)}^{(1)} A_j^{(2)} + x_j^{(2)} \quad (j = 1, 2, \cdots, J) \tag{1-6-6}$$

由公式（1-6-1）与多元方程计算，可以推导出：

$$\begin{aligned} x_j^{(2)} &= x_j^{(1)} - x_{k(1)}^{(1)} A_j^{(2)} \\ &= x_j^{(1)} - (x_j^{(1)\mathrm{T}} x_{k(1)}^{(1)}) x_{k(1)}^{(1)} (x_{k(1)}^{(1)\mathrm{T}} x_{k(1)}^{(1)})^{-1} \quad (j = 1, 2, \cdots, J) \end{aligned} \tag{1-6-7}$$

（7）$A_j^{(2)}$ 为 $x_j^{(1)}$ 的投影映射，$x_j^{(2)}$ 为 $x_j^{(1)}$ 的投影矩阵，最大投影对应样本数据索引设为 $k(2)$，则 $k(2) = \arg\max\limits_j \left(\left\|x_j^{(2)}\right\|\right)$，依次推导。

（8）第 q 步，计算 $x_j^{(q+1)} (j = 1, 2, \cdots, J)$ 对 $x_{k(q)}^{(q)}$ 的投影：

$$x_j^{(q)} = x_{k(q)}^{(q)} A_j^{(q+1)} + x_j^{(q+1)} \quad (j = 1, 2, \cdots, J) \tag{1-6-8}$$

由公式（1-6-3）可以推出：

$$x_j^{(q+1)} = x_j^{(q)} - (x_j^{(q)\mathrm{T}} x_{k(q)}^{(q)}) x_{k(q)}^{(q)} (x_{k(q)}^{(q)\mathrm{T}} x_{k(q)}^{(q)})^{-1} \quad (j = 1, 2, \cdots, J) \tag{1-6-9}$$

（9）记 $k(q+1) = \arg\max\limits_j \left(\left\|x_j^{(q+1)}\right\|\right)$，当 $q = p^*$，迭代终止。

则 $X^{(i)} = \left\{x_{k(2)}, \cdots, x_{k(q)}\right\} \quad (i = 1, 2, \cdots, J)$ 就是需要选取的变量。

循环 p 次后得到 $p \times J$ 对波长组合，对每一对 $X^{(j)}$ 和 p 所决定的组合分别建立定标模型，使用均方根误差判断所建模型的优劣。选出最小的建模均方根误差，它对应的组合即为最佳的波长组合。

1.6.4 光谱特征选择结果及其分析

1. BiPLS 的特征波长选择

对柞木基本密度全光谱进行 BiPLS 变量选择，将柞木光谱分为 w 个子区间，

取 w 的范围为 5～15。应用 BiPLS，对于不同的子区间数可以得到如表 1-6-2 所示的结果。均方根误差最小的结果对应的 w 为 10，共有 5 个子区间入选，分别为 3、5、6、7、9。

表 1-6-2　BiPLS 子区间优选结果

子区间总数	入选子区间数	RMSE	变量数
5	3	0.0242	70
6	2	0.0238	39
7	4	0.0227	68
8	4	0.0231	59
9	3	0.0223	39
10	5	0.0216	59
11	4	0.0220	42
12	6	0.0229	60
13	6	0.0232	54
14	7	0.0224	58
15	8	0.0237	61

图 1-6-1 为柞木基本密度 BiPLS 选择的特征区间，图中被填充的波段区间为被选中的区间，对应的波段范围为 1103.7～1194.1nm、1301.1～1391.8nm、1400.1～1490.9nm、1499.2～1590.2nm、1689.6～1772.6nm，共 59 个波长变量。

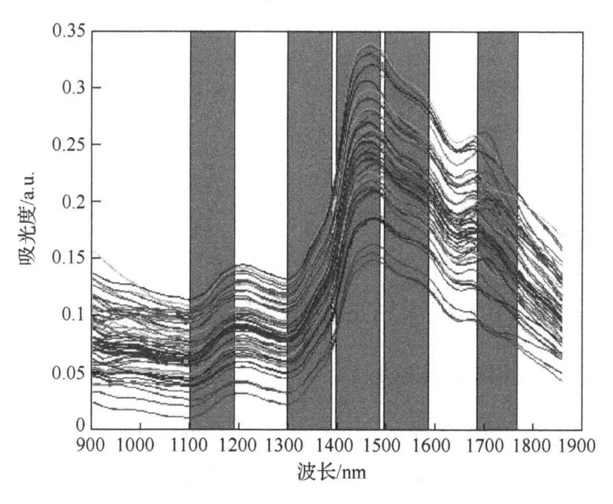

图 1-6-1　BiPLS 选择的特征区间

2. SPA 的特征波长选择

使用 SPA 对近红外光谱的 117 个波长进行筛选，图 1-6-2 显示了不同模型变量个数与验证标准差值之间的变化关系。在变量个数不断增加的过程中 RMSE 大幅度降低，当变量个数为 11 时，RMSE 最小，为 0.00125。当变量个数继续增加时 RMSE 也有所上升。选择的波长点有 9、22、31、47、56、61、68、74、94、110 和 113，共 11 个变量，如图 1-6-3 所示。

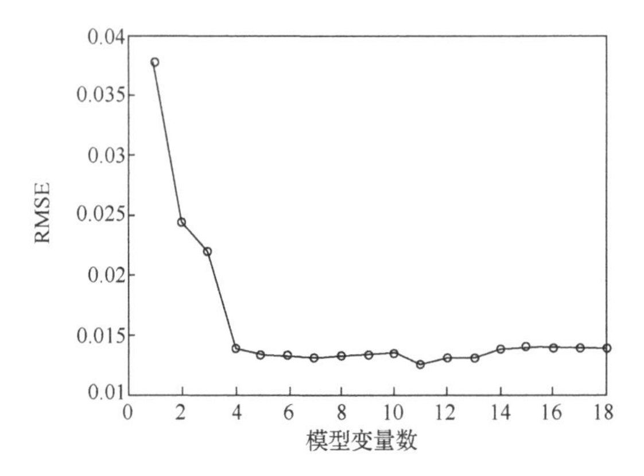

图 1-6-2 RMSE 随 SPA 选取变量个数的变化情况

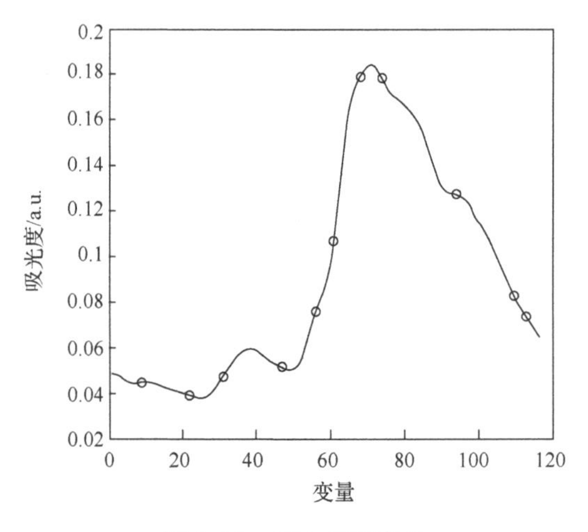

图 1-6-3 SPA 选取变量

3. BiPLS-SPA 的特征波长选择

首先利用 BiPLS 谱区选择的 3 个波长子区间 1103.7～1194.1nm、1301.1～1590.2nm 和 1689.6～1772.6nm，在此波长范围内再用 SPA 算法进行波长选择，相比于 SPA 算法对初始 117 个变量进行选择，BiPLS 提取的 59 个特征可以减少 SPA 算法的计算量。图 1-6-4 为 BiPLS-SPA 选取变量过程，当模型变量数为 6 时 RMSE 最小，比 SPA 对全光谱选择的特征更少，同时可以表达光谱数据与柞木基本密度之间的关系。

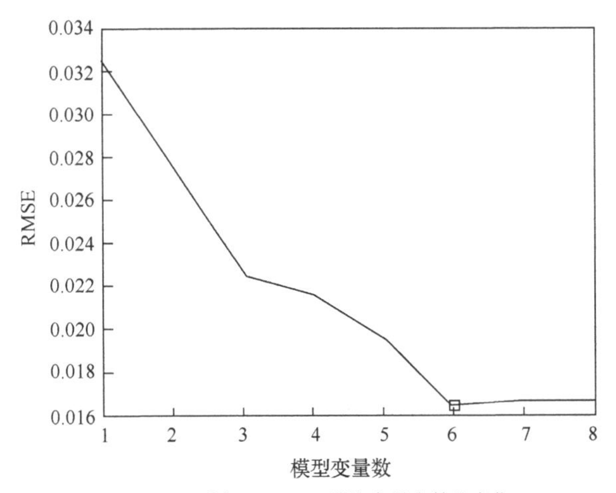

（a）RMSE随BiPLS-SPA选取变量个数的变化

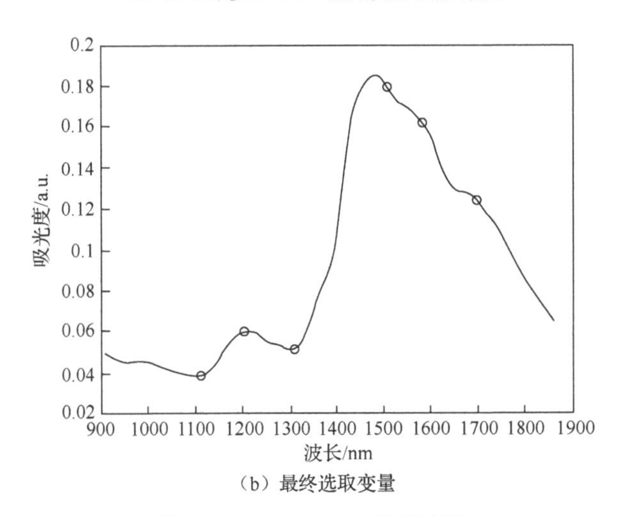

（b）最终选取变量

图 1-6-4　BiPLS-SPA 选取变量

实验在全光谱 SPA 波长选择和 BiPLS 选择波段后的 SPA 波长选择方面进行比较分析。使用 PLS、BiPLS、SPA-PLS 和 BiPLS-SPA-PLS 等方法对预测集数据进行建模，用预测集进行验证得到相关系数和均方根误差等，对比结果如表 1-6-3 所示。

表 1-6-3　不同特征选择方法的建模结果

建模方法	波长数量	校正集		预测集	
		R_c	RMSE	R_p	RMSE
PLS	117	0.925	0.0234	0.904	0.0275
BiPLS	59	0.937	0.0218	0.915	0.0251
SPA-PLS	11	0.946	0.0188	0.923	0.0233
BiPLS-SPA-PLS	6	0.958	0.0166	0.942	0.0184

从表 1-6-3 可以看出，BiPLS-SPA-PLS 具有最高的模型精度，相关系数为 0.942，预测集均方根误差为 0.0184。

1.7 小波神经网络在木材基本密度近红外建模中的应用

1.7.1 小波神经网络模型简介

1. 小波基础理论

自 20 世纪 80 年代初期，小波（wavelet）首次被 Morlet 和 Grossman 提出，从此小波分析进入迅猛发展阶段，从数值分析角度来看，相比于传统傅里叶变换而言，小波变换具有优势，小波是一种长度有限且平均值为 0 的波形，弥补了傅里叶变换在时域无分辨能力的不足。因此，小波变换的特点就是时域具有紧支集和直流分量为 0。小波的发展给数学领域带来新的思想，具有理论价值。

（1）小波的定义：母小波是指特定频率的、有限长度或快速衰减的振荡波形。而一组特定的、按一定规律变化的频率的波形组成的小波组被称为小波基。将一个母小波函数 $\psi(t)$ 按照平移因子为 τ 的尺度进行平移，在缩放尺度 a 中进行缩放，形成的一组小波组被称为小波基。傅里叶变换是一种特殊的小波，它的小波基是一组正弦波或余弦波。

（2）连续小波变换的定义：连续小波变换是指将小波基中的某一个小波 $\psi\left(\dfrac{t-\tau}{a}\right)$ 与待分析的信号 $x(t)$ 做内积，将信号的某一特定频率的分支信息映射到特定的小波频域中。可以用 a 与 τ 表示这个小波频域的映射坐标，设频域坐标 (a,τ) 的强度为 $f_x(a,\tau)$，则映射公式可以表示为如下形式：

$$f_x(a,\tau)=|a|^{-\frac{1}{2}}\int_{-\infty}^{\infty}x(t)\psi\left(\frac{t-\tau}{a}\right)\mathrm{d}t \tag{1-7-1}$$

其时域表达式为

$$f_x(a,\tau)=|a|^{-\frac{1}{2}}\int_{-\infty}^{\infty}x(\omega)\psi(a\omega)\mathrm{e}^{\mathrm{j}\omega}\mathrm{d}t \tag{1-7-2}$$

小波基函数有很多，常见的有 Haar 小波、db 小波、sym 小波、meyer 小波和 mexh 小波等。以下是详细介绍。

1）Haar 小波

Haar[59]于 20 世纪初提出正交的小波基函数，定义如下：

$$\psi_H=\begin{cases}1, & 0\leqslant x<0.5\\ -1, & 0.5\leqslant x\leqslant 1\\ 0, & \text{其他}\end{cases} \tag{1-7-3}$$

2）db 小波与 sym 小波

db 小波由 Daubechies[60]设计，是离散的小波基函数，具有正交性。其中，db 小波基没有可解析的函数基底。Daubechies 设计了两组由实数组成的数列：一组作为高通滤波器的系数，构成小波滤波器；另一组作为低通滤波器的系数，构成调整滤波器。同样，Daubechies 证明了不存在解析解的小波基函数为何正交，为何可以作为小波基应用于小波变换。db 小波的优势在于它的紧支撑性，通俗地讲，紧支撑性指的是在小波函数工作的区域外，小波函数趋近于 0。紧支撑性越好，能量越集中。

sym 小波基函数同样是由 Daubechies[61]提出的，不过 sym 小波基是对 db 小波基的一种改进，具有近似对称性，通常表示为 sym $N(N=2,3,\cdots,8)$。

3）meyer 小波

meyer 小波基函数ψ是在频域中进行定义的具有紧支集的正交小波，定义如式表示：

$$\psi(\omega)=\begin{cases}(2\pi)^{-\frac{1}{2}}\exp(\mathrm{j}\omega/2)\sin\left(\dfrac{\pi}{2}v\left(\dfrac{3}{2\pi}|\omega|-1\right)\right), & \dfrac{2\pi}{3}\leqslant|\omega|<\dfrac{4\pi}{3}\\(2\pi)^{-\frac{1}{2}}\exp(\mathrm{j}\omega/2)\cos\left(\dfrac{\pi}{2}v\left(\dfrac{3}{2\pi}|\omega|-1\right)\right), & \dfrac{4\pi}{3}\leqslant|\omega|\leqslant\dfrac{8\pi}{3}\\0, & \text{其他}\end{cases} \tag{1-7-4}$$

式中，$v(\cdot)$为构造 meyer 小波的子函数，表示为

$$v(x)=\begin{cases}0, & x<0\\x, & 0\leqslant x<1\\0, & x\geqslant 1\end{cases} \tag{1-7-5}$$

4）mexh 小波

mexh 小波的尺度函数不存在，且不具有正交性，因此定义为

$$\psi(x)=\frac{2}{\sqrt{3}}\pi^{-\frac{1}{4}}\left(1-x^2\right)\exp\left(-x^2/2\right) \tag{1-7-6}$$

mexh 小波为高斯函数的二阶导数，mexh 小波在时域与频域都有很好的局部化，满足：

$$\int_{-\infty}^{\infty}\psi(x)\mathrm{d}x=0 \tag{1-7-7}$$

2. 小波神经网络

虽然传统 BP 神经网络发展迅猛，得到广泛应用，但 BP 神经网络缺点显而易见，主要表现在：激励函数往往受到实际数据的维度限制，使它们之间存在不唯

一解；神经网络结构参数优化困难，学习速率慢且易陷入局部最优；网络不稳定因素较多，精度有时不准确。

小波神经网络是将小波理论与人工神经网络的思想相结合而形成的一种新的神经网络[62]。在传统 BP 神经网络的结构基础上，将小波基作为隐含层节点的传递函数，信号前向传播的同时误差反向传播。由于小波神经网络独特的数学理论，因此小波神经网络具有较多组合的学习方法和表现形式，将小波函数融合到 BP 神经网络的传递函数中，能够在一定程度上提高学习速度，同时减少过拟合的发生。小波神经网络的基本结构如图 1-7-1 所示。

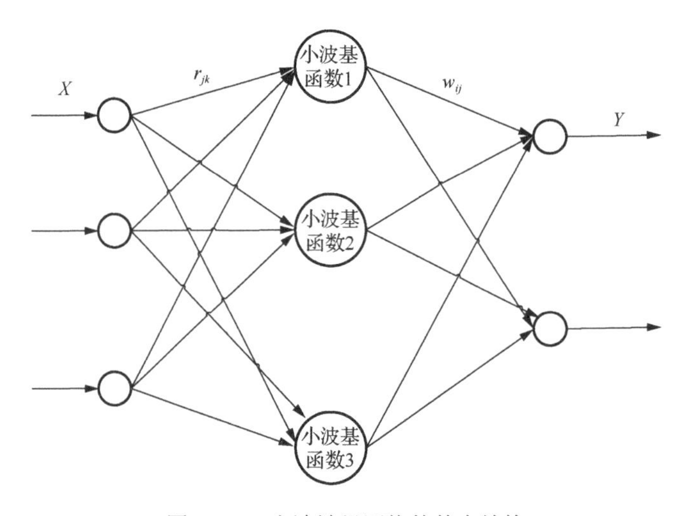

图 1-7-1 小波神经网络的基本结构

由上图可知，小波神经网络的结构和表达式与 BP 神经网络类似，由输入层、隐含层和输出层构成，不同之处在于，BP 神经网络采用 Sigmoid 函数，小波神经网络则采用某一小波函数为激励函数，这里选取 Morlet 小波作为激励函数[58]，小波神经网络的具体描述如下：

$$y_{is} = f\left(\sum_{j=1}^{n} w_{ij}\psi_{a_j,b_j}\left(\sum_{k=1}^{m} r_{jk}x_{ks}\right) + u_i\right)$$

$$E = \frac{1}{2}\sum_{s=1}^{S}\sum_{i=1}^{N}\left(y_{is} - d_{is}\right)^2 \qquad (1\text{-}7\text{-}8)$$

$$\psi_{a_j,b_j}\left(\sum_{k=1}^{m} r_{jk}x_{ks}\right) = \psi\left(\frac{\sum_{k=1}^{m} r_{jk}x_{ks} - b_j}{a_j}\right)$$

式中，x_{ks} 表示第 s 个输入样本的第 k 维取值；y_{is} 表示第 s 个神经网络输出的第 i

维取值；w_{ij} 表示中间隐含层到输出层的权重；r_{jk} 为输入层到隐含层的权重；a_j, b_j 表示隐含层的伸缩和平移因子；d_{is} 表示第 s 个实际输出样本的第 i 维取值；E 表示误差函数；u_i 表示网络的偏置。

输入层、隐含层、输出层、样本个数分别为 m,n,N,S 。设 net_{js} 为隐含层输出，则式（1-7-8）可变换为下式：

$$\text{net}_{js}=\frac{\sum_{k=1}^{m} r_{jk}x_{ks}-b_j}{a_j}=\sum_{k=1}^{m} g_{jk}x_{ks}+h_j \tag{1-7-9}$$

得到

$$y_{is}=f\left(\sum_{j=1}^{n} w_{ij}\psi\left(\text{net}_{js}\right)+u_i\right) \tag{1-7-10}$$

采用梯度下降的方法，求 $w(t)$、$g(t)$、$h(t)$ 与 $u(t)$ 这四个参数。设 η 为学习系数，则第 t 次到第 t+1 次的参数调整过程如下所示：

$$\begin{aligned}
w_{ij}(t+1)&=-\eta\frac{\partial E}{\partial w_{ij}(t)}+w_{ij}(t)\\
g_{ij}(t+1)&=-\eta\frac{\partial E}{\partial g_{ij}(t)}+g_{ij}(t)\\
h_{j}(t+1)&=-\eta\frac{\partial E}{\partial h_{j}(t)}+h_{j}(t)\\
u_{i}(t+1)&=-\eta\frac{\partial E}{\partial u_{i}(t)}+u_{i}(t)
\end{aligned} \tag{1-7-11}$$

设迭代次数为 n。第 n 次迭代后，设 $G(n)$ 为伸缩因子与平移因子的拼接矩阵，设网络为 $V(n)$ 。具体训练步骤如下。

第一步：网络初始化，随机化伸缩因子、平移因子及网络连接权重，设置网络学习速率，迭代次数 n=0。载入输入和输出样本 P,T，得到归一化输入和输出 X,Y。

第二步：n=n+1，计算神经网络的输出，有

$$\begin{gathered}
G(n)=\begin{bmatrix} g_{11} & \cdots & g_{1m} & h_1\\ \vdots & & \vdots & \vdots\\ g_{n1} & \cdots & g_{nm} & h_n \end{bmatrix}, X=\begin{bmatrix} x_{11} & \cdots & x_{1s}\\ \vdots & & \vdots\\ x_{m1} & \cdots & x_{ms} \end{bmatrix}\\
V(n)=\begin{bmatrix} \text{net}_{11} & \cdots & \text{net}_{1s}\\ \vdots & & \vdots\\ \text{net}_{n1} & \cdots & \text{net}_{ns} \end{bmatrix}
\end{gathered} \tag{1-7-12}$$

对 $G(n)$ 初始化，神经网络的隐含层输出矩阵为

$$V(n)=\psi\left(G(n)\begin{bmatrix}X\\I_{1s}\end{bmatrix}\right) \tag{1-7-13}$$

$$Y(n)=\begin{bmatrix}y_{11} & \cdots & y_{1s}\\ \vdots & & \vdots\\ y_{N1} & \cdots & y_{Ns}\end{bmatrix}, W(n)=\begin{bmatrix}w_{11} & \cdots & w_{1n} & u_1\\ \vdots & & \vdots & \vdots\\ w_{N1} & \cdots & w_{Nn} & u_N\end{bmatrix} \tag{1-7-14}$$

对 $W(n)$ 进行初始化，神经网络的输出层如下：

$$Y(n)=f\left(W(n)\begin{bmatrix}V(n)\\I_{1s}\end{bmatrix}\right) \tag{1-7-15}$$

第三步：设 $r(n)$ 为中间变量，采用 BP 算法修正 $W(n)$ 和 $G(n)$：

$$E(n)=D-Y(n) \tag{1-7-16}$$

$$r(n)=E\odot f\left(W(n)\begin{bmatrix}V(n)\\I_{1s}\end{bmatrix}\right) \tag{1-7-17}$$

则神经网络的最小误差可表示为

$$E(n)=\min\frac{1}{2}\left\|E(n)\right\|_2^2 \tag{1-7-18}$$

神经网络 $W(n)$ 的修正方法如式（1-7-19）、式（1-7-20）所示：

$$\frac{\partial E(n)}{\partial W(n)}=-r(n)\begin{bmatrix}V(n)\\I_{1s}\end{bmatrix}^{\mathrm{T}} \tag{1-7-19}$$

$$W(n+1)=W(n)-\eta\frac{\partial E(n)}{\partial W(n)} \tag{1-7-20}$$

输出层系数 $G(n)$ 的修正方法如式（1-7-21）、式（1-7-22）所示：

$$\frac{\partial E(n)}{\partial G(n)}=-\psi^{\mathrm{T}}\left(G(n)\begin{bmatrix}X\\I_{1s}\end{bmatrix}\right)\odot\left(\left(W(n)\right)^{\mathrm{T}}\left(E(n)\odot f^{\mathrm{T}}\left(W(n+1)\begin{bmatrix}V(n)\\I_{1s}\end{bmatrix}\right)\right)\begin{bmatrix}X\\I_{1s}\end{bmatrix}\right) \tag{1-7-21}$$

$$G(n+1)=G(n)-\eta\frac{\partial E(n)}{\partial G(n)} \tag{1-7-22}$$

式中，$W(n)$ 取 $1\sim n$ 列。

第四步：判断算法结束与否，若迭代结束，则输出结果，否则返回第二步。

小波神经网络的基元和整体结构是依据小波分析理论确定的，可以避免 BP 神经网络等结构设计上的盲目性，具有更强的学习能力，结构更简单、收敛速度更快。

1.7.2　基于小波神经网络的木材基本密度建模

在近红外光谱与木材密度建模分析中，李耀翔等[36]运用非线性算法建立密度预测模型，并且对所建模型的结果进行分析，结果表明非线性偏最小二乘所建模型的预测精度优于传统偏最小二乘法建立的模型，这也反映了木材近红外光谱信息与木材的实际密度值之间不是单纯的线性关系，非线性关系可以更好地表征二者的关系。

考虑木材基本密度与近红外光谱非线性关系的存在，将小波神经网络方法运用到木材基本密度与近红外光谱建模中，预测模型建模流程如图 1-7-2 所示。小波函数在回归预测中具有较强的鲁棒性和自适应性，采用小波作为隐含层传递函数；初始化参数，包括随机化伸缩因子、平移因子及网络连接权重等；将柞木光谱特征作为输入，训练小波神经网络预测模型；得出预测基本密度后，通过梯度下降法对参数进行调整，直到预测误差小于设定值时迭代结束。

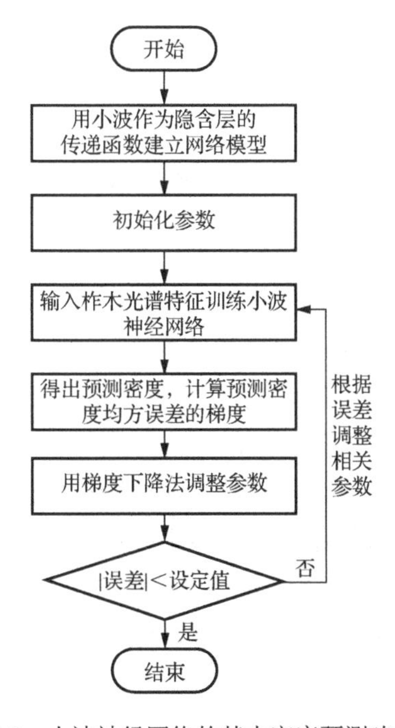

图 1-7-2　小波神经网络的基本密度预测建模流程

1.7.3 实验结果与分析

将 BiPLS-SPA 算法优选出的 6 个光谱波长吸光度作为模型的输入向量，分别建立 PLS、BP 神经网络和小波神经网络模型。

偏最小二乘法能够同时实现多元线性回归（multiple linear regression，MLR）、主成分分析和变量之间的相关性分析，通过最小化误差的平方和找到一组数据的最佳函数匹配，利用提取的 6 个特征建立 PLS 模型，对 40 个预测集进行验证。PLS 模型预测值与真值散点分布如图 1-7-3 所示。

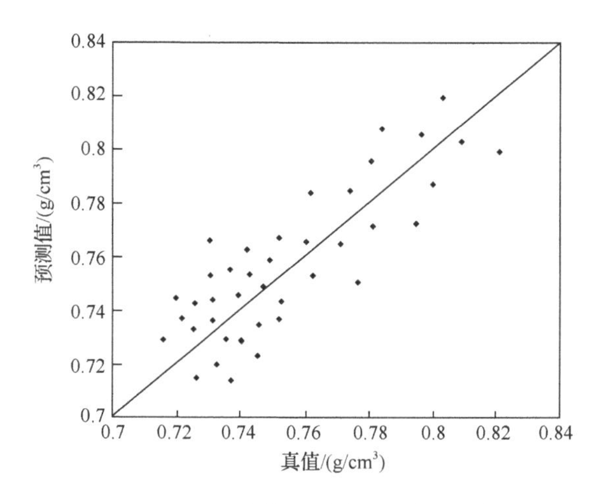

图 1-7-3 PLS 模型预测值与真值散点分布

BP 神经网络采用典型的三层网络结构，提取的 6 个特征作为输入层，隐含层节点数为 5，柞木基本密度值作为输出层。隐含层为 Sigmoid 函数，输出层为 Purelin 线性函数，训练函数为 traingd 梯度下降函数，学习速度为 0.01，学习次数为 1000 次，建模训练过程误差的衰减曲线如图 1-7-4 所示。建立模型后对预测集 40 个样本进行验证，预测结果如图 1-7-5 所示。

小波神经网络隐含层节点数的设置会对网络性能产生影响，节点数过多则训练时间过长，节点数过少又达不到预期效果，通过经验值和训练实验分析将隐含层节点设置为 6，小波基函数为 Morlet 函数，学习速率为 0.01，期望误差为 0.001，学习次数为 1000。建立小波神经网络模型对预测集样本进行验证，结果如图 1-7-6 所示。

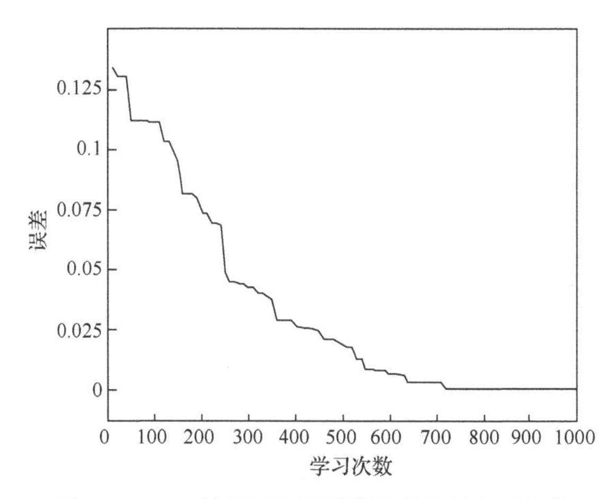

图 1-7-4　BP 神经网络的训练过程误差衰减曲线

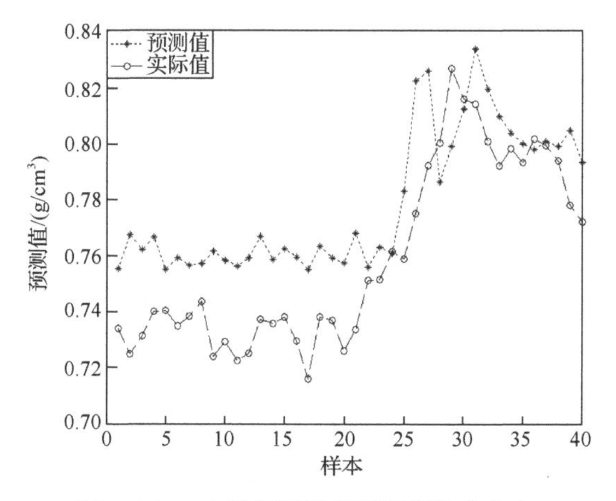

图 1-7-5　BP 神经网络模型预测散点分布

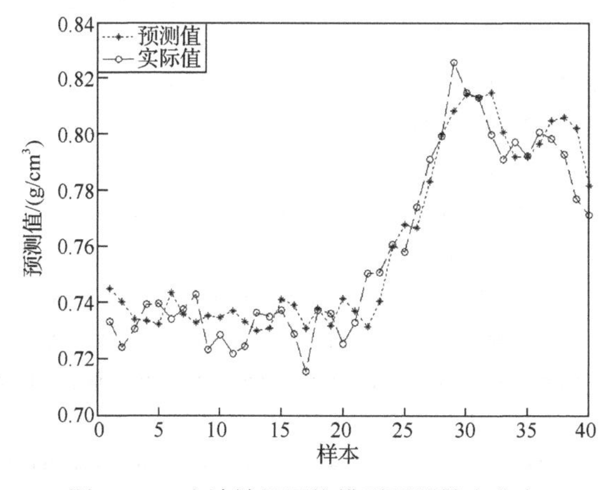

图 1-7-6　小波神经网络模型预测散点分布

对预测集的40个样本进行实验，三种模型实验结果如表1-7-1所示。PLS模型校正集与预测集的结果较稳定，是由于柞木基本密度和近红外光谱之间存在线性关系；BP神经网络的建模效果最好，但是预测结果较差，主要是因为BP神经网络是对局部的优化，使其推广性受到制约，又对训练样本极为依赖；小波神经网络的结果最好，预测集相关系数达到0.968，预测均方根误差为0.0144。

表1-7-1　不同建模方法的结果与比较

建模方法	校正集		预测集	
	R_c	RMSE	R_p	RMSE
PLS	0.958	0.0166	0.942	0.0184
BP神经网络	0.982	0.0071	0.922	0.0236
小波神经网络	0.977	0.0102	0.968	0.0144

参考文献

[1] 韩海荣. 森林资源与环境导论[M]. 北京：中国林业出版社, 2002.

[2] 易咏梅, 姜高明. 柳杉木材密度测定研究[J]. 林业科技, 2003, 28(3): 38-39, 43.

[3] 刘一星, 赵广杰. 木材学[M]. 北京：中国林业出版社, 2012.

[4] 孙燕良, 张厚江, 朱磊, 等. 木材密度检测方法研究现状与发展[J]. 森林工程, 2011, 27(1): 23-26.

[5] 梁保松, 朱景乐, 王军辉, 等. Pilodyn在华山松活立木木材材性估测中的应用[J]. 南京林业大学学报：自然科学版, 2008, 32(6): 97-101.

[6] 王军辉, 张守攻, 张建国, 等. Pilodyn在日本落叶松材性育种中应用的初步研究[J]. 林业科学研究, 2008, 21(6): 808-812.

[7] 茹广欣, 李林, 朱秀红. Pilodyn在青海云杉活立木基本密度预测中的应用[J]. 河南农业大学学报, 2009, 43(5): 506-510.

[8] 殷亚方, 王莉娟, 姜笑梅. Pilodyn方法评估阔叶树种人工林立木的基本密度[J]. 北京：北京林业大学学报, 2008, 30(4): 7-11.

[9] 张晓芳, 李华, 刘秀英, 等. 木材阻力仪检测技术的应用[J]. 木材工业, 2007, 21(2): 41-43.

[10] 阮锡根, 潘惠新, 李火根, 等. 材性改良研究Ⅰ. X射线木材密度测定[J]. 林业科学, 1995, 31(3): 260-268.

[11] 李丽, 撒潮, 庞友会, 等. 基于β射线的单板密度检测实验[J]. 林业机械与木工设备, 2008, 36(5): 10-12.

[12] 陆婉珍. 现代近红外光谱分析技术[M]. 2版. 北京：中国石化出版社, 2007.

[13] Li Y X, Li P, Jiang L C. Prediction of larch wood density by near-infrared spectroscopy and an optimal BP neural network using coupled GA and RSM[J]. Journal of Information and Computational Science, 2012, 9(13): 3783-3794.

[14] Downes G M, Meder R, Bond H, et al. Measurement of cellulose content, Kraft pulp yield and basic density in eucalypt woodmeal using multisite and multispecies near infra-red spectroscopic calibrations[J]. Southern Forests, 2011, 73(3-4): 181-186.

[15] Poke F S, Raymond C A. Predicting extractives, lignin, and cellulose contents using near infrared spectroscopy on solid wood in *Eucalyptus globulus*[J]. Journal of Wood Chemistry and Technology, 2006, 26(2): 187-199.

[16] Downes G M, Meder R, Harwood C. A multi-site, multi-species near infrared calibration for the prediction of cellulose content in eucalypt woodmeal[J]. Journal of Near Infrared Spectroscopy, 2010, 18(6): 381-387.

[17] Watanabe K, Mansfield S D, Avramidis S. Application of near-infrared spectroscopy for moisture-based sorting of green hem-fir timber[J]. Journal of Wood Science, 2011, 57(4): 288-294.

[18] Hein P R G, Clair B, Brancheriau L, et al. Predicting microfibril angle in *Eucalyptus* wood from different wood faces and surface qualities using near infrared spectra[J]. Journal of Near Infrared Spectroscopy, 2010, 18(6): 455-464.

[19] Kelley S S, Rials T G, Groom L R, et al. Use of near infrared spectroscopy to predict the mechanical properties of six softwoods[J]. Holzforschung, 2004, 58(3): 252-260.

[20] Birkett M, Gambino M. Potential applications for near-infrared spectroscopy in the pulping industry[J]. Paper Southern Africa, 1988, 11(12): 34-38.

[21] Schimleck L R, Downes G M, Evans R. Estimation of eucalyptus nitens wood properties by near infrared spectroscopy[J]. Appita: Technology, Innovation, Manufacturing, Environment, 2006, 59(2): 136-141.

[22] Schimleck L R, de Matos J L M, Oliveira J T D S, et al. Non-destructive estimation of pernambuco (Caesalpinia echinata) clear wood properties using near infrared spectroscopy[J]. Journal of Near Infrared Spectroscopy, 2011, 19(5): 411-419.

[23] 江泽慧, 费本华, 杨忠. 光谱预处理对近红外光谱预测木材纤维素结晶度的影响[J]. 光谱学与光谱分析, 2007, 27(3): 435-438.

[24] 李耀翔, 李颖, 姜立春. 基于小波压缩的木材密度近红外光谱的预处理研究[J]. 北京林业大学学报, 2016, 38(3): 89-94.

[25] 王学顺, 戚大伟, 黄安民. 基于小波变换的木材近红外光谱去噪研究[J]. 光谱学与光谱分析, 2009, 29(8): 2059-2062.

[26] 贺文明, 薛崇昀, 聂怡, 等. 近红外光谱法快速测定木材纤维素、戊聚糖和木质素含量的研究[J]. 中国造纸学报, 2010, 25(3): 9-12.

[27] Jones P D, Schimleck L R, Peter G F, et al. Nondestructive estimation of *Pinus taeda* L. wood properties for samples from a wide range of sites in Georgia[J]. Canadian Journal of Forest Research, 2005, 35(1): 85-92.

[28] Hein P R G. Estimating shrinkage, microfibril angle and density of *Eucalyptus* wood using near infrared spectroscopy[J]. Journal of Near Infrared Spectroscopy, 2012, 20(4): 427-436.

[29] Inagaki T, Schwanninger M, Kato R, et al. *Eucalyptus camaldulensis* density and fiber length estimated by near-infrared spectroscopy[J]. Wood Science and Technology, 2012, 46(1-3): 143-155.

[30] 窦刚, 陈广胜, 赵鹏. 基于近红外光谱反射率特征的木材树种分类识别系统的研究与实现[J]. 光谱学与光谱分析, 2016, 36(8): 2425-2429.

[31] 梁龙, 房桂干, 吴珽, 等. 基于支持向量机的近红外特征变量选择算法用于树种快速识别[J]. 分析测试学报, 2016, 35(1): 101-106.

[32] 江泽慧, 黄安民, 王斌. 木材不同切面的近红外光谱信息与密度快速预测[J]. 光谱学与光谱分析, 2006, 26(6): 1034-1037.

[33] 李耀翔, 张鸿富, 张亚朝, 等. 基于近红外技术的落叶松木材密度预测模型[J]. 东北林业大学学报, 2010, 38(9): 27-30.

[34] 丁丽. 化学计量学与近红外光谱法在木材与奶粉品质分析中的应用[D]. 北京: 首都师范大学, 2009: 1-75.

[35] 于仕兴. 基于智能算法的支持向量机结合木材近红外光谱应用研究[D]. 北京: 北京林业大学, 2014: 1-71.

[36] 李耀翔, 张鸿富. 非线性算法在近红外预测木材密度中的应用研究[J]. 森林工程, 2012, 28(5): 38-41.

[37] 马明宇, 王桂芸, 黄安民, 等. 人工神经网络结合近红外光谱用于木材树种识别[J]. 光谱学与光谱分析, 2012, 32(9): 2377-2381.

[38] Alves A, Santos A, Rozenberg P, et al. A common near infrared—Based partial least squares regression model for the prediction of wood density of *Pinus pinaster* and *Larix*×*eurolepis*[J]. Wood Science and Technology, 2012, 46(1-3): 157-175.

[39] Isik F, Mora C R, Schimleck L R. Genetic variation in *Pinus taeda* wood properties predicted using non-destructive techniques[J]. Annals of Forest Science, 2011, 68(2): 283-293.

[40] Pfautsch S, Macfarlane C, Ebdon N, et al. Assessing sapwood depth and wood properties in *Eucalyptus* and *Corymbia* spp. using visual methods and near infrared spectroscopy (NIR)[J]. Trees, 2012, 26(3): 963-974.

[41] Santos A J A, Alves A M M, Simões R M S, et al. Estimation of wood basic density of acacia melanoxylon (R. Br.) by near infrared spectroscopy[J]. Journal of Near Infrared Spectroscopy, 2012, 20(2): 267-274.

[42] Fujimoto T, Kobori H, Tsuchikawa S. Prediction of wood density independently of moisture conditions using near infrared spectroscopy[J]. Journal of Near Infrared Spectroscopy, 2012, 20(3): 353-359.

[43] Tsuchikawa S, Kobori H. A review of recent application of near infrared spectroscopy to wood science and technology[J]. Journal of Wood Science, 2015, 61(3): 213-220.

[44] 张新荣. 基于鲁棒尺度的统计建模数据中异常点去除算法的研究及应用[J]. 计算机应用研究, 2010, 27(9): 3319-3321.

[45] 杨锦瑜, 李博岩, 梁逸曾, 等. 基于主灵敏度矢量回归评价中药色谱指纹图谱[J]. 计算机与应用化学, 2005, 22(4): 282-286.

[46] 刘蓉, 陈文亮, 徐可欣, 等. 奇异点快速检测在牛奶成分近红外光谱测量中的应用[J]. 光谱学与光谱分析, 2005, 25(2): 207-210.

[47] Cao D S, Liang Y Z, Xu Q S, et al. A new strategy of outlier detection for QSAR/QSPR[J]. Journal of Computational Chemistry, 2010, 31(3): 592-602.

[48] Savitzky A, Golay M J E. Smoothing and differentiation of data by simplified least squares procedures[J]. Analytical Chemistry, 1964, 36(8): 1627-1639.

[49] 刘桂松, 郭昊淞, 潘涛, 等. Vis-NIR 光谱模式识别结合 SG 平滑用于转基因甘蔗育种筛查[J]. 光谱学与光谱分析, 2014, 34(10): 2701-2706.

[50] Barnes R J, Dhanoa M S, Lister S J. Standard normal variate transformation and de-trending of near-infrared diffuse reflectance spectra[J]. Applied Spectroscopy, 1989, 43(5): 772-777.

[51] Martens H, Stark E. Extended multiplicative signal correction and spectral interference subtraction: New preprocessing methods for near infrared spectroscopy[J]. Journal of Pharmaceutical and Biomedical Analysis, 1991, 9(8): 625-635.

[52] Xin N, Meng Q H, Li Y Z, et al. Near infrared spectral similarity combined with variable selection method in the quality control of flos lonicerae: A preliminary study[J]. Chinese Journal of Chemistry, 2011, 29(11): 2533-2540.

[53] Pereira H, Santos A J A, Anjos O. Fibre morphological characteristics of kraft pulps of acacia melanoxylon estimated by NIR-PLS-R models[J]. Materials, 2015, 9(1): 8.

[54] Pan T, Shan Y, Wu Z T, et al. MWPLS method applied to the waveband selection of NIR spectroscopy analysis for brix degree of sugarcane clarified juice[C]. Third International Conference on Measuring Technology and Mechatronics Automation, Shanghai, China, 2011.

[55] Nørgaard L, Saudland A, Wagner J, et al. Interval partial least-squares regression (iPLS): A comparative chemometric study with an example from near-infrared spectroscopy[J]. Applied Spectroscopy, 2000, 54(3): 413-419.

[56] Zou X B, Zhao J W, Li Y X. Selection of the efficient wavelength regions in FT-NIR spectroscopy for determination of SSC of "Fuji" apple based on BiPLS and FiPLS models[J]. Vibrational Spectroscopy, 2007, 44(2): 220-227.

[57] Araújo M C U, Saldanha T C B, Galvão R K H, et al. The successive projections algorithm for variable selection in spectroscopic multicomponent analysis[J]. Chemometrics and Intelligent Laboratory Systems, 2001, 57(2): 65-73.

[58] Galvão R K H, Araújo M C U, Fragoso W D, et al. A variable elimination method to improve the parsimony of MLR models using the successive projections algorithm[J]. Chemometrics and Intelligent Laboratory Systems, 2008, 92(1): 83-91.

[59] Haar A. Zur theorie der orthogonalen funktionensysteme[J]. Mathematische Annalen, 1910, 69: 331-371.

[60] Daubechies I. Orthonormal bases of compactly supported wavelets[J]. Communications on Pure and Applied Mathematics, 1988, 41(7): 909-996.

[61] Daubechies I. Ten Lectures on Wavelets[M]. Philadelphia: Society for Industrial and Applied Mathematics, 1992.

[62] Tabaraki R, Khayamian T, Ensafi A A. Solubility prediction of 21 azo dyes in supercritical carbon dioxide using wavelet neural network[J]. Dyes and Pigments, 2007, 73(2): 230-238.

第2章

基于纤维角检测的实木板材抗压弹性模量预测方法

2.1 概述

纤维角作为板材表面的重要特征，在很大程度上决定了板材的力学性能。本章从针叶材管胞效应入手，设计了一套集光源发射、光斑采集与板材遍历于一体的纤维角检测平台，实现纤维角测量与纤维角分布的统计功能。针对设备搭建过程中相机相对于待测板材表面存在旋转导致光斑图像出现梯形变形的问题，通过在待测表面设置特殊标记完成相机的姿态恢复，从而完成图像校正。在从激光光斑图像恢复板材纤维角的过程中，采用了高斯滤波核对图像高频信号进行抑制，通过梯度算子完成光斑边缘点的提取。在提取光斑最大变形指向的过程中，以椭圆方程作为模型，利用最小二乘法进行拟合。针对最小二乘对“离群点”敏感的缺陷，随机采用一致性原则进行抽样拟合，以启发搜索的方式降低离群点对椭圆拟合的影响。脉冲激光光源发射功率存在跳动从而导致测量设备对同一点的不同次的测量值存在波动，该波动符合高斯分布，故选用平均值滤波对最终拟合的纤维角度进行平滑。通过遍历板材得到板材纤维角分布，经过实验调优，最终确定以板材正反两侧的纤维角平均值、纤维角标准差、潜入系数作为输入，抗压弹性模量作为输出构建了 BP 神经网络，完成通过板材纤维角分布预测抗压弹性模量的任务。

2.2 板材弹性模量检测设备硬件

2.2.1 纤维角检测设备

基于纤维角测量的板材弹性模量预测设备主要由以下几个方面组成：用于采

集纤维角图像的纤维角图像采集模块，用于承载板材与拖动板材运动完成待测板材遍历的运动模块，用于矫正图像、从图像中恢复纤维角指向以及进行模型推理的计算模块。整个设备简图如图 2-2-1 所示。其中，相机、镜头及其辅助装置、激光器构成管胞效应图像采集模块。运动模块的主体为二轴滑台，包含板材夹取机构、导轨、驱动电机、运动控制机箱。采用计算机作为计算模块，实现对相机曝光控制、滑台运动规划以及图像处理模型推理的计算任务。

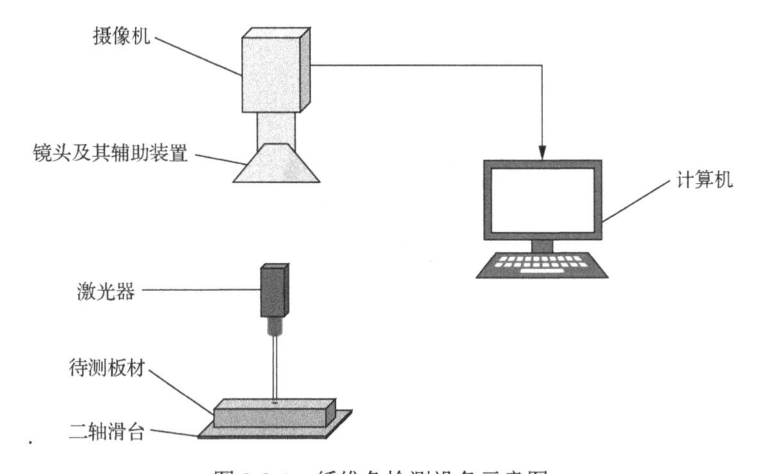

图 2-2-1　纤维角检测设备示意图

2.2.2　图像采集模块

在算法处理过程中，图像质量直接决定了建模的准确性。设计一个稳定、高效且高质量的拍照环境尤为重要。图像采集模块负责提供高质量的原始数据，确保后续的算法处理能够准确无误地进行。该模块的设计需要考虑拍摄角度、分辨率等因素，以保证图像数据的稳定性和清晰度。

1. 相机的选型

相机是一种能够将光学信号转换为电信号的装置。外界光线通过镜头聚焦在相机内部的互补金属氧化物半导体（complementary metal oxide semiconductor，CMOS）或电荷耦合器件（charge coupled device，CCD）芯片上呈现出倒立的像。这些芯片由数以万计的感光单元整齐地排列在一起，这些感光单元称为像素。芯片最大的成像分辨率就是感光单元横向乘纵向的数量。

在管胞效应采集任务中，由于采用大焦距镜头直接近距离采集激光光斑，在激光光斑的区域光强非常高，势必造成过曝与光晕。光晕信号会掩盖光斑周围微弱的散射光斑信号，而这些散射光斑携带着光斑的形状信息。通过使用抗光晕的相机能够解决这个问题。在实际试验中发现，使用可调曝光时间的普通相机通过调整合适的曝光值也能够达到防止光晕的效果。同时考虑到后期连续扫描过程中，由于板材在拍摄过程中可能依旧存在运动，采用全局曝光的相机能够保证所采集的图像不会发生果冻效应，提高图像采集的准确度。

由此相机的选型要求确定为成像分辨率达 30 万像素以上，能够兼容 C 口镜头，曝光时间可编程设置的全局曝光相机。根据要求选择京航科技 JHUM130m-E 相机，最高帧率 60fps（frames per second，帧每秒），像素 130 万彩色，快门使用全局曝光，带有外触发接口，能够兼容绝大多数 C 口镜头，如图 2-2-2 所示。

图 2-2-2　选用的工业相机

2. 镜头选型

镜头是成像的重要部件，常位于相机成像平面与待照物体之间，起到调节进光量、聚焦光线的作用。简单的镜头通常是一个经过设计磨合的凸透镜，但是凸透镜一旦成型，其焦距、通光量等参数便不能修改，同时成像景深与最佳成像点也随之固定。更重要的是透镜存在的径向畸变很大，虽然标定能够解决图像畸变问题，但是会带来比较大的计算负担。

选定镜头为中联科创 50mm 镜头，光圈 F1.4，适配 2/3in（1in=2.54cm）的成像感光元件，型号为 HM5014MP5。其最低成像距离为 60mm。在最低成像距离处通过 1/2.5in 的感光芯片，应用 640×480 像素采集，在适度曝光值下，其光斑的核心区域直径在 10 像素以上，有效光斑区域最长轴在 50 像素以上，能够达到椭圆分析的要求，成像光斑大小如图 2-2-3 所示。

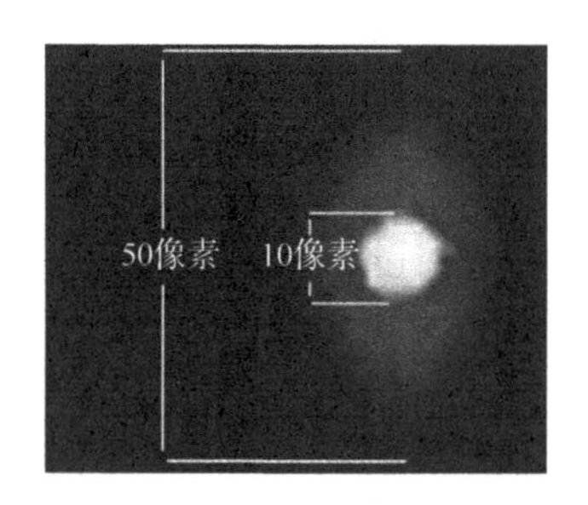

图 2-2-3　成像光斑大小

3. 光源选型

光源采用半导体激光器。光斑直径在 1mm 以下，波长 677nm，激光输出功率在 26.3mW。波长要求并不严格，实验表明波长越长，光线在管胞的传播距离越远[1]。市面上，677nm 波长的激光器造价比较昂贵，而 650nm 波长的激光器相对造价低廉，且在实际应用中也能较好地完成任务，因此实验装置采用 650 半导体激光器，最终选用长春新产业光电技术有限公司生产的型号为 MRL-3-655L-30mW 的激光器。该激光器输出功率 20mW，输出口光斑直径 1mm，50mm 处光斑直径小于 1.2mm，近似采用正圆形光斑，功率稳定性小于 1%。

4. 纤维角检测设备结构设计

采集子系统需要与待测板材发生相对移动以遍历板材，可以采用以下两个方案：方案一为板材静止，图像采集系统运动；方案二为图像采集系统静止，待测板材运动。

由于相机、木材和激光器三者之间需要尽量保持较小的夹角，因此相机需要悬挂在较高的位置，确保其夹角最小。如果使设备图像采集端运动，则会加剧由于运动所造成的晃动。同时由于相机支撑梁属于伸出量，更会造成在运动状态突变时的震荡，不利于获取稳定的图像。由此选取方案二：图像采集系统静止，待测板材运动。设备轴测图如图 2-2-4 所示。

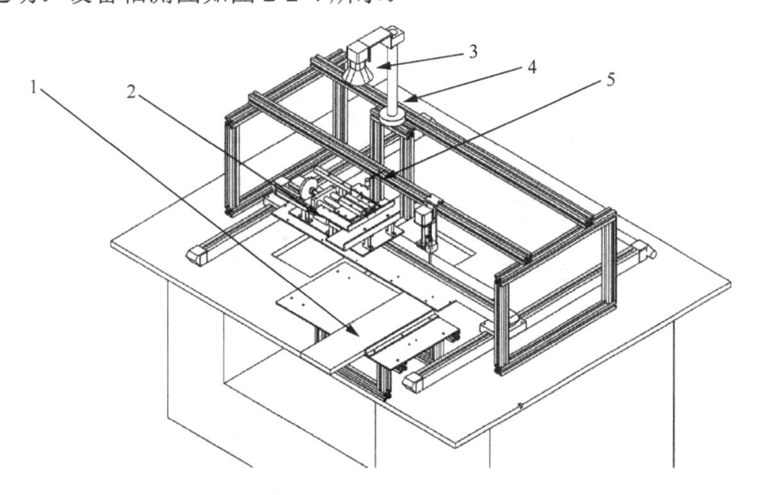

图 2-2-4　设备轴测图

图中，1 为放置在待检台上的待测板材；2 为滑动运动模块，包含板材夹持装置与滑台；3 为摄像头；4 为摄像头支撑架，支撑架能够方便地调节摄像头的高度；5 为激光器。整个设备被固定在一个稳定的实验台上。

2.2.3 运动模块

通过上述的结构描述，需要设计一个能够支持精确运动的滑台以构成运动模块。该滑台包括动力系统、二轴滑轨、夹持装置。

1. 动力系统

滑台的运动动力通过动力系统提供，对于滑台动力系统的要求包括运动平稳、扭矩大、控制简单且运动准确。该设备以细分驱动器控制的步进电机为动力源。细分驱动器通过脉冲信号获取电机运行路程，通过脉冲信号频率获取电机运行速度。通过微控制单元（microcontroller unit，MCU）以某一频率发送某个脉冲，就能够开环控制电机的运行速度与运行路程。同时采用步进电机控制，在电机停止的过程中还存在保持力矩，能够有效抑制平台在运动到停止过程中的过充与震荡现象。

2. 二轴滑轨

二轴滑轨由两根纵向导轨、一根横向导轨组成，且两根纵向导轨固定布置在工作台的板面上。纵向运动步进电机驱动一根纵向导轨，并通过同步驱动轴使两根纵向导轨同步运动。每根纵向导轨上设有导轨滑块，横向导轨的两端分别固定在两根纵向导轨的导轨滑块上，横向导轨与纵向导轨成 90°布置，二轴滑轨布置方式如图 2-2-5 所示。

图 2-2-5 二轴滑轨布置方式

滑轨采用直线滑轨模组（型号：CCM-S35-35mm）。该滑轨采用同步带传动，除了能够保证精确的传动外还有效地缓冲了步进电机运行的震动，使得平台运行安静、平滑。同时该滑轨在两侧开有安装槽，方便集成光电开关等辅助部件。

3. 夹持装置

夹持装置安装在二轴滑台横向滑轨的导轨滑块上，其主要作用是固定板材，即将板材稳定地固定在导轨滑块上。夹紧方式采用气动夹紧，该方式动作迅速，能够在移动的过程中施加恒定的夹持力，同时通过改变气压，能够调节夹持力的大小。夹持装置上设置对齐装置，默认以右上角为 0 点，右侧挡边与相机成像边缘平行。设计夹持范围为 20～300mm。通过两级伸缩装置实现夹紧动作，第一级设置在滚珠丝杠滑台上，滚珠丝杠连接手轮，通过手轮控制滚珠丝杠滑台动作，手轮带有锁，可以锁死丝杠固定滑台位置。第二级伸缩靠双杠气缸实现，它在运动过程中用以提供稳定的夹持力。气缸的气源由手动换向阀提供，拨动设置在一侧的手动换向阀，能够控制夹持装置的开合。夹持装置示意图如图 2-2-6 所示。

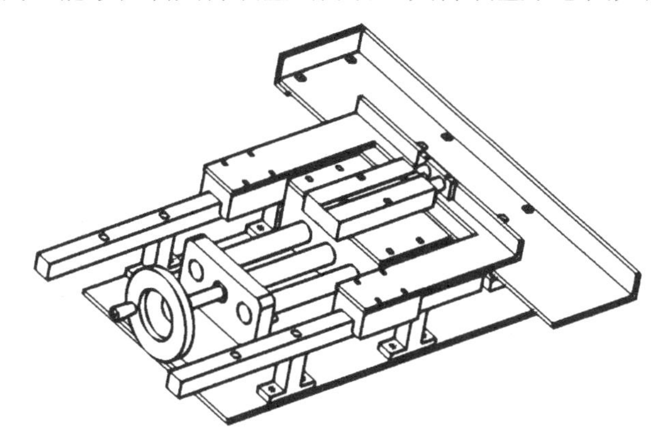

图 2-2-6　夹持装置示意图

整合图像采集模块、运动模块，得到最终的设备实物，如图 2-2-7 所示。

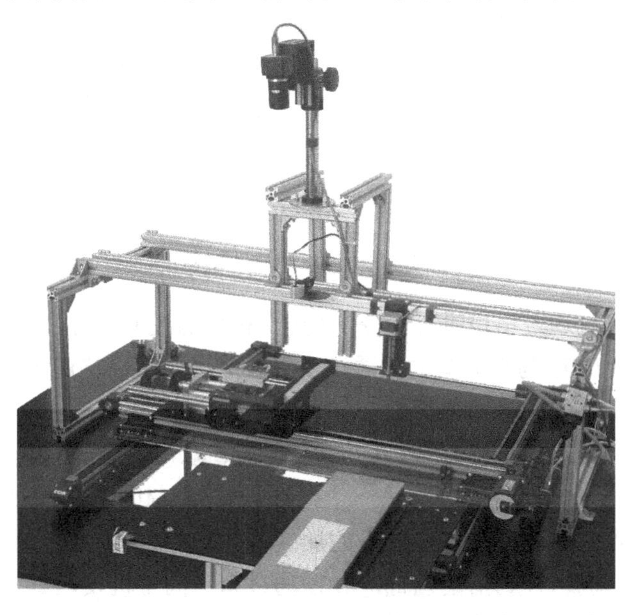

图 2-2-7　纤维角检测设备效果图

2.2.4 计算模块

纤维角检测设备软件由两大方面构成，即上位机控制程序与设备驱动程序。其中电机控制程序为嵌入式软件，通过烧写在惯性测量单元（inertial measurement unit，IMU）上并放置在数控机箱中，作为硬件平台的组成部分。图像采集与建模程序和人机交互界面则是以软件的形式存储在计算机中。图像采集与建模程序运行在主机上，人机交互界面则通过显示器操作界面进行展示。计算模块的架构如图 2-2-8 所示。

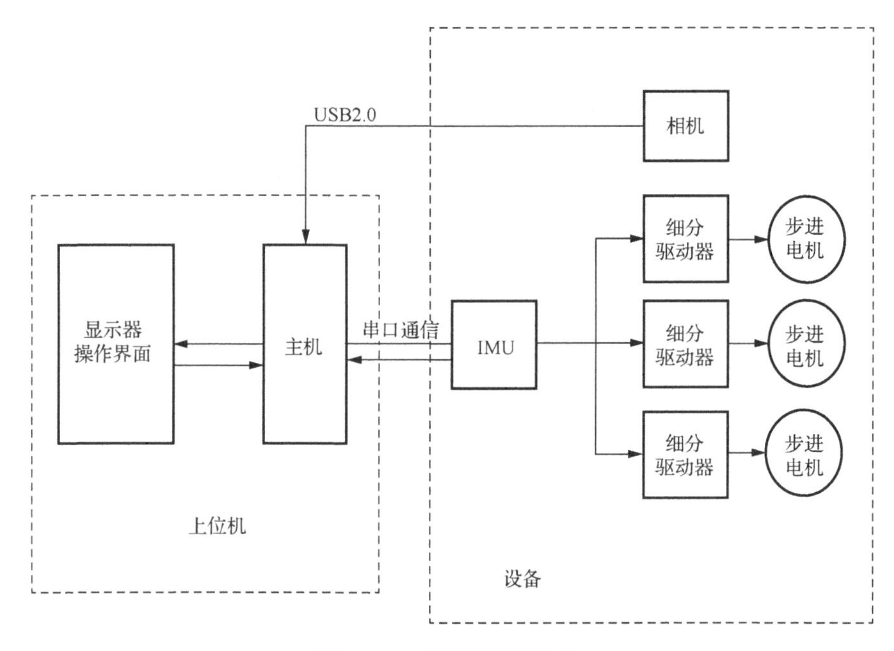

图 2-2-8 计算模块的架构

设备与上位机通过串口进行命令的传送。相机通过 USB 接口连接到上位机上进行图像传输。IMU 与细分驱动器通过双绞线连接，用以传递脉冲信号。

设备在运行过程中各部分的配合方式如下。

通过交互界面输入扫描参数，例如板厚、板宽、扫描间隔等。上位机首先通过扫描参数生成扫描路径，并将第一个路径点发到 IMU 中。IMU 通过计算当前位置与目标位置的路程，计算出电机的加减速并转换成脉冲信号发送给步进电机进行驱动。当电机运行到指定位置，IMU 通过串口向主机发送到达响应，主机控制相机按照设定要求采集照片并送入纤维角测量算法中获得当前点的纤维角。如果当前点不是最后一个路径点，则发送下一个路径点坐标并重复上述工作。当扫描完所有路径点后，主机内存中保存了所有路径点的对应坐标以及纤维角。主机通过提取纤维角的特征送入弹性模量预测模型中获得板材弹性模量预测值并送至交互界面显示。

软件主界面如图 2-2-9 所示。该软件包括多个功能区域。预览框用于实时显示当前摄像头采集得到的图像与拟合效果。摄像头控制区域可以控制摄像头的开关、曝光增减与图像保存。滑台控制区域通过鼠标模拟摇杆来手动对齐滑台。近红外控制区域则集成了近红外的接口，能够驱动近红外光谱仪进行扫描。此外，调试按钮用于调试滑台运动并调出滑台控制界面。急停按钮可紧急停止滑台与程序的运行。扫描开始按钮允许用户输入扫描方式与扫描范围参数并开始扫描。点击查看结果按钮后，软件左上方的图像显示区域可以显示纤维角扫描结果。而命令行用于结果提示与命令输入，通过命令控制软件运行。通讯框则显示串口连接参数与连接状态。这些功能区域共同协作，为用户提供良好的操作体验。

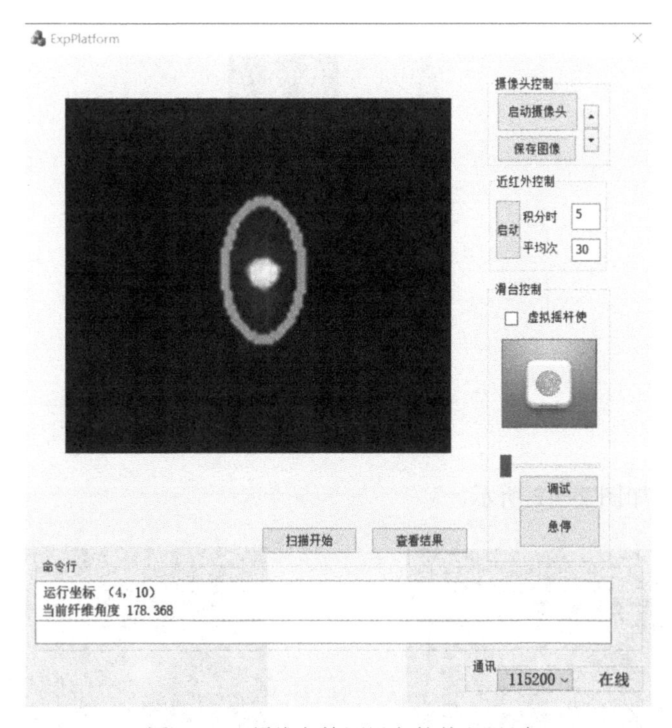

图 2-2-9　纤维角检测设备软件主界面

2.3　板材纤维角测量方法

激光光束垂直打在板材表面上会形成类似椭圆形状的光斑，椭圆的长轴指向与板材纤维角有较强的相关性，这种现象被称为管胞效应[2]。通过计算机识取椭圆光斑的图像，并利用合理的算法解析出椭圆的长轴指向就能够获取当前点板材纤维走向。定义当前纤维在水平面上的走向与板材长边所形成的锐角为该板材在当前测试点的纤维角，能够精确描述板材纤维的走向。

2.3.1 管胞效应

管胞是木质部输导结构之一。管胞是一种伸长的、壁加厚的非生活细胞。管胞两端尖锐、长梭形、径较小，原生质体已在分化成熟时消失，仅剩木质化增厚的细胞壁，常有环纹、螺纹、梯纹及孔纹等类型。管胞长度介于 0.1mm 至数厘米，一般长为 1～2cm。相叠的管胞各以其偏斜的两端相互穿插而连接，水溶液只能通过其侧壁上未增厚的部分或纹孔。管胞的疏导功能不如导管，但支持机能较强，其形态如图 2-3-1 所示。

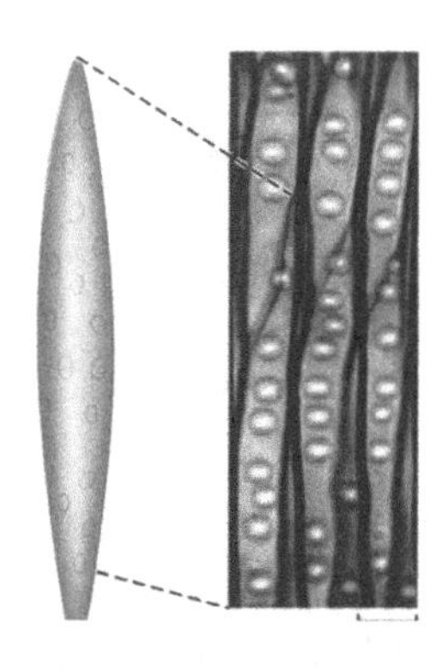

图 2-3-1　管胞的形态

管胞效应如图 2-3-2 所示。

（a）光斑投射金属表面

（b）光斑投射松木表面

图 2-3-2　管胞效应图

图 2-3-2（a）为圆形激光光斑投射到金属表面后通过摄像头采集到的图像，可以发现其形状没有发生改变，图 2-3-2（b）为同样的激光光斑投射到松木表面

后通过摄像头采集到的图像，可以发现光斑在竖直方向上明显被拉长，呈现出椭圆形状。

由于针叶树材主要的组成成分为管胞，既有疏导功能又具有对树体支持机能。阔叶树材的组成结构为环管和导管，其中环管所占比重较小，阔叶材导管的运输性能强于针叶材管胞，是主要的运输结构。因此针叶材的管胞效应强于阔叶材，对比如图 2-3-3。

（a）针叶材（松树样本）的管胞效应

（b）阔叶材（水曲柳样本）的管胞效应

图 2-3-3　针叶材和阔叶材的管胞效应对比图

图 2-3-3（a）为松树样本的管胞效应，图 2-3-3（b）为相同光源、曝光及纹理走向下的水曲柳样本的管胞效应。可见松树样本上的椭圆光斑长短轴比例约为 3∶1，水曲柳样本的光斑长短轴比例约为 1∶1。

管胞效应还适用于检测实木板材缺陷，例如节子的判断。节子中的管胞生长方向垂直（或呈很大的夹角）于板材的表面，如图 2-3-4 所示。

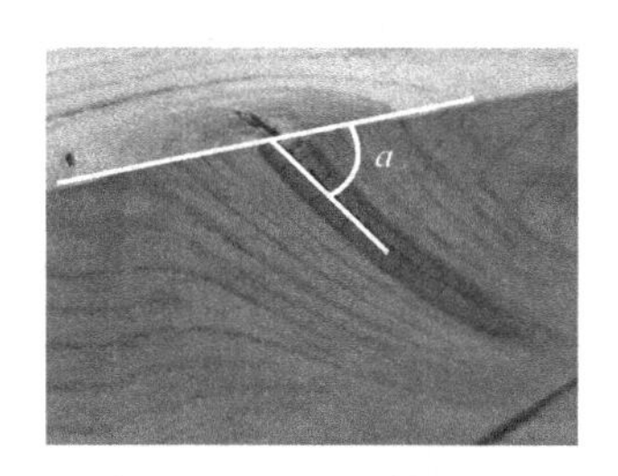

图 2-3-4　节子的纵切

当激光光斑照射到活节（死节）区域的管胞，其对光的传导性在板材表面的投影近乎相同，使反射出的光斑形状的长短轴比值发生变化，从而达到检测的目的。实验结果如图 2-3-5 所示。

本章利用板材纤维在待测平面上的水平走向和激光光斑的椭圆长轴指向获取当前点的纤维走向，通过长轴与图像边缘（认为图像边缘平行于板材边缘）所成夹角完成板材当前点的纤维角的测量。

（a）净木区反射光斑

（b）节子上反射光斑

图 2-3-5 反射光斑

2.3.2 激光光斑图像处理

1. 数字图像

将物理图像的连续信号离散化后形成的由被称作像素的小块区域组成的二阶矩阵称为数字图像。每个小块可以通过一个数来表示，通常采用 8bit（1 个字节）来表示 1 个像素的灰度信息，这样的图像称为灰色图像（只有 0～255 个亮度信息）。而通过 24bit（3 个字节）来表示 1 个像素时，则可以将每个字节分别表示为红色、蓝色、绿色所占比重来得到彩色图像的表示方法。彩色图像相较于灰白图像而言，虽然没有灰白图像简单小巧，但是彩色图像表示的内容更丰富、细节更多，更接近于人类观察到的现实世界。

2. 图像滤波

滤波器指的是一种由一幅图像 $I(x,y)$ 根据像素点 (x,y) 附近的区域计算得到一幅新图像 $I'(x,y)$ 的算法。其中，模板规定了滤波器的形状以及这个区域内像素值的组成规律，也称为滤波器或者核（kernel）。对于一个任意形状的核，对核内所有的点 (i,j) 做加权卷积运算。这个过程可以采用方程表示：

$$I(x,y)=\sum_{i,j\in \text{kernel}} k_{i,j}\cdot I(x+i,y+j)$$

常见的核的形状如图 2-3-6 所示。

1	1	1	1	1
1	1	1	1	1
1	1	1	1	1
1	1	1	1	1
1	1	1	1	1

（a）5×5盒状核

1	1	1
1	1	1
1	1	1

（b）3×3盒状核

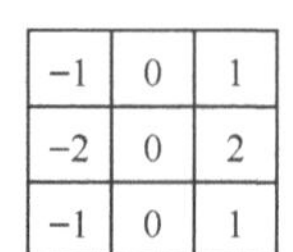

−1	0	1
−2	0	2
−1	0	1

（c）3×3 Sobel核

图 2-3-6 常见的核

对图像进行不同的操作本质上就是通过对图像运用不同的核进行运算。在本章论述的问题中，关注点集中于椭圆形图像长轴的指向角度，而非图像内部的具体纹理信息，同时由于板材表面含有轻微划痕与不同的杂质，采集得到的图像在某些情况下有明暗突变的噪点。通过平滑操作能够过滤掉噪点，使图像明暗变化更加均匀，有利于下一步的轮廓提取。

高斯滤波是一种线性平滑滤波，适用于清除高斯噪声。对图像而言，高斯核是二维的，高斯参数一般通过以下公式确定：

$$\sigma_x = \left(\frac{n_x - 1}{2}\right) \times 0.3 + 0.8, \quad n_x = k_{\text{size.width}} - 1 \tag{2-3-1}$$

$$\sigma_y = \left(\frac{n_y - 1}{2}\right) \times 0.3 + 0.8, \quad n_y = k_{\text{size.height}} - 1 \tag{2-3-2}$$

对于一个 $k_{\text{size.width}}$=5、$k_{\text{size.height}}$=3、$\sigma_x = 1$、$\sigma_y = 0.5$ 的高斯核，其数值如图 2-3-7 所示。

1	4	7	4	1
7	26	41	26	7
1	4	7	4	1

图 2-3-7　高斯核

通过高斯滤波后的图像如图 2-3-8 所示，很明显去除了由于木材表面粗糙造成的毛刺，同时图像的明暗变化也相应柔和，对于椭圆的指向（低频信号）并没有衰减。

（a）原始光斑

（b）高斯滤波后的图像

图 2-3-8　原始光斑与滤波后光斑对比图

3. 边缘提取

寻找椭圆光斑的长轴方向的简单方法是对椭圆光斑的外轮廓椭圆方程进行求解，然后通过椭圆方程获得椭圆长轴的方向。

边缘检测的标准一般包含以下几个方面[3]。①尽量准确地捕获图像中尽可能多的边缘。②检测到的边缘应精确定位在真实边缘的中心。③图像中给定的边缘应只被标记一次。

Canny 使用了变分法，这种检测算法有严格的定义，由于它具有满足边缘检测的三个标准和实验过程简单的优势，成为边缘检测流行的算法之一。Canny 算法可分为以下 5 个步骤[4]：①使用高斯滤波器平滑图像，消除噪声。②计算图像中每个像素点的梯度强度与方向。③应用非极大值抑制，以消除边缘检测带来的杂散响应。④应用双阈值检测来确定真实与潜在的边缘。⑤通过抑制孤立的弱边缘最终完成边缘检测。

图像中的边缘可以指向各个方向，因此 Canny 算法使用四个算子检测图像中的边缘。边缘算子能够返回水平 G_x 和垂直 G_y 方向的一阶导数值。由此确定像素的梯度强度 G 与梯度方向 θ。

$$G=\sqrt{{G_x}^2+{G_y}^2} \tag{2-3-3}$$

$$\theta=\arctan\left(G_y/G_x\right) \tag{2-3-4}$$

式中，G 为梯度强度；θ 为梯度方向。

x 与 y 方向的 Sobel 算子分别为

$$S_x=\begin{bmatrix}-1 & 0 & 1\\-2 & 0 & 2\\-1 & 0 & 1\end{bmatrix} \tag{2-3-5}$$

$$S_y=\begin{bmatrix}1 & 2 & 1\\0 & 0 & 0\\-1 & -2 & -1\end{bmatrix} \tag{2-3-6}$$

原图与 S_x 与 S_y 做卷积得到其相应位置的 x 方向与 y 方向的梯度，并进一步分析相应位置的梯度是否存在跳变，判断该位置是否为边缘。

非极大值抑制是一种边缘稀疏技术。如果仅仅对图像进行梯度计算并提取边缘会得到比较模糊的效果，不能达到上面提到的对边缘有且应当只有一个准确的响应。而非极大值抑制则可以帮助将局部最大值之外的所有梯度值抑制为 0，对梯度图像中每个像素进行非极大值抑制的算法步骤是：①将当前像素的梯度强度与沿正负梯度方向上的两个像素进行比较；②如果当前像素的梯度强度与另外两个像素相比最大，则该像素点保留为边缘点，否则该像素点将被抑制。

通常为了使计算更加精确，在跨越梯度方向的两个相邻像素之间使用线性插值来得到像素的梯度强度，如图 2-3-9 所示。

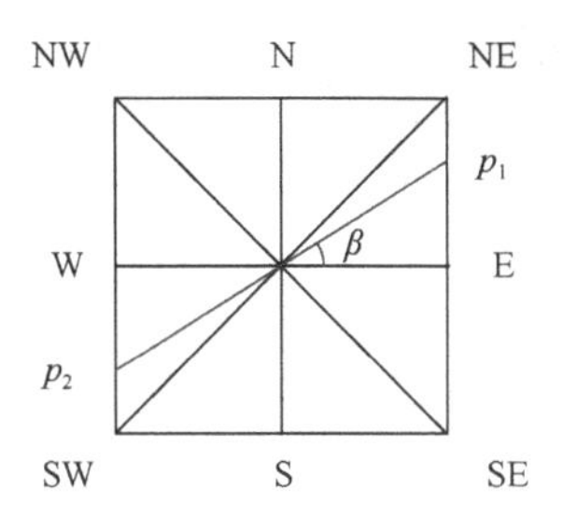

图 2-3-9　Canny 梯度

将梯度分为 8 个方向，分别为 N、NE、E、SE、S、SW、W、NW，每个方向间隔 45°。如果中心点的梯度方向为β，那么 p_1 点与 p_2 点的梯度插值符合以下公式：

$$\tan\beta = G_y / G_x \tag{2-3-7}$$

$$G_{p_1} = (1-\tan\beta)E + \text{NE}\tan\beta \tag{2-3-8}$$

$$G_{p_2} = (1-\tan\beta)W + \text{SW}\tan\beta \tag{2-3-9}$$

那么非极大值抑制的描述则为：如果 $G_p > G_{p_1}$ 且 $G_p > G_{p_2}$，那么 G_p 可能是边缘，否则 G_p 应该被抑制。

由于噪声与颜色变化而引起的一些伪边缘依旧存在，可通过设定高低两个不同的阈值区（强边缘与弱边缘）来解决这个问题。如果一个边缘的强度大于高阈值，那么这个边缘定义为强边缘，如果一个边缘强度小于高阈值但大于低阈值则定义为弱边缘。如果一个边缘强度小于低阈值，则这个边缘被舍弃。高低阈值是需要给定的超参数，主要依据图像内容选取。

被标记为强边缘的像素是真实边缘，而弱边缘则具有争议，其可能是边缘，也可能是由噪声与颜色阴影变化导致的伪边缘。通常真实边缘导致的弱边缘会更多地与强边缘相连接，噪声或者阴影颜色变化导致的弱边缘则更多是孤立的，可以通过扫描每个边缘某个邻域内是否存在强边缘来判断其是否与强边缘相连接，由此来抑制没有连接到强边缘的弱边缘。其伪代码描述为：如果 G_p 为弱边缘且 G_p 连接到强边缘，那么 G_p 是一个强边缘；否则 G_p 应该被抑制。

实验处理效果如图 2-3-10 所示，通过从图 2-3-10（a）中提取红通道亮度值得到图 2-3-10（b），以 25 为阈值进行二值化得到图 2-3-10（c），通过 Canny 算法得到轮廓图像图 2-3-10（d）。

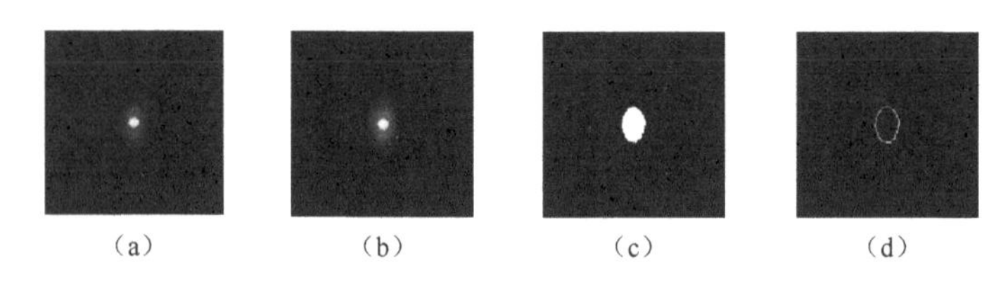

（a）（b）（c）（d）

图 2-3-10 图像处理效果

2.3.3 激光轮廓图像拟合与纤维角测量

1. 最小二乘法拟合椭圆

最小二乘法是在随机误差为正态分布时，由最大似然法推出的一个最优估计技术，它使得测量误差平方和最小。

设椭圆方程为

$$x^2 + Axy + By^2 + Cx + Dy + E = 0 \quad (2\text{-}3\text{-}10)$$

对于椭圆的一般形式，有 A,B,C,D,E 5 个未知数，要求取未知数至少需要 5 个方程，采样点至少为 5 组，则最小二乘表现为

$$\min \| x^2 + Axy + By^2 + Cx + Dy + E \| = 0 \quad (2\text{-}3\text{-}11)$$

即

$$F(A,B,C,D,E) = \sum_{i=1}^{N} \left(x_i^2 + Ax_i y_i + Cx_i + Dy_i + E \right)^2 \quad (2\text{-}3\text{-}12)$$

N 为采样点的个数。可得

$$\frac{\partial F}{\partial A} = \frac{\partial F}{\partial B} = \frac{\partial F}{\partial C} = \frac{\partial F}{\partial D} = \frac{\partial F}{\partial E} = 0 \quad (2\text{-}3\text{-}13)$$

式中，

$$\begin{aligned} 0 = \frac{\partial F}{\partial A} &= \frac{\partial \left(\sum_{i=1}^{N} \left(x_i^2 + Ax_i y_i + Cx_i + Dy_i + E \right)^2 \right)}{\partial A} \\ &= \sum 2 \left(x^2 + Axy + By^2 + Cx + Dy + E \right) xy \\ &= \sum 2 \left(x^3 y + Ax^2 y^2 + Bxy^3 + Cx^2 y + Dxy^2 + Exy \right) \end{aligned} \quad (2\text{-}3\text{-}14)$$

经整理得

$$\sum Ax^2y^2+\sum Bxy^3+\sum Cx^2y+\sum Dxy^2+\sum Exy=\sum -x^3y \qquad (2\text{-}3\text{-}15)$$

写成矩阵形式为

$$\begin{bmatrix}\sum x^2y^2 & \sum xy^3 & \sum x^2y & \sum xy^2 & \sum xy\end{bmatrix}\begin{bmatrix}A\\B\\C\\D\\E\end{bmatrix}=\sum -x^3y \qquad (2\text{-}3\text{-}16)$$

通过类似算法得到$\dfrac{\partial F}{\partial B},\dfrac{\partial F}{\partial C},\dfrac{\partial F}{\partial D},\dfrac{\partial F}{\partial E}$的矩阵形式：

$$\begin{bmatrix}\sum xy^3 & \sum y^4 & \sum xy^2 & \sum y^3 & \sum y^2\end{bmatrix}\begin{bmatrix}A\\B\\C\\D\\E\end{bmatrix}=\sum -x^2y^2 \qquad (2\text{-}3\text{-}17)$$

$$\begin{bmatrix}\sum x^2y & \sum xy^2 & \sum x^3 & \sum xy & \sum x\end{bmatrix}\begin{bmatrix}A\\B\\C\\D\\E\end{bmatrix}=\sum -x^3 \qquad (2\text{-}3\text{-}18)$$

$$\begin{bmatrix}\sum xy^3 & \sum y^4 & \sum xy^2 & \sum y^3 & \sum y^2\end{bmatrix}\begin{bmatrix}A\\B\\C\\D\\E\end{bmatrix}=\sum -x^2y \qquad (2\text{-}3\text{-}19)$$

$$\begin{bmatrix}\sum xy & \sum y^2 & \sum x & \sum y & 1\end{bmatrix}\begin{bmatrix}A\\B\\C\\D\\E\end{bmatrix}=\sum -x^2 \qquad (2\text{-}3\text{-}20)$$

整理成矩阵可得

$$\begin{bmatrix} \sum x^2y^2 & \sum xy^3 & \sum x^2y & \sum xy^2 & \sum y^2 \\ \sum xy^3 & \sum y^4 & \sum xy^2 & \sum xy^2 & \sum y^2 \\ \sum x^2y & \sum xy^2 & \sum x^3 & \sum xy & \sum x \\ \sum xy^2 & \sum y^3 & \sum xy & \sum y^2 & \sum y \\ \sum xy & \sum y^2 & \sum x & \sum y & N \end{bmatrix} \begin{bmatrix} A \\ B \\ C \\ D \\ E \end{bmatrix} = -\begin{bmatrix} \sum -x^3y \\ \sum -x^2y^2 \\ \sum -x^3 \\ \sum -x^2y \\ \sum -x^2 \end{bmatrix} \tag{2-3-21}$$

可以写成 $M\begin{bmatrix} A \\ B \\ C \\ D \\ E \end{bmatrix}=N$，$\begin{bmatrix} A \\ B \\ C \\ D \\ E \end{bmatrix}=N\setminus M$ 即为拟合系数。

2. 随机抽样一致性算法

应用最小二乘法是将所有离散点都认为是所求椭圆的样本点，并没有考虑到样本点误差之间的差异。如果在数据中出现了离群点，最小二乘法能估计出一个与离群点距离最近的拟合值。而解决离群点的方法就是随机抽样一致性（random sample consensus，RANSAC）算法。

RANSAC 算法能够从一组包含离群点的观测数据中，通过随机抽样的方式，迭代出一个近乎合理的结果。这种方式本质上是一种不确定的算法，它有概率得到一个最贴近真实的结果，提高其得到真实结果概率的办法就是增加迭代次数。

RANSAC 算法通过随机反复观测数据中的一组随机子集来达成目标，被选取的子集通常称为群内点，并用下述步骤进行验证。

（1）有一个模型能够适应假设的群内点，同时所有的模型参数都能够从选取的群内点中求出。

（2）用从（1）中得到的模型去验证其他所有数据，如果被验证的数据符合从（1）中获得的模型，则认为它也是该模型的群内点。

（3）如果有足够多的数据点被归类为群内点，那么该模型比较贴近真实模型。

（4）重复随机选取不同的群内点，并重复执行（1）～（3）步。

（5）最后选取群内点最多的模型，并统计错误率。

RANSAC 算法拥有几个基本假设：①真实数据是群内点，即数据能够被某些数学模型描述。②离群点是不符合上述群内点的数学模型描述的。③除了群内点都是噪声数据。

按照以上思想，确定 RANSAC 算法配合最小二乘法拟合椭圆边界的方法如下：①在所有待拟合样本点中随机选择 5 个点，利用最小二乘求解椭圆参数 A、B、C、D、E。②遍历所有样本点，求取各个样本点到上步中所求椭圆的距离。统计距离小于某个阈值的样本点的总数，作为从步骤①中拟合出的椭圆的匹配分数。③重复步骤①到步骤②100～200 次，从中挑选出匹配分数最高的椭圆作为最优解。

通过 RANSAC 算法配合最小二乘法拟合椭圆边界的效果如图 2-3-11 所示。

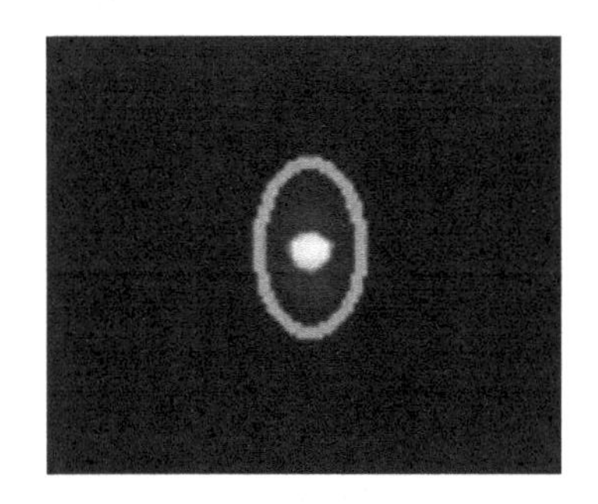

图 2-3-11　椭圆拟合效果

获得椭圆拟合方程后，化简 $x^2+Axy+By^2+Cx+Dy+E=0$ 可得

$$A'(x-x_0)^2+B'(x-x_0)(y-y_0)+C'(y-y_0)^2+f=0 \tag{2-3-22}$$

令 $x'=x-x_0$, $y'=y-y_0$，则有

$$A'x'^2+B'x'y'+C'y'^2+f=0 \tag{2-3-23}$$

对于标准椭圆方程，将其旋转 $-\theta°$，即 $x=x'\cos\theta-y'\sin\theta$, $y=x'\sin\theta+y'\cos\theta$，代入椭圆标准方程，化简得

$$\begin{aligned}&(a^2\sin^2\theta+b^2\cos^2\theta)x'^2+(a^2\cos^2\theta+b^2\sin^2\theta)y'^2\\&+2(a^2-b^2)\cdot\sin\theta\cos\theta x'y'-a^2b^2=0\end{aligned} \tag{2-3-24}$$

联立式（2-4-23）与式（2-4-24）可得方程组：

$$\begin{cases}A'=a^2\sin^2\theta+b^2\cos^2\theta\\B'=2(a^2-b^2)\sin\theta\cos\theta\\C'=a^2\cos^2\theta+b^2\sin^2\theta\\f=-a^2b^2\end{cases} \tag{2-3-25}$$

式中，θ 为纤维角度；a、b 分别为长轴与短轴长度；潜入系数 k 为长轴、短轴之比。

2.3.4 测量精度测试

根据以上阐述，已经能够通过激光光斑图像获取该光斑呈现的椭圆的公式描述，通过解析解得到其长轴指向，本小节注重描述算法检测得到的椭圆长轴指向与纤维走向的关系。

在图 2-3-12 中，方向 a-a' 为管胞在木材中的三维走向，b 为纤维角，其数值与拟合的椭圆长轴方向有关，c 为潜入角，其数值与拟合的椭圆的长短轴之比有关[5]。

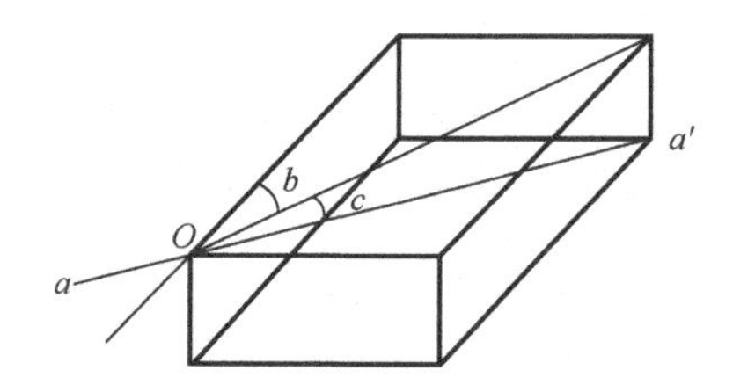

图 2-3-12 纤维角、潜入角示意图

以待测点 O 为圆心，设计转台，通过步进电机脉冲控制旋转角度，能够完成对板材某一点的旋转多次测量。本次旋转测试设备采用 42 两相步进电机，驱动轴上设置旋转盘，使得旋转盘中心与激光投射点重合。驱动器设置为 2500 细分驱动，每 500 个脉冲进行 1 次测量并求平均值。实验设备如图 2-3-13 所示。

图 2-3-13 旋转实验设备图

将步进电机旋转角度设为 0°，这一角度为初始化电机角度，也是设备纤维角测量值。绘制设备纤维角测量值-步进电机旋转角度曲线，如图 2-3-14 所示。

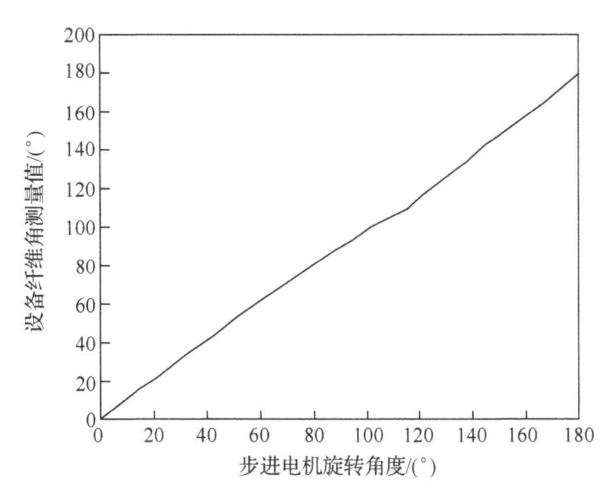

图 2-3-14　设备纤维角测量值与步进电机旋转角度的对应关系

统计其数据，符合一次线性关系，相关系数为 0.998，表明设备纤维角测量值与纤维走向强相关，设备能够准确测量木材表面的纤维角。

纤维角的测量精度决定了木材抗压弹性模量建模的精准度。对采样点进行 n 次采样，当 n 取$+\infty$时，其平均值认为是采样点的静态理想值。定义每个测量值与平均值的差值为单次测量误差，统计其误差分布，可得到高斯分布，如图 2-3-15 所示。

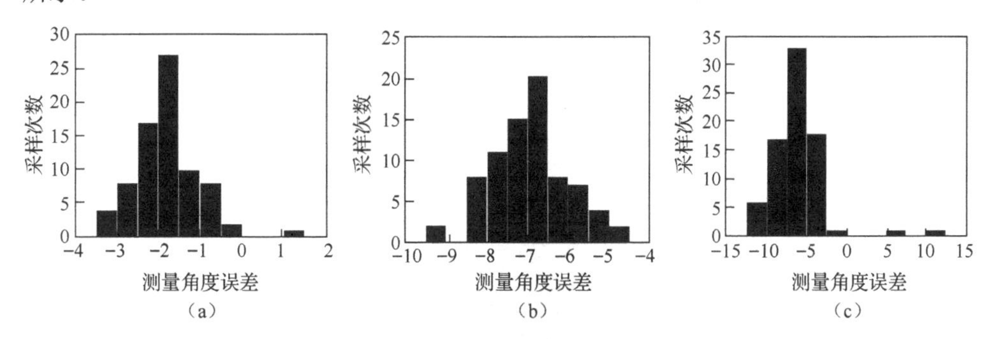

图 2-3-15　部分样本的测量误差分布

由于平均滤波可有效抑制高斯分布误差，在此通过实验确定平均滤波的参数。实验具体步骤如下：

（1）对某一个定点进行 1000 次采样，得到 $\{a\_1, a\_2, a\_3, \cdots, a\_1000\}$。

（2）令 N 个邻近的数据为 1 组，得到 $G\_1 = \{a\_1, a\_2, a\_3, \cdots, a\_N\}$，$G\_2 = \{a\_2, a\_3, \cdots, a\_(N+1)\}, \cdots, G\_(1000-N) = \{a\_(1000-N), \cdots, a\_1000\}$。

（3）统计其平均值作为设备测量值，即 $X(N) = \{(G\_1)^{-}, (G\_2)^{-}, \cdots, (G\_(1000-N))^{-}\}$，观察最大误差，选出平均滤波系数。

统计平均次数与最大误差曲线如图 2-3-16 所示。

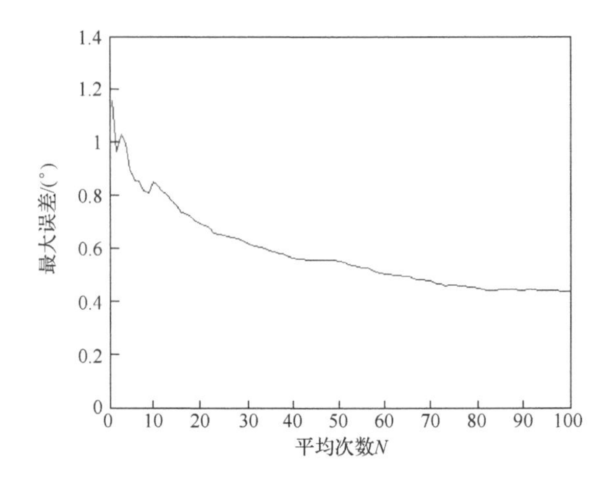

图 2-3-16　平均次数与最大误差曲线

横坐标为平均次数 N，纵坐标为在 N 次平均滤波时设备测量纤维角的最大误差。可见平均次数越大，设备误差越小，但测量时间越长。在此，N 取 20，此时设备测量最大误差为 0.69°，单点采集时长为 1s。

选取一个宽为 20mm，长为 50mm，带有节子的样本，通过设备以步长为 2mm 在 17mm×20mm 的区域内对其纤维角进行测量。结果如图 2-3-17 所示，细线的方向代表设备测得其所在位置的纤维角方向，长度代表着将该点处产生的管胞效应近似成一条直线后，直线的长度。

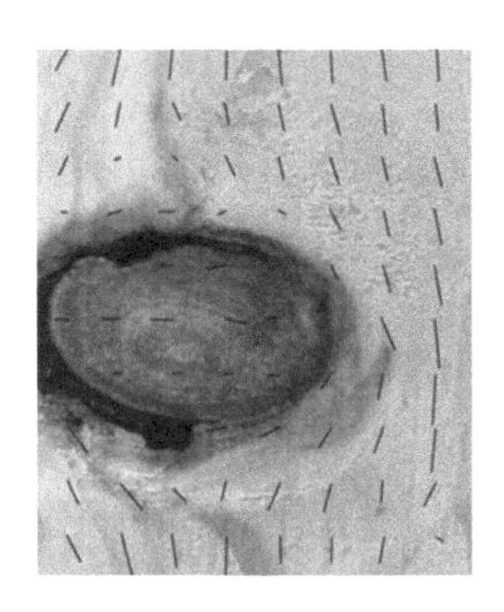

图 2-3-17　节子样本纤维角图

2.4　纤维角分布与弹性模量的建模

前面已经介绍了准确测量板材纤维角的基础理论并通过实验证明了纤维角测量方法的准确性与可行性。由于弹性模量是一个连续的物理量，输入量是纤维角的特征，输出量是连续的弹性模量，由此该类任务属于机器学习中的回归任务[2]。能够完成回归任务的模型有很多，其中神经网络是一个在分类与回归任务中都表现出色的模型。本节着重讨论神经网络训练中参数设置对建模准确性的影响。

2.4.1 神经元模型

McCulloch 等[6]将神经元通过数学抽象的方式表达成了简单的模型，该模型一直沿用至今。这个模型就是“M-P 神经元模型”，如图 2-4-1 所示。

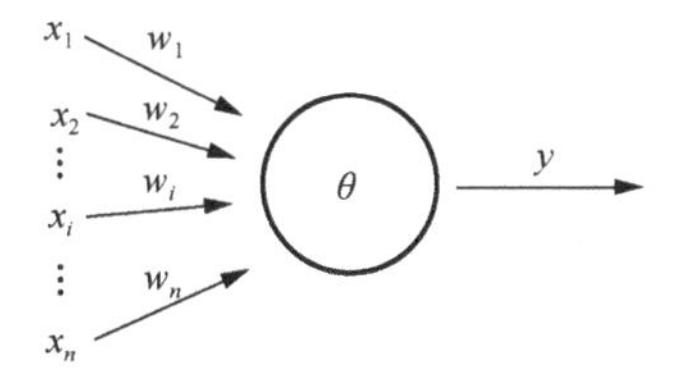

图 2-4-1 M-P 神经元模型

在这个模型中，神经元接收到来自其他神经元的输入信号 x_n，乘以权重 w_n，输出到激活函数。神经元接收到的输入总值与神经元内阈值 θ 比较并通过激活函数进行输出。神经元的数学表达式如式（2-4-1）所示。

$$y = f\left(\sum_i w_i x_i - \theta\right) \tag{2-4-1}$$

1. 激活函数

常见的激活函数是图 2-4-2（a）所示的阶跃函数，它将输入值映射成 0 或者 1 的状态。其中 0 为静息电位，1 为兴奋电位。但是阶跃函数具有不连续、不光滑的缺陷，因此常常选用图 2-4-2（b）的 Sigmoid 函数，Sigmoid 函数能够将输入平滑地压在(0,1)的范围中。

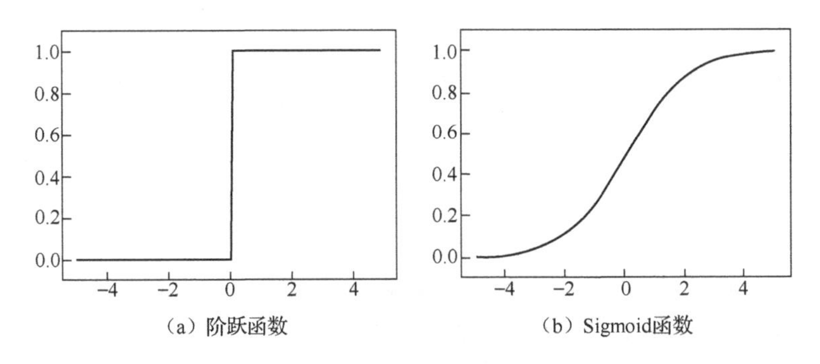

（a）阶跃函数　（b）Sigmoid函数

图 2-4-2 典型的激活函数

2. 感知机与多层网络

感知机由两层神经元组成，如图 2-4-3 所示。当 m=1 时，是一个最简单的感知机，输入层将外界信号传递给输出层，输出层是一个 M-P 神经元，这种感知机称为阈值逻辑单元。感知机能够容易地实现逻辑与或非的运算。感知机只有输出层的神经元进行激活函数处理，只包含一层神经元的感知机模型的学习能力十分有限，且感知机只能在线性可分的问题上获得收敛。如果处理非线性可分的问题，则需要增加神经元的个数，如图 2-4-4 所示。

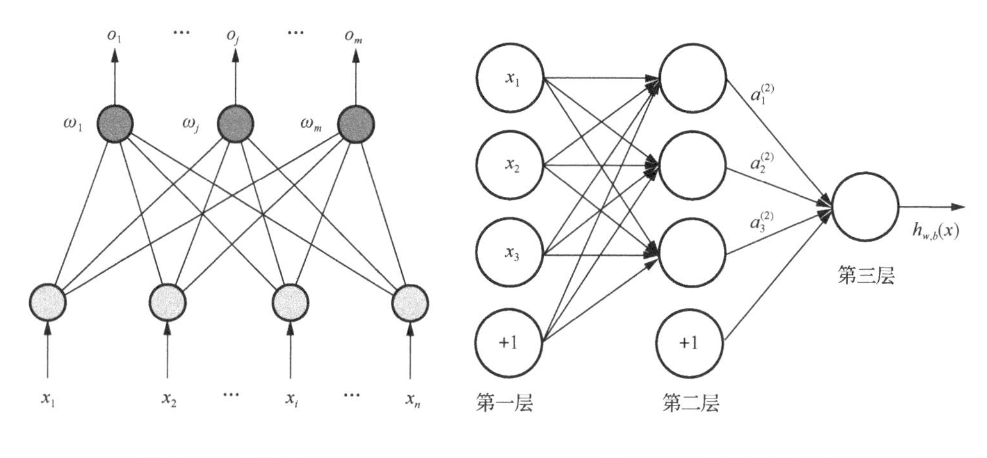

图 2-4-3　感知机

图 2-4-4　前向传播网络

图 2-4-4 中，第二层的最后一个神经元没有被第一层的神经元连接，这个特殊的神经元的阈值为θ 。

3. 神经网络的反向传播

反向传播算法要求给定训练集如式（2-4-2）：

$$D=\{(x_1,y_1),\ (x_2,y_2),\ \cdots,\ (x_m,y_m)\},x_i\in\mathbf{R}^d,y_i\in\mathbf{R}^l \qquad (2\text{-}4\text{-}2)$$

其描述为：输入示例有 d 个属性描述，输出为 l 维向量，为了便于讨论，给出了一个有 d 个输入神经元、l 个输出神经元的网络，如图 2-4-5 所示。

其中，输出层第 j 个神经元的阈值用 θ_j 表示，隐含层第 h 个神经元的阈值用 γ_h 表示，输入层第 i 个神经元与隐含层第 h 个神经元的连接权重用 v_{ih} 表示，隐含层第 h 个神经元与输出层第 j 个神经元的连接权重通过 w_{hj} 表示。隐含层第 h 个神经元的输入 α_h 为输入层各神经元的输入值 x_i 与其到隐含层第 h 个神经元之间连接权重 v_{ih} 的加权和。隐含层第 h 个神经元的输出为 b_h 。相应地，输出层第 j 个神经元的输入 β_j 为隐含层各神经元的输出 b_h 与连接权重 w_{hj} 的加权和。式（2-4-3）和式（2-4-4）分别描述了隐含层和输出层神经元的计算。

$$\beta_j = \sum_{h=1}^{q} w_{hj} b_h \tag{2-4-3}$$

$$\alpha_h = \sum_{i=1}^{d} v_{ih} x_i \tag{2-4-4}$$

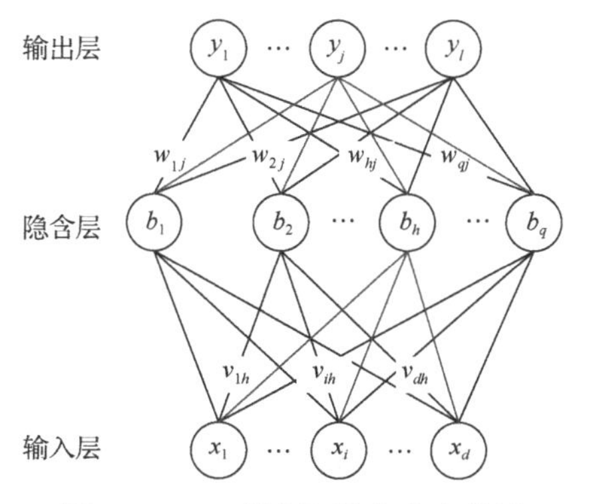

图 2-4-5　BP 神经网络与代表符号

假设隐含层与输出层的神经元激活函数都是用 Sigmoid 函数，那么对于训练样本(x_k, y_k)，假定神经网络输出为$\hat{y}_j^k = (\hat{y}_1^k, \hat{y}_2^k, \cdots, \hat{y}_l^k)$，即

$$\hat{y}_j^k = f(\beta_j - \theta_j) \tag{2-4-5}$$

那么定义网络在(x_k, y_k)上的均方误差为

$$E_k = \frac{1}{2}\sum_{j=1}^{l}(\hat{y}_j^k - y_j^k)^2 \tag{2-4-6}$$

这个网络有$(d+l+1)q+l$个参数需要确定，包括输入层到隐含层的$d \times q$个权重，隐含层到输出层的$l \times q$个权重，q个隐含层的神经元阈值，l个输出层神经元阈值。BP 神经网络的训练过程是一个迭代学习的过程，每次迭代都会更新需要调整的参数，参数更新公式如式（2-4-7）：

$$u \leftarrow u + \Delta u \tag{2-4-7}$$

在公式（2-4-8）中，w_{hj}表示从输入层第j个神经元到隐含层第h个神经元的连接权重，Δw_{hj}表示该权重的更新值。η是学习率，决定每次更新的步长大小，E_k是第k个样本的误差，衡量模型输出与真值之间的差异。$\frac{\partial E_k}{\partial w_{hj}}$表示损失函数对权重$w_{hj}$的偏导数，反映了该权重对误差的影响。公式描述了通过梯度下降法，沿着误差对权重的负梯度方向进行调整，以最小化误差。

$$\Delta w_{hj} = -\eta \frac{\partial E_k}{\partial w_{hj}} \tag{2-4-8}$$

由链式求导法则能够得到式（2-4-9）：

$$\frac{\partial E_k}{\partial w_{hj}}=\frac{\partial E_k}{\partial \hat{y}_j^k}\frac{\partial \hat{y}_j^k}{\partial \beta_j}\frac{\partial \beta_j}{\partial w_{hj}} \tag{2-4-9}$$

由式（2-4-3）得到式（2-4-10）：

$$\frac{\partial \beta_j}{\partial w_{hj}}=b_h \tag{2-4-10}$$

对于 Sigmoid 函数，有式（2-4-11）：

$$f'(x)=f(x)\big(1-f(x)\big) \tag{2-4-11}$$

根据式（2-4-5）和式（2-4-6），得到式（2-4-12）：

$$\begin{aligned} g_j &= \frac{\partial E_k}{\partial \hat{y}_j^k}\frac{\partial \hat{y}_j^k}{\partial \beta_j} \\ &= -\left(\hat{y}_j^k-y_j^k\right)f'\left(\beta_j-\theta_j\right) \\ &= \hat{y}_j^k\left(1-\hat{y}_j^k\right)\left(y_j^k-\hat{y}_j^k\right) \end{aligned} \tag{2-4-12}$$

将式（2-4-11）和式（2-4-12）代入式（2-4-8），再将式（2-4-9）代入式（2-4-8），能够得到 BP 算法对于 w_{hj} 更新的式（2-4-13）：

$$\Delta w_{hj}=\eta g_j b_h \tag{2-4-13}$$

类似能够得到

$$\Delta \theta_j=-\eta g_j \tag{2-4-14}$$

$$\Delta v_{ih}=\eta e_h x_i \tag{2-4-15}$$

$$\Delta \gamma_h=-\eta e_h \tag{2-4-16}$$

式（2-4-15）和式（2-4-16）中：

$$\begin{aligned} e_h &= -\frac{\partial E_k}{\partial b_h}\frac{\partial b_h}{\partial \alpha_h} \\ &= -\sum_{j=1}^{l}\frac{\partial E_k}{\partial \beta_j}\frac{\partial \beta_j}{\partial b_h}f'\left(\alpha_h-\gamma_h\right) \\ &= \sum_{j=1}^{l}w_{hj}g_j\frac{\partial \beta_j}{\partial b_h}f'\left(\alpha_h-\gamma_h\right) \\ &= b_h\left(1-b_h\right)\sum_{j=1}^{l}w_{hj}g_j \end{aligned} \tag{2-4-17}$$

式中，η 为学习率，通常设定为 0.1，学习率控制着反向传播算法每轮迭代对参数更新的步长。如果设定过大，会导致模型震荡且发散。如果设定过小，则会导致收敛速度过慢，训练时间增长。在模型初始训练的时候，可以令 η 大一些，得到比较快的收敛速度，在训练的后期，模型趋向稳定的时候减小 η，精细化调优模型。这种策略的 η 根据训练代数进行变化，是一个随着训练代数增加而降低的函数。

反向传播算法的伪代码如下：

输入： 训练集 $D=\{x_k, y_k\}_{k=1}^{m}$；

学习率 η。

过程：

1. 在（0,1）范围内随机初始化网络中所有权重与偏置。
2. **repeat**
3. 　**for all** $x_k, y_k \in D$ **do**
4. 依据当前参数和式（2-4-5）计算 $\hat{y}_j^k$；
5. 依据式（2-4-12）计算 g_j；
6. 依据式（2-4-17）计算 e_h；
7. 依据式（2-4-13）～式（2-4-16）分别更新连接权重 w_{hj}, v_{ih} 与偏置量 θ_j, γ_h；
8. **end for**
9. **until** 误差小于要求值或者迭代次数达到上限

输出： 已经迭代好连接权重与激活偏置的前馈神经网络。

2.4.2　基于梯度的训练方法与优化

标准的梯度下降法是对总体训练集求取累积误差，称为批量梯度下降，累积误差如式（2-4-18）所示。

$$E=\frac{1}{m}\sum_{k=1}^{m}E_k \tag{2-4-18}$$

式中，E 为整体训练集的平均误差；m 为训练集样本的总数；E_k 为第 k 个样本的误差。

批量梯度下降法计算更新参数如式（2-4-19）所示，该公式说明了模型参数根据损失函数的梯度进行调整，以最小化误差。

$$\theta=\theta-\eta\nabla_{\theta}J(\theta) \tag{2-4-19}$$

式中，θ 为模型的参数；η 为学习率；$\nabla_{\theta}J(\theta)$ 为损失函数 $J(\theta)$ 相对于参数 θ 的梯度。

批量梯度下降法每次更新都会在所有的样本集中计算累计前向误差，同时在高维空间中，这种优化权重的方法极易陷入局部最优，一旦陷入局部最优则导致该算法没有跳出局部最优的扰动。

随机梯度下降法不同于批量梯度下降法，随机梯度下降通过随机挑选训练样本计算代价误差并进行反向传播。其更新参数公式如下：

$$\theta=\theta-\eta\nabla_{\theta}J\left(\theta,x^{i},y^{i}\right) \tag{2-4-20}$$

式中，x^{i} 和 y^{i} 分别为第 i 个训练样本的输入和对应的标签；$\nabla_{\theta}J\left(\theta,x^{i},y^{i}\right)$ 为针对该样本的损失函数的梯度。

随机梯度下降算法由于存在随机选取样例的因素，每个单例的误差梯度不一定与累积误差梯度相同，使得网络在落入累积误差的局部极值时，能跳出极值点的扰动。但是正是由于单例误差梯度间的方向不同，网络在搜索最优点存在梯度正负抵消，网络震荡发散，不能准确收敛到确切的极少值点。

小批量梯度下降（mini-batch gradient descent，MBGD）法则结合了累积误差梯度下降法与随机梯度下降法的长处，通过在样本空间中随机选取一定批量的样本，计算网络对这批样本的误差进行反向传播。反向传播包含了随机选取的过程，解决了累积误差梯度下降没有扰动的缺陷，又改善了随机梯度下降法随机因素占比过大导致的网络震荡不足。其更新参数公式如下：

$$\theta=\theta-\eta\nabla_{\theta}J\left(\theta,x^{i:i+n},y^{i:i+n}\right) \tag{2-4-21}$$

式中，$\nabla_{\theta}J\left(\theta,x^{i:i+n},y^{i:i+n}\right)$ 为关于参数 θ 的损失函数的梯度，计算的是在第 i 个样本到第 $i+n$ 个样本 $x^{i:i+n}$ 及其对应的标签 $y^{i:i+n}$ 上的误差梯度。

由于小批量梯度下降法并不能很好地保证较好的收敛性，因此选择一个适度的学习率十分重要。学习率选取过小会导致收敛速度慢，太大会使得损失函数在极小值点附近震荡甚至远离最优解。

带动量的优化随机梯度下降（stochastic gradient descent，SGD）法能够解决学习率选取过小与待优化函数的特征导致的峡谷问题。动量帮助 SGD 在相关方向进行加速，在震荡方向加以抑制。如果将网络搜索的当前位置用小球代替，那么小球则被赋予了动量。在网络搜索过程中，小球会在顺向峡谷的方向累计加速，在震荡的方向不断减速形成阻尼，其数学表达如下：

$$\begin{aligned} u_{t}&=\gamma u_{t-1}+\eta\nabla_{\theta}J \\ \theta&=\theta-u_{t} \end{aligned} \tag{2-4-22}$$

式中，u_{t} 为带有动量的更新量，表示当前时刻的梯度累积；γ 为动量系数，用于平滑梯度更新，通常取值[0,1]，值越大越依赖于之前的更新方向；u_{t-1} 为上一时刻的更新量。

如图 2-4-6 所示，在寻找极值点时，SGD（折线）的搜索路线沿着谷底方向移动很慢。而通过 Momentum 优化后（点线）能够在顺向峡谷的方向累计加速，同时当小球出现震荡时，及时降低学习率。

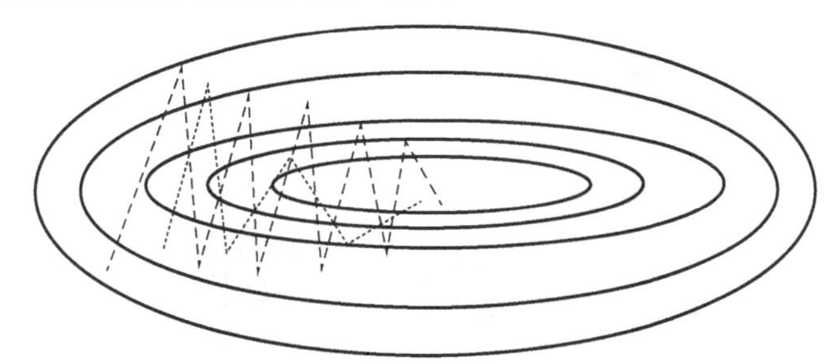

图 2-4-6　Momentum 的优化 SGD

在 Momentum 优化的基础上，如果通过预测下一次更新的位置梯度来对本次更新进行前馈，则能够进一步削弱震荡，提高精度。由此可以通过计算 $\theta-\gamma u_{t-1}$ 来获取下一次更新后的近似值，使得网络提前获取前进方向前方的梯度方向，从而调整当前的前进方向，更新公式如下：

$$\begin{aligned} u_t &= \gamma u_{t-1} + \eta \nabla_\theta J\left(\theta-\gamma u_{t-1}\right) \\ \theta &= \theta - u_t \end{aligned} \tag{2-4-23}$$

该方法能够以预测前面梯度走向的方式更新网络参数，在保证跳出局部最优的扰动情况下抑制震荡。

由于多层前馈网络强大的表达能力，在用多层前馈网络训练的过程中常常会出现过拟合现象。为了解决过拟合的问题，常用的方法有两种：一种是“早停”策略。检测测试集的误差与训练集的误差，当测试集误差开始增大时，停止训练并返回使测试集误差最小的模型。另一种是在损失函数中加上“正则项”。该正则项用于描述网络的复杂程度，比如正则项为网络所有权重与偏置的平方和，令 E_k 为第 k 个样例的误差，w_i 为网络连接权重或者偏置，那么误差目标函数（损失函数）如下：

$$E=\frac{1}{m}\sum_{k=1}^{m}E_k+\left(1-\lambda\right)\sum w_i^2 \tag{2-4-24}$$

2.4.3　基于纤维角分布的弹性模量预测模型

1. 材料

试件选用落叶松，气干后锯解，在室温条件下按照国家标准《木材顺纹抗压弹性模量测定方法》（GB/T 15777—2017）制取 60mm×20mm×20mm 的抗压力学样本。挑选出无疵样本 100 块并调节含水率至 12%，在 20mm×20mm 的面上标号，如图 2-4-7 所示。

图 2-4-7 部分样本

2. 纤维角分布与力学真值的测量

按照 5mm×5mm 的间隔测量每个试件表面的纤维角，并统计径切面的纤维角分布。纤维角的平均值μ体现了纤维角分布的主要趋势；纤维角分布的标准差σ体现了纤维角分布的差异程度，表征了纤维角的跳动程度；潜入系数平均值 d 反映了管胞潜入表面的主要趋势。物理上纤维角的平均值与潜入系数平均值共同决定了多数管胞的受力方向[7]。纤维角的平均值、纤维角分布的标准差与潜入系数的平均值作为纤维角分布的 3 大特征进行描述，其计算公式如下。

纤维角的平均值：

$$\mu = \frac{1}{n}\sum_{i=1}^{n}\theta_i \tag{2-4-25}$$

纤维角分布的标准差：

$$\sigma = \left(\frac{1}{n}\sum_{i=1}^{n}(\theta_i - \mu)^2\right)^{\frac{1}{2}} \tag{2-4-26}$$

潜入系数平均值：

$$d = \frac{1}{n}\sum_{i=1}^{n}k_i \tag{2-4-27}$$

式中，θ_i 为纤维角值；k_i 为潜入系数；n 为测量纤维角总数。

为了增加数据量，每个样本有两个径切面，每个径切面分正反两次扫描。通过对 100 个样本表面纤维角分布特征的统计，两面的纤维角的平均值、纤维角分布的标准差、潜入系数的平均值范围如表 2-4-1 所示。

表 2-4-1　样本属性取值范围

测量值	最大值	最小值	平均值
μ /(°)	8.76	1.38	4.54
σ	9.86	0.69	1.40
d	0.75	0.68	0.70

按照国家标准，以 3mm/min 的速度，以 40N 作为压力-位移曲线数据记录的起点，以材料屈服极限作为数据记录终点，对 100 个样本进行力学破化性实验。如图 2-4-8 所示。

图 2-4-8　力学破坏性实验

得到曲线统计如图 2-4-9 所示。每条曲线能够清晰地区分出弹性区、弹性极限与屈服区。通过拟合弹性区的斜率能够测量每条曲线对应的抗压弹性模量。经统计，在 100 个试件中，弹性模量最大值为 4103.511MPa，最小值为 2764.477MPa，平均值为 3475.489MPa。

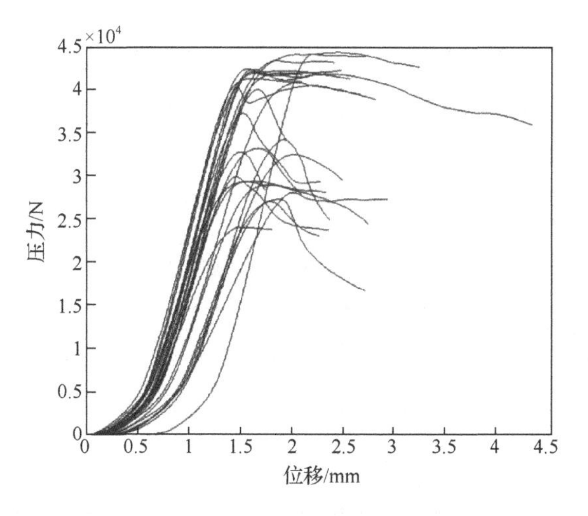

图 2-4-9　部分压力-位移曲线

3．模型训练与验证

将样本按照 3∶1 的比例划分为训练集与验证集，以 μ_1、μ_2、σ_1、σ_2、d_1、d_2 为输入，以抗压弹性模量为输出，经过多次试验确定了一个 6-15-4-1 的前馈网络结构，其中激活函数分别选用 Sigmode 激活函数与 Logistic 激活函数。通过动量与前馈的小批量误差反向传播法对网络进行训练，采用权重平方和作为“正则项”加入到代价函数中以避免“过拟合”。训练后的神经网络在测试集上的输出与力学真值的相关性达到 92.108%，准确率达到 90.8%。部分纤维角参数与力学真值预测结果如表 2-4-2 所示。

表 2-4-2 部分纤维角参数与力学真值预测结果

样本序号	抗压弹性模量/MPa	模型预测/MPa	误差/MPa	准确率
1	4045.40	4011.24	−34.15	0.992
2	3683.00	3771.25	88.25	0.976
3	3448.46	3647.42	198.95	0.942
4	3477.47	3438.81	−37.66	0.989
5	2974.65	2951.13	−23.52	0.992
6	3346.48	3285.21	−61.27	0.981
7	3434.86	3487.14	52.28	0.984
8	3320.31	3430.70	−22.83	0.993
9	2972.30	3018.53	46.23	0.984
10	2967.62	2694.41	−273.21	0.908

为了验证改进后的训练方法的优越性，分别对上面建立的网络采用批量梯度下降、随机梯度下降、Momentum 优化后的随机梯度下降与前馈动量优化后的小批量梯度下降法优化网络，统计准确率如表 2-4-3 所示。

表 2-4-3 不同训练方法对力学真值的准确率影响

训练方法	训练代数	准确率
批量梯度下降	290	0.859
随机梯度下降	312	0.881
Momentum 优化后的随机梯度下降	252	0.891
前馈动量优化后的小批量梯度下降	216	0.908

为了验证特征参数选择的有效性，分别选取单面纤维角的统计值、双面纤维角的统计平均值作为输入，构建了预测模型，其预测结果统计如表 2-4-4 所示，力学预测值与真值的散点分布如图 2-4-10 所示。

表 2-4-4　参数选择对比实验

输入参数	最大绝对误差/%	平均绝对误差/%	最大相对误差/%	平均相对误差/%	相关系数
$(\mu_1,\mu_2,\sigma_1,\sigma_2,d_1,d_2)$	9.20	2.17	21.26	5.68	0.921
(μ,σ,d)	28.56	6.35	58.96	16.24	0.514
$(\bar{\mu},\bar{\sigma},\bar{d})$	19.420	5.180	57.749	13.342	0.713

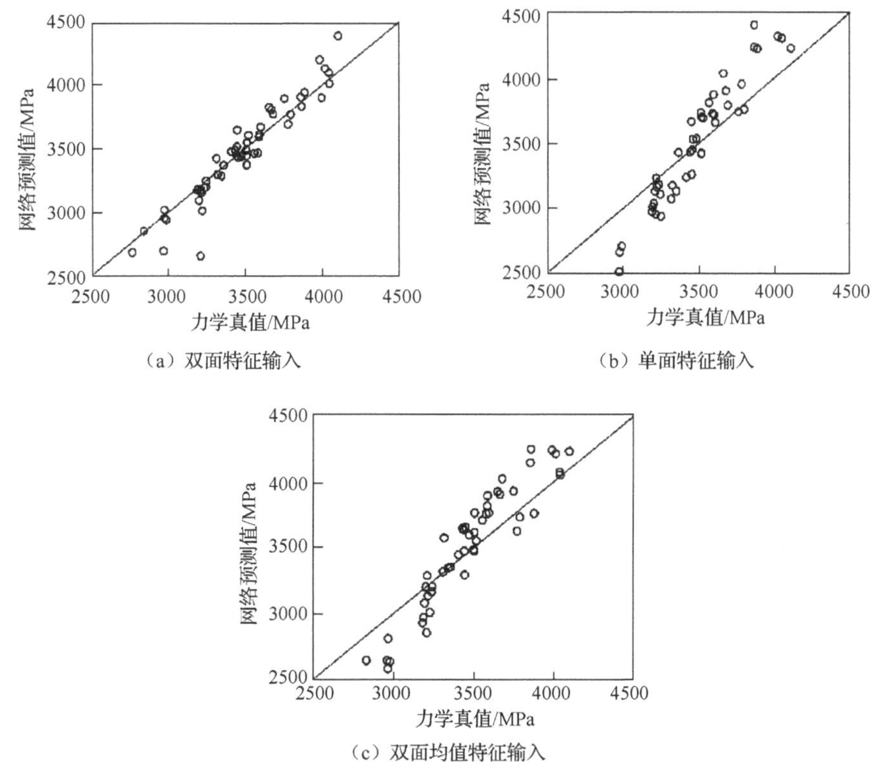

（a）双面特征输入　（b）单面特征输入

（c）双面均值特征输入

图 2-4-10　不同输入参数获得的模型预测值与抗压弹性模量真值的对比图

通过参数对比可知，双面的纤维角分布规律能够更好地预测抗压弹性模量。该实验证明了选取双面的纤维角的平均值、纤维角分布的标准差与潜入系数平均值作为网络输入的有效性与科学性。

参 考 文 献

[1] Kim E, Haseyama M, Kitajima H. Fast and robust ellipse extraction from complicated images[C]. International Conference on Information Technology and Applications, 2002.

[2] Nyström J. Automatic measurement of fiber orientation in softwoods by using the tracheid effect[J]. Computers and Electronics in Agriculture, 2003, 41(1-3): 91-99.

[3] Harris C, Stephens M. A combined corner and edge detector[C]. Alvey Vision Conference, 1988: 147-152.

[4] Lu Z, Wang F, Chang Y. An improved canny algorithm for edge detection[J]. Journal Northeastern University Natural Science, 2007, 28(12): 1681.

[5] Viguier J, Jehl A, Collet R, et al. Improving strength grading of timber by grain angle measurement and mechanical modeling[J]. Wood Material Science and Engineering, 2015, 10(1): 145-156.

[6] McCulloch W S, Pitts W. A logical calculus of the ideas immanent in nervous activity[J]. The Bulletin of Mathematical Biophysics, 1943, 5(4): 115-133.

[7] 张怡卓, 侯弘毅, 潘屾. 基于纤维角预测的针叶材抗压弹性模量建模方法[J]. 北京林业大学学报, 2018, 40(5): 103-109.

第3章

基于近红外光谱的板材缺陷形态反演方法

3.1 概述

节子作为木材中最常见的一种缺陷，它的存在破坏了木材的均匀性和完整性，从而降低了木材的力学强度，影响木材的利用率。由于实木板材节子对其力学性能影响较大，本章将重点对板材中节子的内部形态进行研究，为下一步缺陷板材的力学分析和缺陷修复提供指导。

近红外光谱分析技术是一种能够实现信息快速测量和高效处理的先进分析技术。本章以落叶松缺陷为研究对象，以近红外光谱分析技术为手段，利用实木板材缺陷边缘的光谱信息对缺陷在板材内部的形态进行预测，然后利用多点的空间坐标分布拟合缺陷形态。

3.2 实木板材缺陷的近红外光谱检测现状

近些年，利用近红外光谱分析技术检测实木板材缺陷得到了广泛的应用。木质材料的近红外光谱含有重要的信息，如木质材料的键强度、化学组成与样本的散射等，这为利用近红外光谱识别单板节子提供了理论基础。杨忠等[1]在检测马尾松木材单板节子时，采用了近红外光谱结合簇类独立软模式法，将培训集样本用于建立判别有无节子的识别模型，利用已建立的模型预测未知节子类型的样本，预测准确率为90%～100%。周竹等[2]建立了多种针叶材板材的节子识别模型，结果表明近红外光谱分析技术联合SPA与LS-SVM可以准确检测混合树种板材表面的节子。他提出的随机蛙跳算法有效提取了板材表面节子缺陷特征[3]。Fujimoto等[4]通过研究落叶松板材有节子区域与无节子区域反映在近红外光谱中的差异，采用簇类独立软模式法（soft independent modeling of class analogy，SIMCA）建立节子识别模型。Yang 等[5,6]利用近红外光谱结合 SIMCA 对桉树单板表面的缺陷进行了识别与检测，对单板表面直径为 10～15mm 的大节子和正常木材进行了识别，识别精度较高，且通过研究确定了识别效果最好的波段范围为 1100～2500nm。Cao 等[7]采用 BP 神经网络模型对实木板材表面的缺陷进行识别和分类，并且达到较高的精度，验证了近红外光谱分析技术可以有效识别实木板材表面的缺陷并能够准确划分缺陷种类。

目前，相关研究主要利用近红外光谱分析技术检测板材是否存在缺陷，对板材中缺陷的定量与定位研究较少。由于单板表面有节子区域与无节子区域在化学成分和板材结构等方面存在的显著差异能充分反映在近红外光谱中，因此可以利用近红外光谱分析技术实现对实木板材缺陷的定位和定量检测。

3.3 实木板材缺陷反演模型

Villar 等[8]提出了三种节子模型：模型 A，将木材中的节子模拟成一个孔洞；模型 B，节子和木材之间具有结构相关性，节子作为一个附加物粘贴在木材上；模型 C，节子和木材之间不是完全接触，它们两者通过弹簧连接在一起，并定义节子与木材之间的摩擦系数为 0.6。Baño 等[9]利用 Villar 等提出的三种关于木材的节子模型预测木材的最大断裂载荷时发现，把节子模拟成一个孔洞通过有限元软件得到的数值模型最接近实验值，有限元软件对木材承载能力的评估误差在 9.7%以内，结果说明了根据模型 A 利用有限元软件可以很好地预测带缺陷木材的力学强度值。Guindos 等[10]用有限元软件建立带节子木材的三维模型，把节子模拟成斜圆锥，节子周围纤维的角度偏离根据木材纹理流向理论来模拟[11]，同时将摄影测量法得到的方向信息应用到三维有限元节点位移上。

本章在模拟缺陷形态时，将节子模拟成板材内的斜圆锥，如图 3-3-1 所示，其形状简图如图 3-3-2 所示。

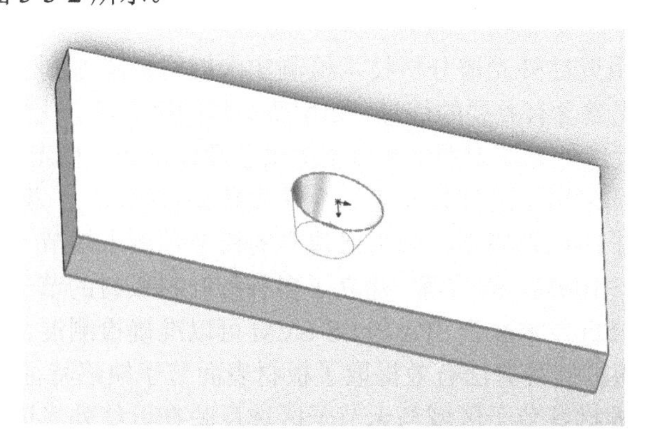

图 3-3-1 实木板材缺陷形态示意图

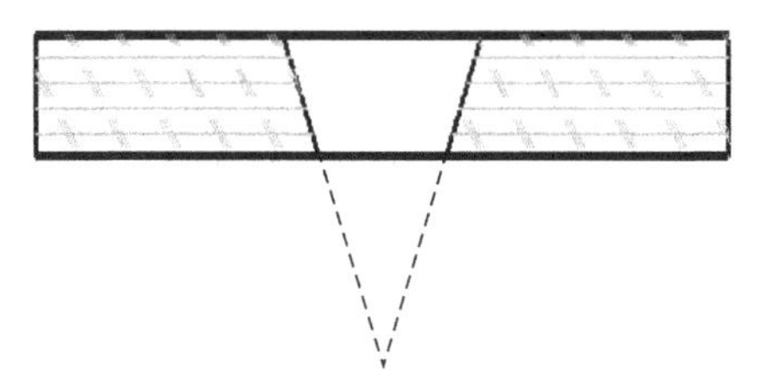

图 3-3-2　实木板材缺陷形状简图

实木板材缺陷的斜圆锥形态示意图如图 3-3-3 所示。对于斜圆锥需要以下三个参数来确定其形状：底面中心点 O 到点 P 的距离 R，底面中心点 O 与顶点 V 连线的长度 h，以及有向夹角 α。其中，底面边缘点到中心的距离 R 可以通过板材表面测量得到；由于 θ 与 α 互为余角，只需要测量角度 θ 即可。利用底面多点的坐标及母线与水平面夹角 θ 可以在三维制图软件中拟合出缺陷的斜圆锥形态，从而得到斜圆锥的高度即 h。

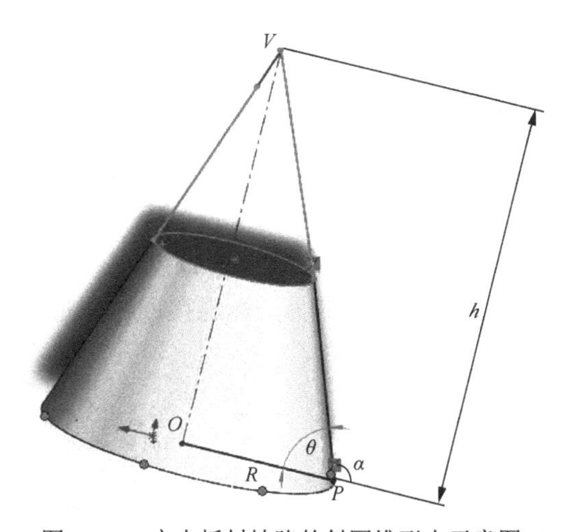

图 3-3-3　实木板材缺陷的斜圆锥形态示意图

3.4　实木板材缺陷样本制备与数据采集

3.4.1　含缺陷的落叶松样本制备

试验所需落叶松采自黑龙江省五常市林业局冲河林场。在落叶松人工林内，取 8 株样本，树龄 25 年，树高 20～30m，胸高直径 20～25cm，标记树木生长方向，在每株标准木的胸高（1.3m）附近截取 5cm 圆盘，经实验室加工处理后制成板状木材，从中选出含缺陷、无明显颜色差异样本 40 个。对挑选出的 40 个样本进行编号，部分样本图片如图 3-4-1 所示。

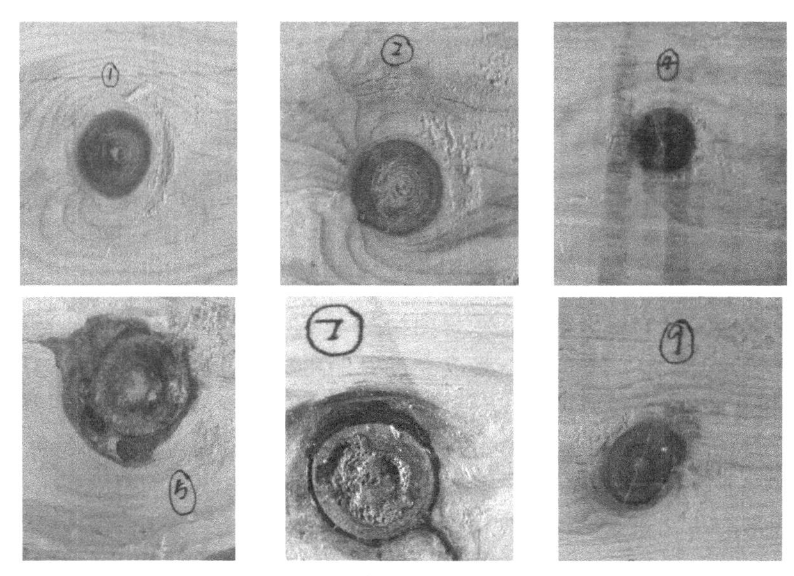

图 3-4-1　部分实木板材缺陷样本图像

3.4.2　近红外光谱采集设备介绍

近红外光谱采集设备主要包括近红外光谱仪、光源、聚四氟乙烯白板和光纤探头，如图 3-4-2 所示。其中，近红外光谱仪选用美国 Ocean Optics（海洋光学）公司 NIR Quest512，光源采用的是 12V 的卤素灯。卤素灯光源与落叶松实木板材缺陷样本采用 Y 形光纤连接，光纤的另一端连接近红外光谱仪，通过 USB 线与 PC 相连。

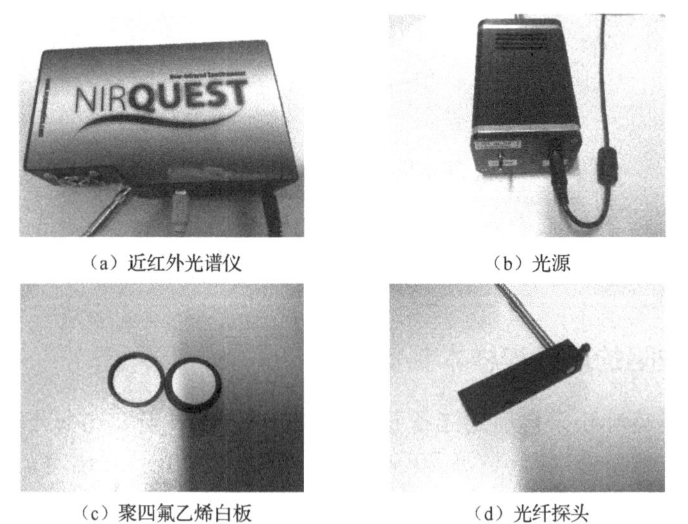

（a）近红外光谱仪　（b）光源

（c）聚四氟乙烯白板　（d）光纤探头

图 3-4-2　近红外光谱采集设备

近红外光谱仪扫描参数如表 3-4-1 所示。

表 3-4-1　近红外光谱仪扫描参数

指标	参数
分辨率	<3nm
光谱波长范围	900～1700nm
操作温度	0～40℃
热波长稳定性	<0.05nm/K
探测器阵列	InGaAs 探测器
入口光纤芯径	300μm
体积	67mm×36mm×22mm

3.4.3　落叶松样本缺陷边缘光谱采集

在实验室温度为 20±1℃、平均相对湿度为 50%的条件下，对落叶松样本的缺陷边缘进行近红外光谱采集。利用美国 Ocean Optics 公司开发的 SpectraSuite 软件进行数据采集，软件界面如图 3-4-3 所示。近红外光谱采集时先采用聚四氟乙烯白板对光谱进行校准，光谱采集使用两分叉光纤探头垂直于样本表面，自动扫描平均次数为 30 次，间隔时间为 5ms，样本光谱的采集画面如图 3-4-4 所示。为采集实木板材缺陷边缘的近红外光谱信息，在落叶松实木板材缺陷上选定中心，在板材上选定参考点，如图 3-4-5 所示选定 *A*、*B*、*C*、*D* 四点作为采样点，将光纤探头对准采样点，采集 4 个点的近红外光谱，40 个样本共可得到 160 组光谱数据，所得光谱如图 3-4-6 所示。待光谱采集完成后，输出 Excel 数据文件。

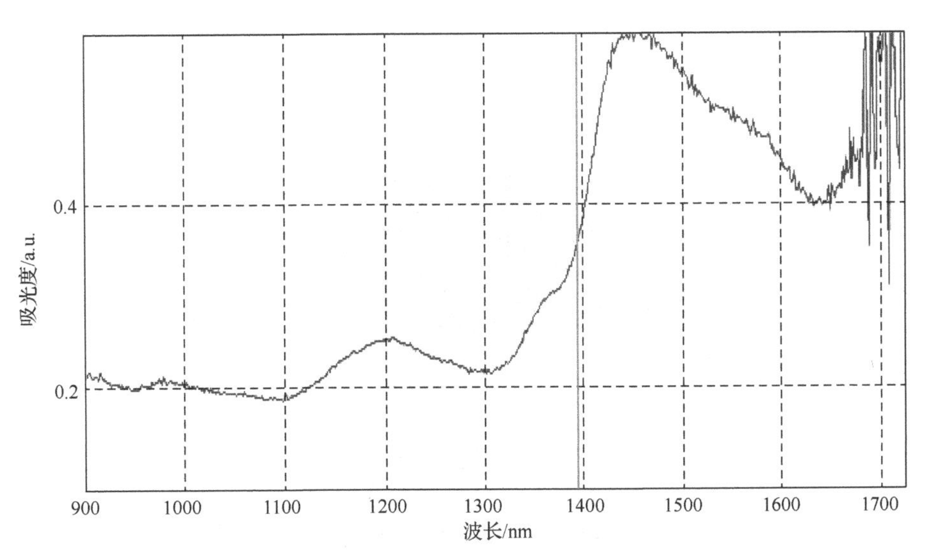

图 3-4-3　SpectraSuite 软件界面

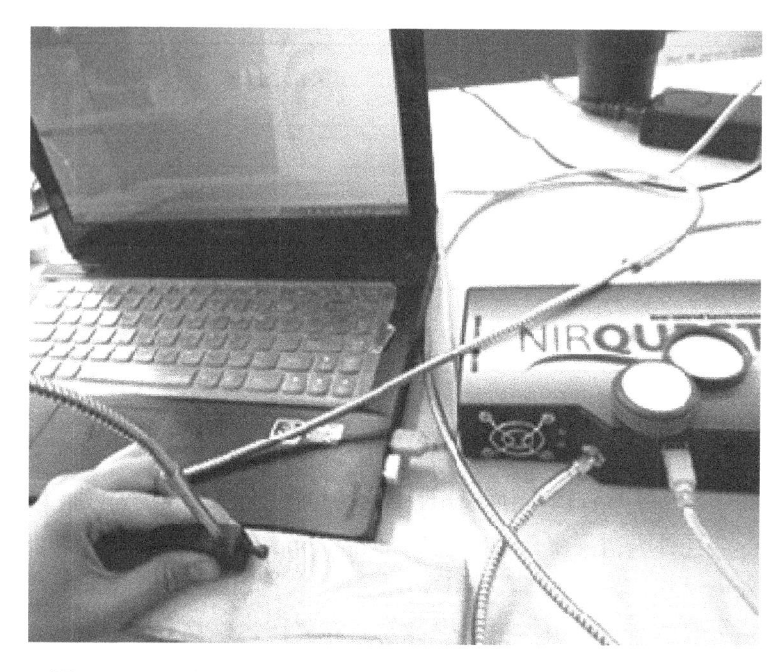

图 3-4-4　运用两分叉光纤探头采集实木板材缺陷样本的近红外光谱

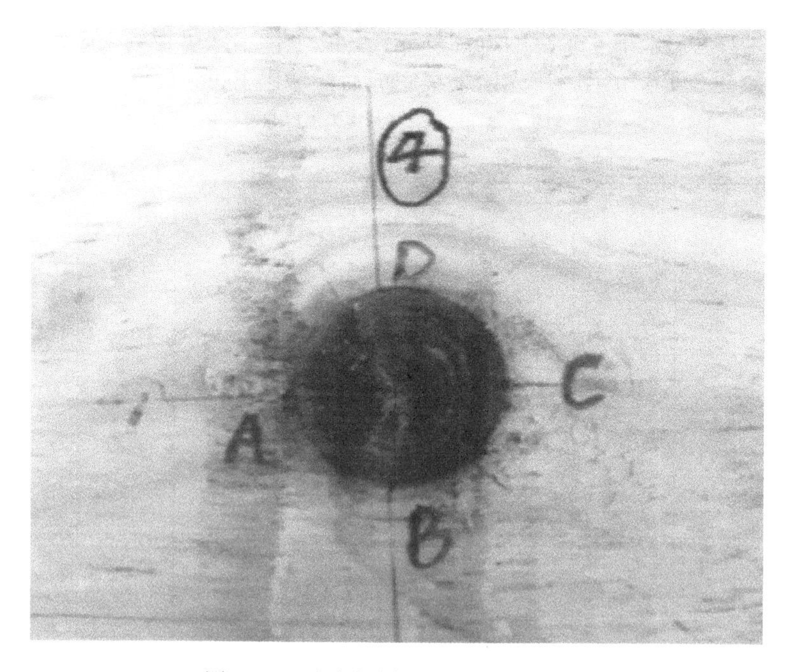

图 3-4-5　实木板材缺陷采样点示意图

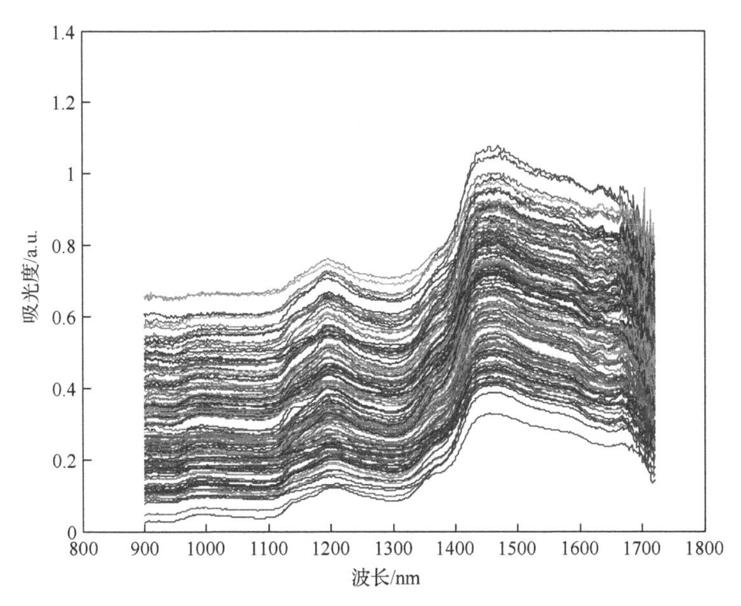

图 3-4-6　落叶松缺陷样本近红外光谱图

3.4.4　落叶松缺陷角度测量

采用 Guindos 等[10]提出的带节子木材的三维模型，将节子模拟成椭圆旋转的斜圆锥。为获得落叶松表面缺陷在板材内部镶嵌的角度 θ，如图 3-4-7 所示，选中板材左下角的顶点为参考点，依次测量 A、B、C、D 四点的二维坐标，然后测量下表面 A'、B'、C'、D'的二维坐标，测量板材厚度，根据直线与平面的夹角公式可求得角度 θ，即为实验真值。通过角度测量，可获得四组点坐标和角度 θ 的数据，将这四组数据及板材厚度作为输入，利用 SolidWorks 2016 软件拟合缺陷的斜圆锥形态。

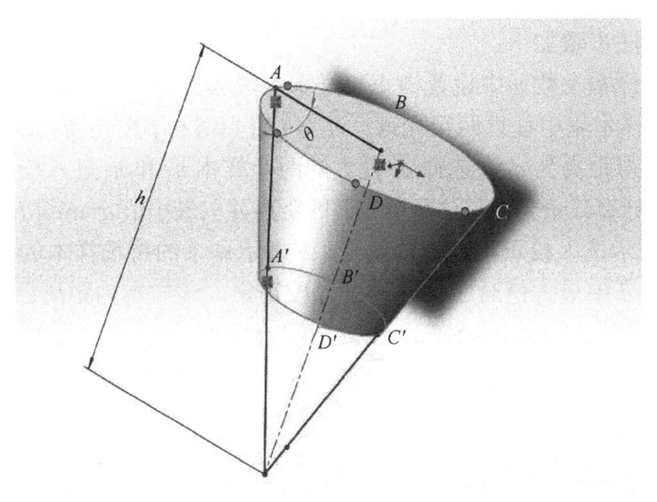

图 3-4-7　缺陷斜圆锥形态测量示意图

3.5 实木板材缺陷异常样本剔除与光谱数据预处理

测量仪器和测量方法的不准确性、技术人员主观因素的干扰及缺陷样本的复杂性等因素，导致样本中会有异常样本存在，为了不影响建模的准确性，需要剔除异常样本。本节通过主成分分析得到实木板材缺陷边缘的近红外光谱的得分矩阵，进而计算马哈拉诺比斯距离，利用数理统计知识判别和剔除异常样本。为了消除实木板材缺陷边缘的近红外光谱存在的基线漂移和光谱重叠，进而可以明显地看出光谱的变化趋势，需要采用预处理方法对原始的实木板材缺陷边缘的近红外光谱数据进行预处理。本节分别采用 S-G 平滑+一阶导数+S-G 平滑、一阶导数+S-G 平滑+MSC 和一阶导数+S-G 平滑+SNV 的预处理方法，比较不同预处理组合方法的预处理效果，从中选出最适合该样本实验数据的近红外光谱预处理方法。

3.5.1 样本校正集和预测集及异常样本剔除划分方法

1. K-S 分选法划分样本校正集和预测集

当使用多元回归方法对近红外光谱数据进行分析时，对于分布不均匀的样本集，中间样本会对模型产生较大的影响，容易导致模型预测结果偏离真实值呈现“均值化”现象。因此，为了选出具有代表性的样本集，本章采用 K-S 分选法将光谱差异较大的样本选入校正集，将剩余的样本选入预测集，从而完成校正集和预测集的划分。

K-S 分选法的特征变量为各主成分的得分，依据得分矩阵划分校正集和预测集样本。其算法步骤如下：

（1）在总样本个数 n 中设置校正集样本个数 m。

（2）选取样本集中任意两组光谱，设为 i 组光谱和 j 组光谱，计算这两组光谱之间的欧几里得距离为 d_{ij}，选择 d_{ij} 最大的两个样本 n_1 和 n_2 进入校正集。

（3）分别计算其余光谱与这两个光谱的距离并取最小值 $d=\min(d_{1v}, d_{2v},\cdots, d_{kv})$，其中，1～$k$ 表示选入校正集样本的编号，v 表示剩余的待选样本的编号。

（4）选取 d 中最大值对应的样本进入校正集，该样本为距离已有校正样本最远的样本。

（5）依次重复进行步骤（3）、步骤（4），直至校正集样本个数达到预先设定的数目 m。

2. 剔除异常样本主成分与马哈拉诺比斯距离的计算

可靠的分析结果来自准确的原始数据，即落叶松实木板材缺陷边缘的近红外光谱数据和缺陷角度直接影响模型的预测能力，而异常样本的干扰极大程度地影响了分析模型的准确性，因此剔除异常样本对于提高分析模型的预测能力具有非常重要的意义[12]。本章采用PCA结合马哈拉诺比斯距离的方法实现对实木板材缺陷异常样本的剔除[13]。PCA结合马哈拉诺比斯距离对异常样本剔除的具体方法如下。

利用式（3-5-1）计算得分：

$$T_{n\times f} = X_{n\times f} \times P_{m\times f} \tag{3-5-1}$$

式中，X为缺陷样本的近红外光谱矩阵；P为载荷矩阵；n为实木板材缺陷样本数；m为变量数；f为主成分数；$T_{n\times f}$为主成分分析降维后的特征投影。

利用式（3-5-2）计算校正集缺陷边缘的近红外光谱数据，得到平均光谱数据的马哈拉诺比斯距离矩阵：

$$D^2 = \left(T_i - \bar{T}\right)M^{-1}\left(T_i - \bar{T}\right)' \tag{3-5-2}$$

式中，M为标准缺陷边缘的近红外光谱集中得分矩阵的协方差矩阵；T_i为实木板材缺陷样本i的得分向量；$\bar{T}$为n个实木板材缺陷样本的平均光谱。

利用式（3-5-3）计算n个实木板材缺陷样本中的奇异样本存在的阈值范围：

$$D_t = \bar{D} + e\times\sigma_D \tag{3-5-3}$$

式中，$\bar{D}$为D的平均值；D_t为正常样本的阈值；σ_D为D的标准差；e为权重。

由式（3-5-3）可知，权重e的设置能对实木板材缺陷样本i与实木板材缺陷样本平均光谱之间的相似度起到调节作用。如果$D_i \leqslant D_t$，则认为实木板材缺陷样本i与实木板材缺陷样本平均光谱在主成分空间中存在相似性，$|D_i - D_t|$值越小，表明两者之间的相似度越高；反之亦然。不难看出，e值越大，相似度越高；反之，相似度越低。将实木板材缺陷样本i与实木板材缺陷样本平均光谱在主成分空间中相似度低的缺陷样本视为异常样本。本章通过选用不同的权重e来对阈值范围进行大小调整，对不同阈值范围下的光谱数据分别采用PLS模型进行回归预测，通过预测结果选出剔除异常样本的最佳阈值范围[14]。

3.5.2 近红外光谱数据预处理方法

对缺陷样本的近红外光谱数据进行预处理有很多方法，其中：MSC能够降低散射光对光谱的影响[15]；一阶导数方法能够消除基线漂移和背景干扰，得到的光谱具有明显的吸收峰；S-G平滑算法可以提高近红外光谱信号的信噪比，滤除掉近红外光谱中的高频噪声；SNV 变换能消除固体颗粒尺寸、光路转换和表面散射对近红外光谱带来的干扰[16]。经前期研究得出结论：先对原始近红外光谱进行一阶导数处理得到导数光谱，再用 S-G 平滑对一阶导数光谱进行平滑处理，预处理效果较好[17]。

通过比较实验结果，采用 7 点平滑的 S-G 预处理，预处理结果如图 3-5-1 所示。从图中可以看到经过 7 点平滑 S-G 预处理后的实木板材缺陷边缘的近红外光谱轮廓中的噪点和小的尖刺被去除，同时减少了具有干扰性的小波峰和波谷的影响，光谱明显平滑，消噪效果良好。

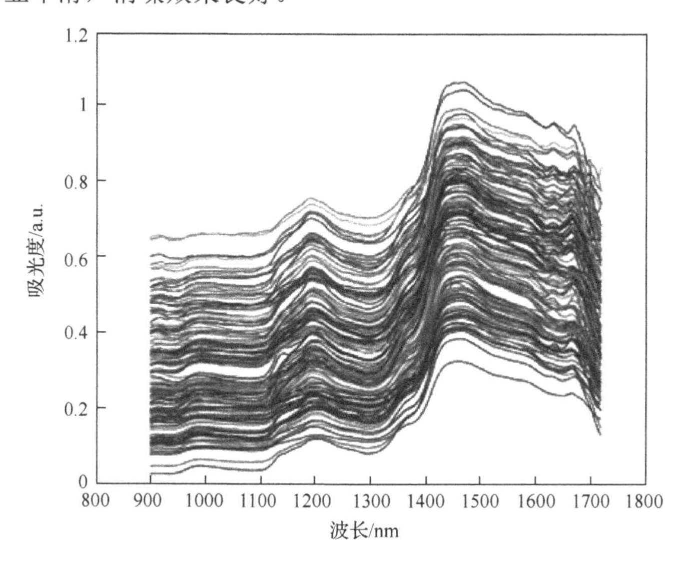

图 3-5-1 落叶松缺陷样本 S-G 平滑光谱图

本章采用一阶导数与 S-G 平滑结合算法进行预处理，预处理结果如图 3-5-2 所示。从图可以看出，样本经一阶导数+S-G 平滑预处理后的光谱图吸收峰特征更加明显，提供了更加直观的观察数据，极大地提高了光谱数据的利用率。

在光谱测量中，测量得到的样本光谱之间具有很大的差异，而光谱之间的差异很大一部分来源于散射引起的光谱变化所形成的差异。散射的程度受多方面因素的影响，如光的波长、颗粒的大小等，因此散射的强度随着光谱的波长分布而变化，散射强度的差异在光谱中表现为基线的平移、旋转、二次曲线和高次曲线，这种现象在近红外长波下尤为明显[18]。MSC 预处理法的目的就是通过校正每个光谱的散射来获得较为“理想”的光谱[19]。MSC 预处理法假定散射的程度与波长有关，散射光对光谱的贡献和光谱分量的贡献存在差异。MSC 预处理法认为每一条光谱与理想光谱之间应该存在线性关系，且用校正集的平均光谱来近似表示理想光谱。因此，每个样本的波长点的吸光度与平均光谱的相应吸光度的光谱近似呈线性关系，直线的截距和斜率可以通过线性回归获得，并用截距和斜率校正每条光谱。其中，截距反映的是缺陷样本的反射率，而斜率反映的是缺陷样本的均匀性。

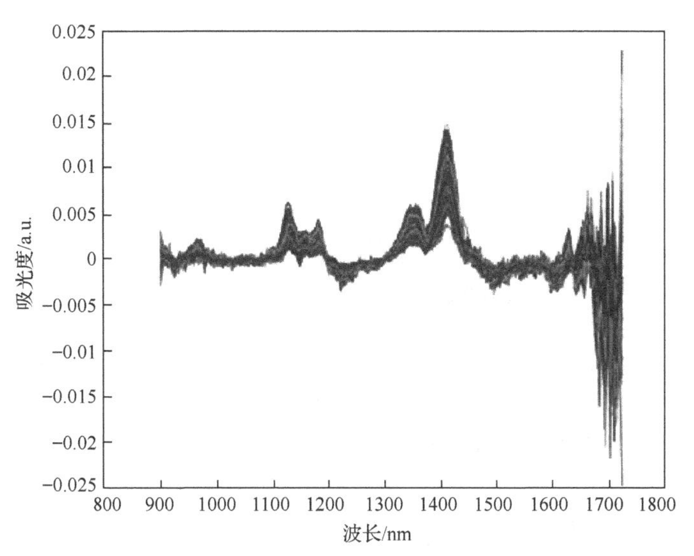

图 3-5-2　一阶导数+S-G 平滑预处理后的落叶松缺陷样本光谱图

图 3-5-3 是对实木板材缺陷样本原始光谱进行 MSC 预处理后的近红外光谱图，从图中可看出，经预处理方法变换后能够基本消除光谱的散射偏差。

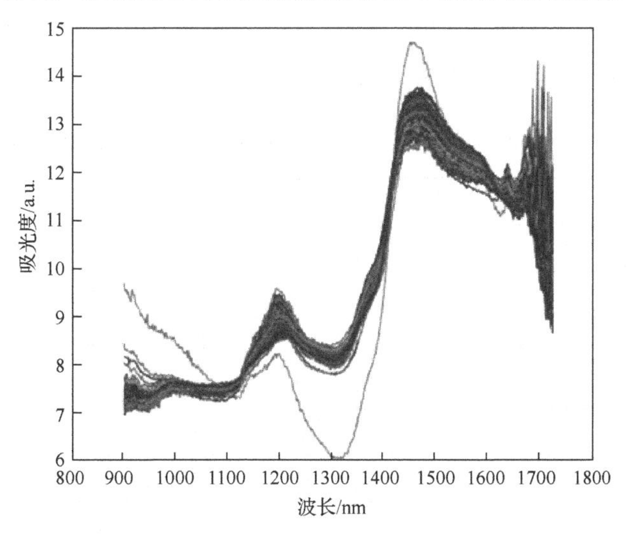

图 3-5-3　MSC 预处理后的落叶松缺陷样本光谱图

图 3-5-4 为经过 SNV 预处理后的落叶松缺陷样本的近红外光谱图，从图中可以看出，SNV 预处理法可以去除光谱漂移。

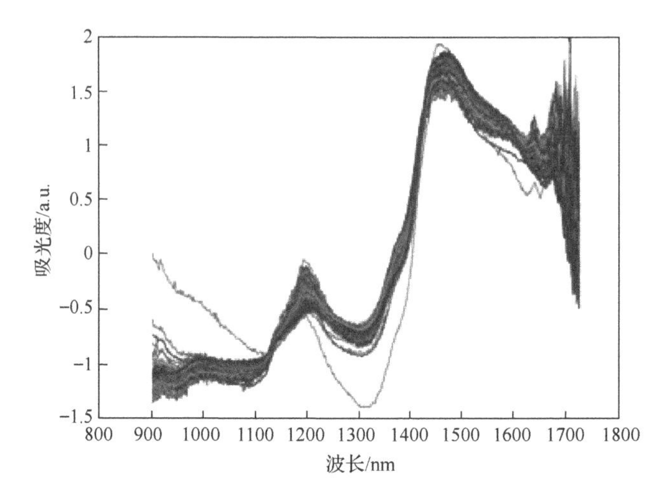

图 3-5-4 SNV 预处理后的落叶松缺陷样本光谱图

3.5.3 实验结果与分析

1. K-S 分选法划分校正集与异常样本剔除

利用 K-S 分选法对采集到的 160 个实木板材缺陷样本进行校正集和预测集的划分。将样本的校正集个数与预测集个数之比设为 3∶1，因此，K-S 分选法中校正集样本个数对应的参数为 120，预测集样本个数对应的参数为 40，经过选取得到的校正集、预测集的样本编号结果如表 3-5-1 所示。

表 3-5-1 采用 K-S 分选法的缺陷样本校正集和预测集的划分结果

样本集	样本编号							
校正集	1	3	4	9	10	11	12	13
	14	15	17	18	19	20	21	24
	25	26	27	28	29	30	31	32
	33	34	35	37	38	40	42	43
	44	45	46	50	53	54	56	57
	59	60	62	64	65	66	67	68
	69	71	72	73	75	76	77	79
	80	81	82	83	85	86	87	90
	91	92	93	94	95	96	97	99
	101	102	103	104	105	106	107	108

续表

样本集	样本编号							
校正集	109	110	111	112	113	114	115	117
	119	120	121	122	124	125	126	130
	131	132	133	134	135	137	138	139
	140	141	142	143	144	145	146	148
	149	150	151	155	156	157	159	160
预测集	2	5	6	7	8	16	22	23
	36	39	41	47	48	49	51	52
	55	58	61	63	70	74	78	84
	88	89	98	100	116	118	123	127
	128	129	136	147	152	153	154	158

校正集和预测集缺陷样本对应的角度真值的统计量如表 3-5-2 所示。

表 3-5-2　校正集和预测集落叶松样本缺陷角度真值统计结果

样本集	样本集个数	角度平均值/(°)	角度最大值/(°)	角度最小值/(°)	角度标准差/(°)
校正集	120	26.89	68.10	8.34	18.70
预测集	40	22.58	58.94	8.44	16.36

由表 3-5-2 可知，校正集样本的角度真值分布范围为 8.34°～68.10°，预测集样本的角度真值分布范围为 8.44°～58.94°，预测集样本的角度真值分布范围大于预测集样本，校正集和预测集的样本分布较均匀，说明通过 K-S 分选法选取的校正集样本具有足够的代表性，校正集和预测集划分得较合理，能够用于模型的建立。

选取近红外光谱前 26 个主成分的得分矩阵计算马哈拉诺比斯距离，通过设定 8 个不同的权重 $e \in (3, 2.5, 2, 1.75, 1.5, 1.25, 1, 0.5)$，对应得到不同的阈值，随着 e 由大变小，阈值也随之减小，剔除异常样本的个数由少变多；剔除异常样本后，对 900～1700nm 波段光谱采取 PLS 方法分别进行建模，PLS 模型采用交互验证方法来选取主成分数。所建模型对预测集样本进行预测，缺陷角度的预测结果如表 3-5-3 所示。

表 3-5-3 不同阈值剔除异常样本后校正模型缺陷角度预测结果比较

权重 e	剔除个数	主成分数	r	SEP	RPD
无穷大	0	4	0.60	15.07	1.13
3	4	4	0.72	13.39	1.28
2.5	5	4	0.71	13.66	1.25
2	7	5	0.70	13.68	1.19
1.75	9	4	0.70	13.61	1.20
1.5	15	4	0.71	13.82	1.18
1.25	19	5	0.76	13.00	1.26
1	23	6	0.70	13.74	1.19
0.5	41	2	0.51	15.23	1.05

由表可知，当取权重 e 为 1.25 时，缺陷角度预测相关系数 r、预测平方误差（square error of prediction，SEP）、RPD 分别为 0.76、13.00、1.26，建模效果最佳。比起剔除前，缺陷角度预测相关系数 r、RPD 得到提高，SEP 得到降低，模型的精度得到明显的改善。

取权重 e 为 1.25，将 $|D_i-D_t|$ 值大于 $1.25\sigma D$ 的样本视为异常样本，剔除异常样本的实验结果如图 3-5-5 所示。

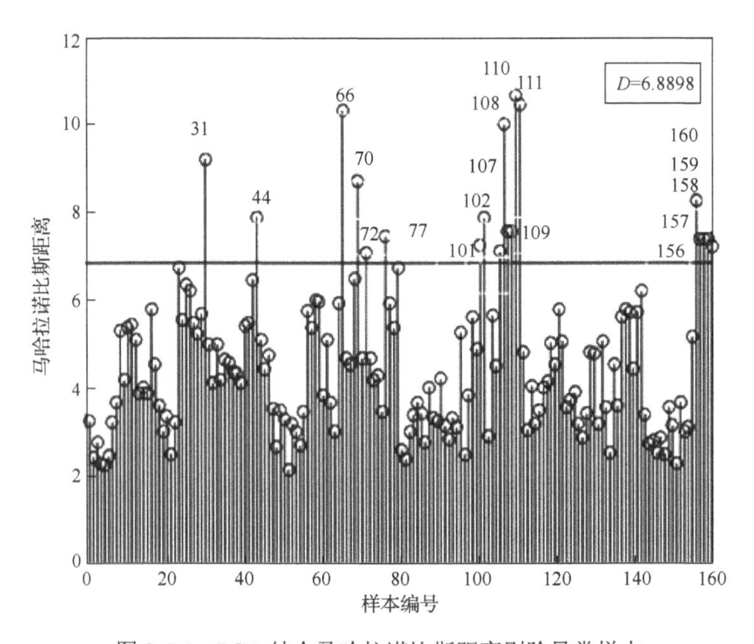

图 3-5-5 PCA 结合马哈拉诺比斯距离剔除异常样本

由图 3-5-5 可知，采用 PCA 结合马哈拉诺比斯距离剔除异常样本法共剔除了 19 个异常样本，优选后的异常样本个数由 160 变为 141。

2. 缺陷样本的近红外光谱预处理

分别采用 MSC、SNV、一阶导数、S-G 平滑相结合的方法对实木板材缺陷样本的近红外光谱进行预处理，结果如图 3-5-6～图 3-5-8 所示。

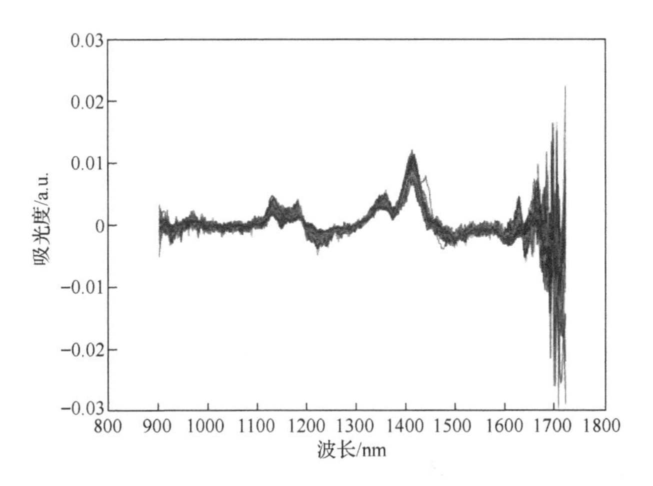

图 3-5-6　一阶导数+S-G 平滑+MSC 预处理光谱

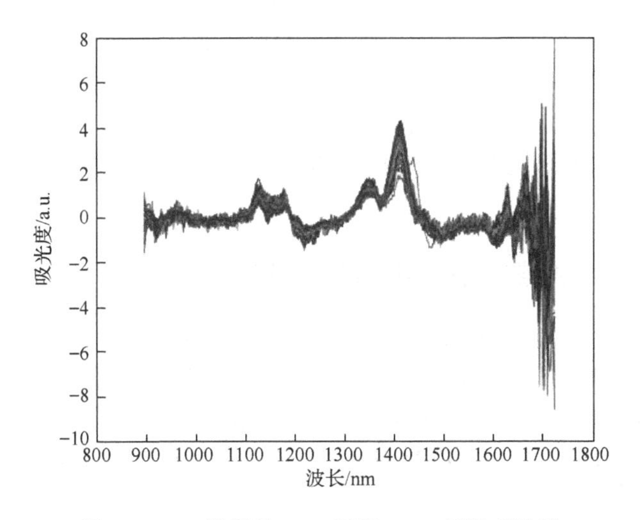

图 3-5-7　一阶导数+S-G 平滑+SNV 预处理光谱

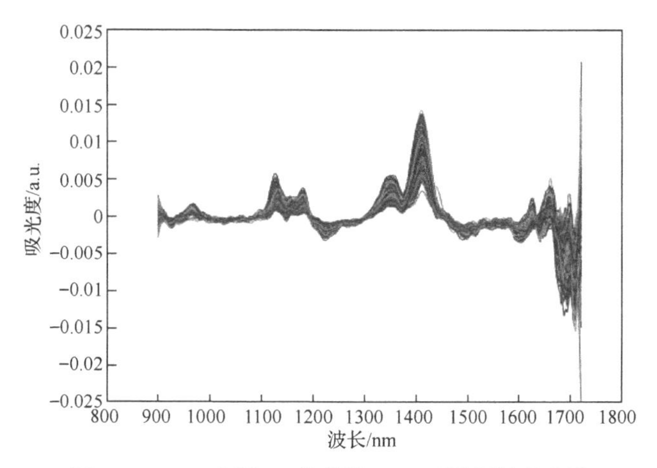

图 3-5-8 S-G 平滑+一阶导数+S-G 平滑预处理光谱

由图 3-5-6～图 3-5-8 可知，S-G 平滑+一阶导数+S-G 平滑预处理后的光谱图比一阶导数+S-G平滑+MSC和一阶导数+S-G平滑+SNV预处理后的光谱图光谱的主要吸收峰更加明显，同时滤除了更多的高频噪声带来的干扰，光谱轮廓更加清晰，光谱谱线更加平滑，数据毛刺现象得到抑制。因此，实木板材缺陷边缘的近红外光谱数据使用 S-G 平滑+一阶导数+S-G 平滑预处理方法效果最好。

3.6 近红外光谱特征波长提取

针对近红外光谱仪采集到的实木板材缺陷边缘的近红外光谱之间存在信息冗余，加上特征吸收区域在光谱上不明显，需要对采集到的近红外光谱信息进行特征波长提取，提高模型的预测能力和建模效率[20]。本节主要研究缺陷边缘光谱信息的特征波长选择，采用 SiPLS 选取线性度较强的波段，采用等距特征映射（Isomap）算法对光谱数据进行非线性降维，利用变换后的数据作为主因子建立回归模型。

3.6.1 缺陷样本光谱特征优化的 PLS 模型

本节采用两种方法对实木板材缺陷样本的近红外光谱进行波长特征选择，用直接特征选择法对光谱数据进行优化，选取线性度较好的波段；但光谱数据与实木板材缺陷角度间存在复杂的非线性关系，所以应采用非线性降维方法进行数据优化。以下将分别介绍基于 SiPLS 的缺陷样本波段提取和基于 Isomap-PLS 的缺陷样本非线性降维。

1. 基于 SiPLS 的缺陷样本波段提取

SiPLS 的基本思想是在区间偏最小二乘法（interval partial least squares，iPLS）

的基础上做进一步改进。iPLS 采用的方法是首先将整个光谱分割成 k 个等宽子区间，然后对每个子区间采用 PLS 模型进行回归建模，以交叉验证标准误差（standard error of cross-validation，SECV）作为评判标准，选取 SECV 最小时对应的因子数为最优因子数，从而完成各子区间的局部最优模型的建立。将建立的各个局部最优模型与全光谱模型分别进行比较，选取其中 SECV 最小的子区间模型，对应的子区间即为优选的最佳建模区间。iPLS 只在一个子区间内进行建模，没有对多个子区间的组合进行建模，导致某些在其他子区间的有用信息遗失[21]。SiPLS 改进了 iPLS 的不足，在建模时考虑到了对多个子区间的组合进行建模，不会遗失有用的信息。

SiPLS 首先对所有可能的区间组合模型进行计算，把计算得到的 SECV 的大小作为评判依据给出对应的各个区间组合，从各区间组合中选出 SECV 最小时对应的区间组合，将此区间组合视为最优区间建立局部最优 PLS 模型[22]。SiPLS 模型算法步骤如下。

（1）将整个近红外光谱区域分割成 n 个等宽子区间。

（2）对分割好的每个子区间采用偏最小二乘法进行回归预测，建立预测缺陷角度的局部回归模型，即通过模型的建立得到 n 个局部回归模型。

（3）以 SECV 的大小作为已建立的 n 个局部回归模型的精度衡量标准，将全光谱模型和各局部模型的精度分别进行比较，从中选取精度最高的局部最优模型对应所在的子区间为第一入选子区间。

（4）完成第一入选子区间的选择后，将剩余的子区间分别与第一入选子区间进行联合，由此共产生 $n-1$ 组联合区间，对得到的每组联合区间分别进行偏最小二乘回归，再从 $n-1$ 个联合模型中选取 SECV 最小的模型对应所在的子区间作为第二入选子区间。按照这个步骤依次运行，直至余下所有子区间均选入联合模型中。

（5）对比第（4）步中每次联合模型的 SECV，找出所有模型中 SECV 最小者，该区间组合即为最佳组合。

2. 基于 Isomap-PLS 的缺陷样本非线性降维

Isomap 算法是由美国斯坦福大学的特南鲍姆（Tenenbaum）等提出的一种新型的非线性降维方法[23]。Isomap 算法具有能从高维数据中有效发现低维结构的特点，应用在特征波长提取中的例子也越来越多。Isomap 算法主要分为三个步骤：首先，通过数据邻域图中的最短路径获取近似的测地距离；然后，用测地距离代替欧几里得距离作为多维尺度变换的输入，完成尺度变换；最后，有效提取嵌入在高维空间的低维坐标，将低维嵌入拉抻、延展，在低维坐标系中输出低维流形。基于 Isomap-PLS 预测缺陷形态的模型框图如图 3-6-1 所示。

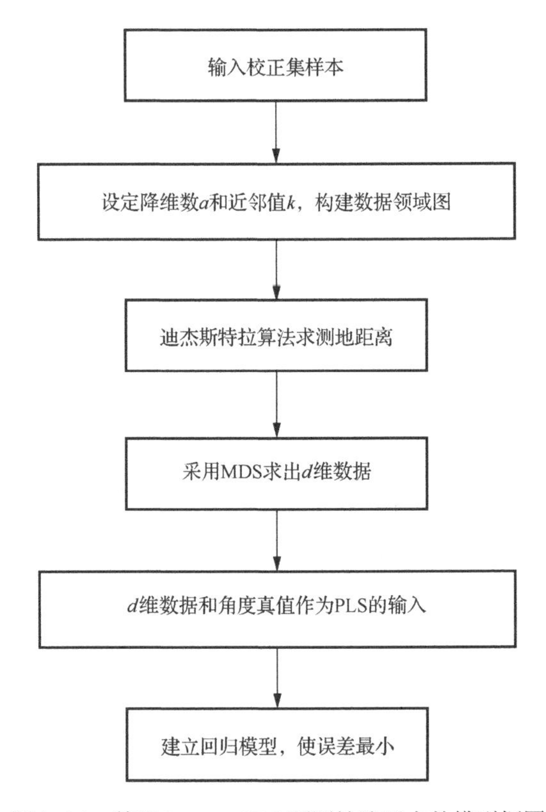

图 3-6-1　基于 Isomap-PLS 预测缺陷形态的模型框图

Isomap 算法具体描述如下[24]：

（1）输入校正集样本光谱 $X=\{x_i \mid i=1,2,\cdots,n\}$，$X\in\mathbf{R}^N$。

（2）设定需提取的主成分低维维数 d，近邻值 k。

（3）采用欧几里得距离，对每个样本点 x_i 进行相似性度量，构建 k 近邻的数据邻域图 G。

（4）在数据邻域图 G 中，通过迪杰斯特拉（Dijkstra）算法求最短路径，计算任意两样本间的测地距离，组成距离矩阵 $D=\{d_{ij} \mid i,j=1,2,\cdots,n\}$。

（5）利用多维尺度变换算法，定义 $H=\{h_{ij}\}$，$h_{ij}=\delta_{ij}-1/n$（i=j，δ_{ij}=1；$i\neq j$，δ_{ij}=0），$S=\{d_{ij}^2\}$，计算 $\tau(G)=-HSH/2$。

（6）求 $\tau(G)$ 的 d 个最大特征值矩阵 A_d 和与其对应的特征向量 λ_d，特征向量组成矩阵 C_d。

（7）输出 n 个样本的低维数据 $W=C_d\sqrt{A_d}$，$W\in\mathbf{R}^d$。

（8）基于非线性降维后的低维数据 W 和力学真值数据，用 PLS 建立回归模型，可进行待测样本的预测。

3.6.2　光谱特征选择实验与结果分析

1. SiPLS 模型预测缺陷角度的实验结果

采用 SiPLS 模型对落叶松实木板材缺陷边缘光谱数据采用 SiPLS 进行特征波长选择，将光谱划分为 20 个子区间，分别联合其中 2 个、3 个、4 个子区间，得出最小 SECV 对应的区间组合，实验结果如图 3-6-2 所示。由图 3-6-2 可知，选取主成分数为 6 时，SECV 为 15.07。

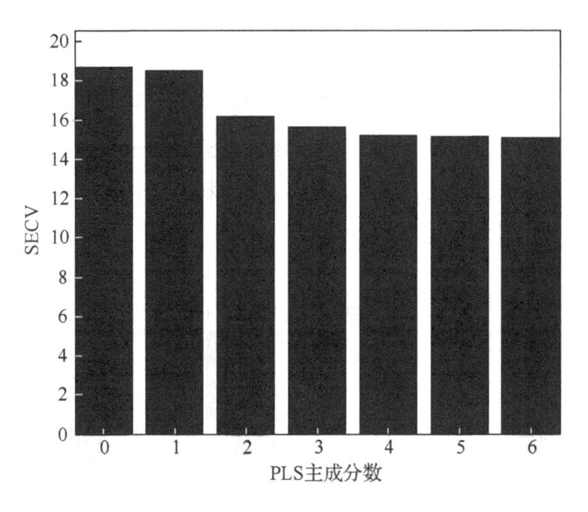

图 3-6-2　PLS 主成分数选择结果

经过实验得出，联合 4 个子区间时效果最好，表 3-6-1 为基于 SiPLS 模型预测缺陷角度的不同子区间组合下的实验结果。由表 3-6-1 可以看出，把全光谱划分为 20 个子区间，PLS 主成分数为 6，选取其中的 2、10、11、15 这 4 个子区间进行组合时，建立的 SiPLS 模型 SECV 最小为 12.53，预测缺陷的效果最好。

表 3-6-1　SiPLS 模型预测缺陷角度的子区间组合结果

PLS 主成分数	入选子区间	SECV
6	2、10、11、15	12.53
8	2、8、10、18	12.83
8	2、10、11、14	12.94

续表

PLS 主成分数	入选子区间	SECV
6	2、8、10、11	13.02
5	2、10、11、17	13.13
6	2、8、11、18	13.15
6	2、4、10、11	13.28
6	3、8、11、18	13.33
7	1、2、10、11	13.37
6	2、7、10、11	13.39

选定区间组合为 2、10、11、15 时，波段选择结果如图 3-6-3 所示，由图可知，基于 SiPLS 模型预测缺陷角度选择的最佳波段为 942.29～981.49nm、1269.04～1307.75nm、1309.36～1349.59nm 和 1474.48～1512.69nm。在上述四组联合区间上实现了对 PLS 的建模，从而完成了 SiPLS 的建模。SiPLS 模型预测落叶松板材缺陷角度的预测结果如图 3-6-4 所示。

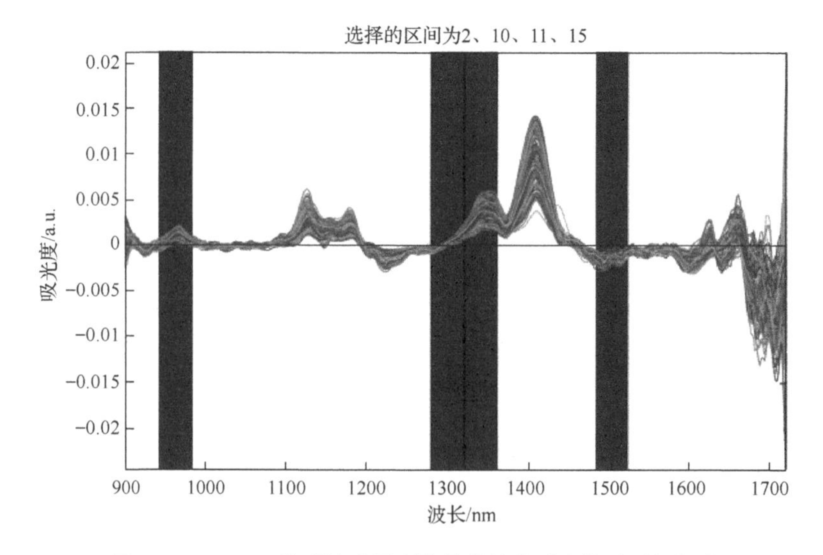

图 3-6-3　SiPLS 模型筛选得到的最佳波段对应的子区间组合

由图 3-6-4 得出，采用 SiPLS 模型，实木板材缺陷角度预测相关系数为 0.7053，SEP 为 12.1611，RPD 为 1.5205。

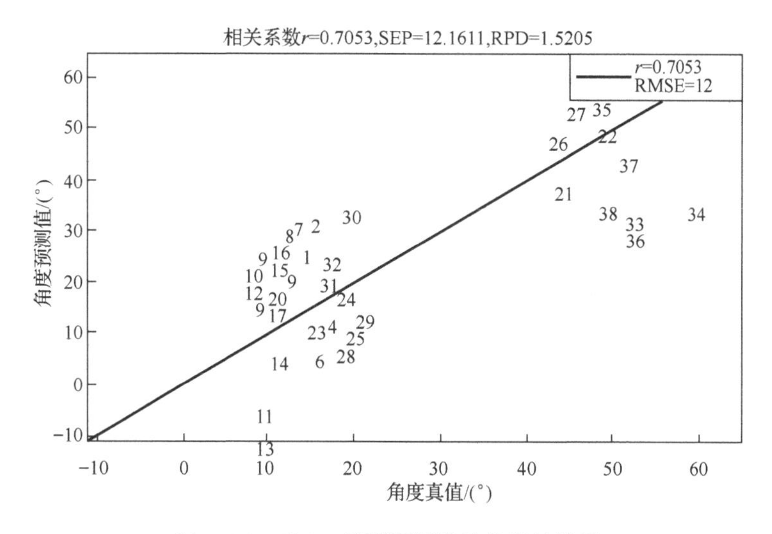

图 3-6-4　SiPLS 模型预测缺陷角度的结果

2. Isomap-PLS 模型预测缺陷角度的实验结果

Isomap 算法选用迪杰斯特拉算法求取最短路径，研究时设定降维数 d 为 1～15，近邻值 k 的范围为 2～20，选取 d 和 k 的不同组合对数据降维效果进行测试，将降维后的数据代入 PLS 模型，确定出最小 SECV 对应的 d 和 k，实验结果如图 3-6-5 所示。当 k=19, d=12 时具有最小的 SECV，SECV 最小为 12.5307。

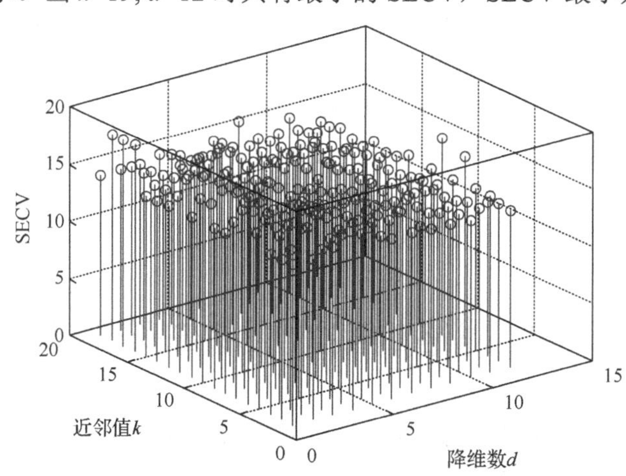

图 3-6-5　Isomap-PLS 模型预测缺陷角度时 SECV 与 d 和 k 的关系

采用上述选择的 k、d 进行非线性降维，利用降维后的数据建立 Isomap-PLS 模型，模型的预测结果如图 3-6-6 所示。由图 3-6-6 可知，实木板材缺陷角度预测相关系数 r 为 0.8306，SEP 为 12.5301，RPD 为 1.7958。

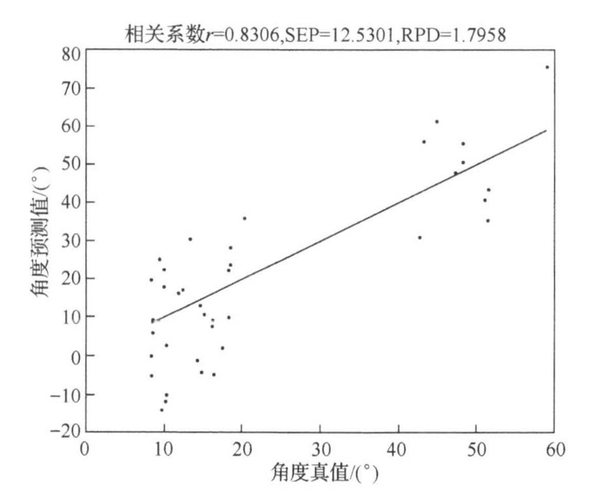

图 3-6-6 Isomap-PLS 模型预测缺陷角度的结果

SiPLS 模型和 Isomap-PLS 模型预测板材测缺陷角度的预测性能的结果比较如表 3-6-2 所示。

表 3-6-2 SiPLS 模型、Isomap-PLS 模型预测缺陷角度的结果比较

模型	r	SEP	RPD
SiPLS	0.71	12.16	1.52
Isomap-PLS	0.83	12.53	1.80

从表 3-6-2 可以看出，SiPLS 模型预测缺陷角度直接选取线性度较强的区间和 Isomap-PLS 模型预测缺陷角度的非线性降维特征方法的 RPD 均大于 1.5，这表明以上两种模型对缺陷角度均具有一定的预测能力。经过比较可得出，Isomap-PLS 模型的预测相关系数较大，RPD 也较大，说明在一定的参数设置下，Isomap 算法的数据特征优化效果较好，所以选择 Isomap-PLS 模型作为实木板材缺陷样本近红外光谱特征优化的方法。

3.7 基于神经网络的实木板材缺陷形态预测方法

通过 Isomap 算法对缺陷样本的近红外光谱信息进行非线性降维后的结果可知，缺陷样本的近红外光谱数据之间存在较大的非线性关系，因此需要采用非线性校正模型预测实木板材缺陷的角度。BP 神经网络广泛应用于非线性模型的回归分析，但是随着应用领域的逐步扩大，BP 神经网络也暴露了一些不足，该网络存在局部极小化、算法收敛速度慢、网络结构选择不一、训练时模型输出结果的准确率不等同于预测时模型输出结果的准确率等问题。小波神经网络是把小波变换与神经网络有机结合起来的一种神经网络模型，它在一定程度上改进了 BP 神经网络在结构上盲目设计的问题。因此，小波神经网络比 BP 神经网络的学习能力更强，结果更准确[25]。

将 Isomap 算法优化后的数据作为输入，分别采用 BP 神经网络、小波神经网络进行实木板材缺陷角度的预测，通过对结果评价，选择出最适合的预测实木板材缺陷角度的模型。利用所建立的预测模型，将实木板材缺陷边缘的四个采样点的坐标（以板材左下角的顶点为参考点）、板材厚度及圆锥母线与水平面的夹角 θ 作为输入，通过 SolidWorks 2016 软件绘制板材的缺陷形态，实现预测实木板材缺陷形态的目的。

3.7.1　BP 神经网络预测实木板材缺陷角度

BP 神经网络含有三层网络结构，将 BP 神经网络的最大迭代次数设为 300，目标误差设为 1.0×10^{-3}，学习速率设为 0.01，学习算法采用利文贝格-马夸特（Levenberg-Marquardt，L-M）法，隐含层采用 Sigmoid 函数，输出层采用 Purelin 函数，隐含层神经元个数按式（3-7-1）进行选取。

$$h=\sqrt{m+p}+a \tag{3-7-1}$$

式中，m 为输入层神经元数；p 为输出层神经元数；a 为 1～10 的整数。

将 Isomap 算法优化后的数据和角度真值作为 BP 神经网络的输入，输入层神经元数设为 12，输出层神经元数设为 1。因此，根据式（3-7-1）计算出隐含层神经元数为 5～14。

分别采用 5～14 的隐含层神经元，对 103 个校正集进行训练，对 38 个预测集样本进行预测，程序重复运行 5 次，取对应预测相关系数的平均值作为评价指标，BP 神经网络隐含层神经元个数与缺陷角度预测相关系数如图 3-7-1 所示。

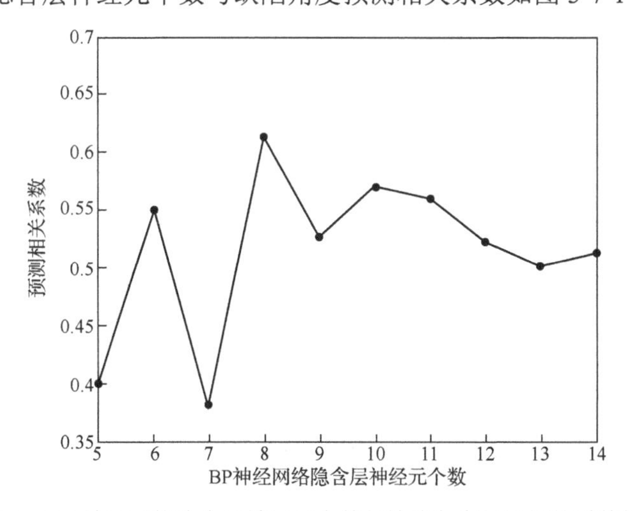

图 3-7-1　BP 神经网络隐含层神经元个数与缺陷角度预测相关系数的关系

由图 3-7-1 可知，当隐含层神经元数为 8 时，预测相关系数最大为 0.6140，因此将 BP 神经网络的隐含层神经元个数设置为 8，预测缺陷角度的训练结果如图 3-7-2 所示。

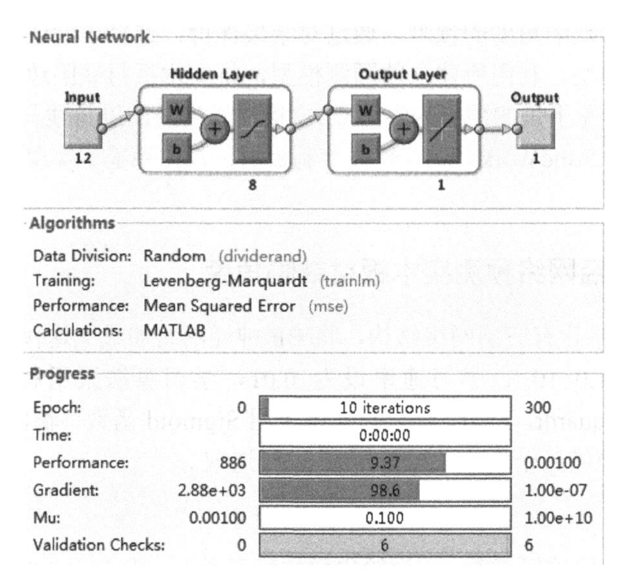

图 3-7-2　BP 神经网络预测缺陷角度的训练结果

由图 3-7-2 得出，对于实木板材缺陷角度的预测，设置输入层神经元个数为 12，隐含层为 8，输出层为 1，当迭代次数为 10 时，网络收敛，误差为 9.37。利用已经训练好的 BP 神经网络，对预测集样本进行预测，采用 BP 神经网络预测缺陷角度的结果如图 3-7-3 所示。

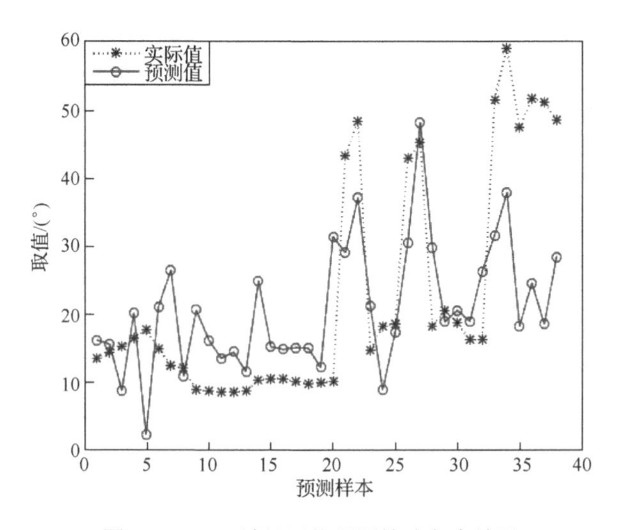

图 3-7-3　BP 神经网络预测缺陷角度结果

3.7.2　小波神经网络预测实木板材缺陷角度

小波神经网络隐含层节点数的设置会对预测效果产生影响，节点数设置过多则会使训练过程缓慢；节点数设置过少又无法达到预期的训练精度。通过设置不同的隐含层节点数不断进行训练实验，最终将隐含层节点设置为 14，小波基函数采用 Morlet 函数，设定的学习速率、期望误差、学习次数分别为 0.01、0.001、1000。利用小波神经网络对预测集样本进行缺陷角度预测，结果如图 3-7-4 所示。

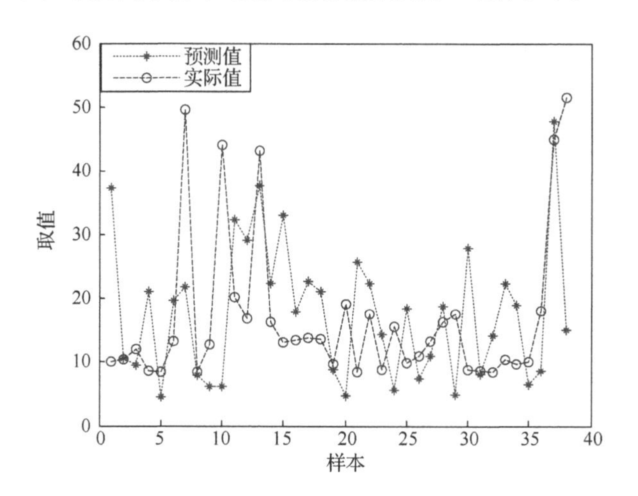

图 3-7-4　小波神经网络预测缺陷角度结果

3.7.3　预测缺陷角度结果比较

采用 Isomap 算法对数据进行非线性降维后，分别利用 BP 神经网络和小波神经网络建立预测缺陷角度的预测模型，设定适当的参数，得到不同的预测效果，结果如表 3-7-1 所示。

表 3-7-1　不同预测模型对实木板材缺陷角度的预测结果与比较

数据优化方法	预测模型	r	SEP	RPD
Isomap 算法	PLS	0.83	12.53	1.80
	BP 神经网络	0.61	13.08	1.25
	小波神经网络	0.88	7.65	2.14

由表 3-7-1 可知，小波神经网络预测实木板材缺陷角度的预测相关系数 r 和 RPD 均高于 PLS 和 BP 神经网络，SEP 最小，且 RPD 大于 2，表明利用小波神经经

网络粗略预测实木板材缺陷角度是可行的。说明在近红外光谱预测实木板材缺陷角度上，经过 S-G 平滑+一阶导数+S-G 平滑预处理和 Isomap 算法优化后，采用小波神经网络能够较为准确地对缺陷角度进行预测。

3.7.4 实木板材缺陷形态模拟结果

基于将实木板材缺陷形态模拟成斜圆锥的假设，选取样本中的一个实木板材缺陷样本为例，选中板材左下角的顶点为参考点，测量缺陷上下表面边缘上四个采样点的坐标，缺陷样本图如图 3-7-5 所示。研究者通过测量一个板材样本缺陷边缘的四个采样点获得的四组点坐标、板材厚度及圆锥母线与水平面的夹角 θ 输入 SolidWorks 2016 软件中，即可模拟出缺陷的形态，如图 3-7-6 所示。

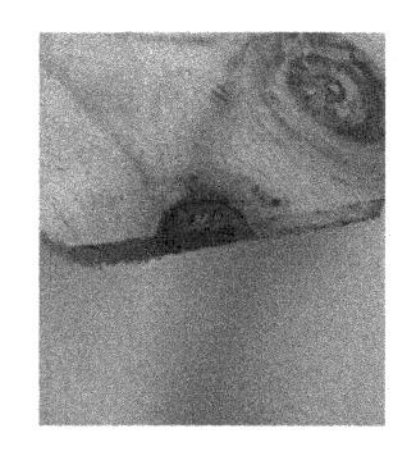

（a）缺陷样本侧面图

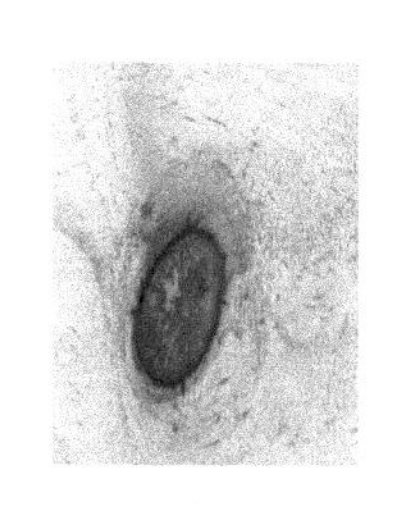

（b）缺陷样本上表面图

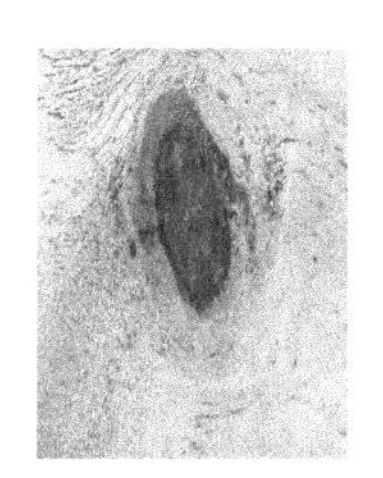

（c）缺陷样本下表面图

图 3-7-5 缺陷样本图

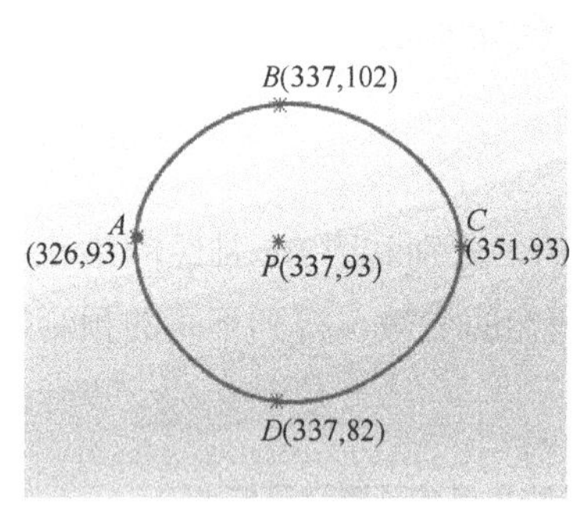

（a）斜圆锥底面坐标图

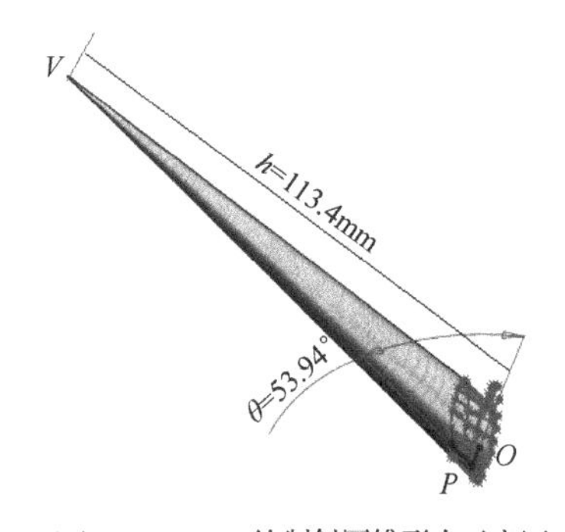

（b）SolidWorks绘制斜圆锥形态示意图

图 3-7-6 缺陷形态模拟图

利用斜圆锥的底面坐标，通过各点坐标计算其与底面中心的距离，即可得到 A、B、C、D 四点到 P 点的距离 R；通过角度 θ 可计算其余角 α 的倾斜度 k；通过 SolidWorks 2016 软件绘制出缺陷形态图，可得出斜圆锥高为 113.4mm，结果如表 3-7-2 所示。

表 3-7-2　缺陷边缘 *A*、*B*、*C*、*D* 四点参数表

缺陷边缘采样点	缺陷边缘点到缺陷中心的距离 R/mm	倾斜度 k
A	11	0.73
B	9	0.73
C	14	0.92
D	11	0.82

由图 3-7-5 和表 3-7-2 可知，本节利用 SolidWorks 2016 软件可准确绘制出实木板材缺陷的形态，得到参数确定的斜圆锥，实现实木板材缺陷形态的模拟；利用落叶松实木板材缺陷边缘的近红外光谱进行预测，根据缺陷处光谱与板材无疵处光谱的区别进行建模，预测各点缺陷角度的情况，进而利用多点的空间坐标分布拟合缺陷形态。

参考文献

[1] 杨忠, 陈玲, 付跃进, 等. 近红外光谱结合 SIMCA 模式识别法检测木材表面节子[J]. 东北林业大学学报, 2012, 40(8): 70-72.

[2] 周竹, 尹建新, 周素茵, 等. 基于近红外光谱与连续投影算法的针叶材表面节子缺陷识别[J]. 激光与光电子学进展, 2017, 54(2): 023001.

[3] 周竹, 尹建新, 周素茵, 等. 基于近红外光谱技术的针叶材板材表面节子缺陷检测[J]. 浙江农林大学学报, 2017, 34(3): 520-527.

[4] Fujimoto T, Tsuchikawa S. Identification of dead and sound knots by near infrared spectroscopy[J]. Journal of Near Infrared Spectroscopy, 2010, 18(6): 473-479.

[5] Yang Z, Zhang M M, Chen L, et al. Non-contact detection of surface quality of knot defects on eucalypt veneers by near infrared spectroscopy coupled with soft independent modeling of class analogy[J]. Bioresources, 2015, 10(2): 3314-3325.

[6] Yang Z, Zhang M M, Li K, et al. Rapid detection of knot defects on wood surface by near infrared spectroscopy coupled with partial least squares discriminant analysis[J]. Bioresources, 2016, 11(1): 2557-2567.

[7] Cao J, Liang H, Lin X, et al. Potential of near-infrared spectroscopy to detect defects on the surface of solid wood boards[J]. Bioresources, 2017, 12(1): 19-28.

[8] Villar J R, Guaita M, Vidal P, et al. Analysis of the stress state at the cogging joint in timber structures[J]. Biosystems Engineering, 2007, 96(1): 79-90.

[9] Baño V, Arriaga F, Soilán A, et al. Prediction of bending load capacity of timber beams using a finite element method simulation of knots and grain deviation[J]. Biosystems Engineering, 2011, 109(4): 241-249.

[10] Guindos P, Ortiz J. The utility of low-cost photogrammetry for stiffness analysis and finite-element validation of wood with knots in bending[J]. Biosystems Engineering, 2013, 114(2): 86-96.

[11] Williams J M, Fridley K J, Cofer W F, et al. Failure modeling of sawn lumber with a fastener hole[J]. Finite Elements in Analysis and Design, 2000, 36(1): 83-98.

[12] 冯丹, 罗西, 臧利艳, 等. 唐古特大黄多指标关键质量属性近红外光谱评价研究[J]. 分析测试学报, 2024, 43(11): 1697-1708.

[13] 张灵帅, 王卫东, 谷运红, 等. 近红外光谱的主成分分析: 马氏距离聚类判别用于卷烟的真伪鉴别[J]. 光谱学与光谱分析, 2011, 31(5): 1254-1257.

[14] 陈斌, 邹贤勇, 朱文静. PCA 结合马氏距离法剔除近红外异常样品[J]. 江苏大学学报: 自然科学版, 2008, 29(4): 277-279, 292.

[15] 王动民, 纪俊敏, 高洪智. 多元散射校正预处理波段对近红外光谱定标模型的影响[J]. 光谱学与光谱分析, 2014, 34(9): 2387-2390.

[16] 刘桂松, 郭昊淞, 潘涛, 等. Vis-NIR 光谱模式识别结合 SG 平滑用于转基因甘蔗育种筛查[J]. 光谱学与光谱分析, 2014, 34(10): 2701-2706.

[17] 张怡卓, 苏耀文, 李超, 等. 蒙古栎抗弯弹性模量多模型共识的近红外检测方法[J]. 林业工程学报, 2016, 1(6): 17-22.

[18] 万文标, 姜红. 近红外光谱分析及其在药物原辅料分析中的应用[J]. 医药导报, 2012, 31(4): 465-470.

[19] 芦永军, 曲艳玲, 宋敏. 近红外相关光谱的多元散射校正处理研究[J]. 光谱学与光谱分析, 2007, 27(5): 877-880.

[20] 周昆鹏, 毕卫红, 邢云海, 等. 基于 SiPLS 特征提取和信息融合的汽油中乙醇含量的多光谱检测[J]. 光谱学与光谱分析, 2017, 37(2): 429-434.

[21] Leardi R, Nørgaard L. Sequential application of backward interval partial least squares and genetic algorithms for the selection of relevant spectral regions[J]. Journal of Chemometrics, 2004, 18(11): 486-497.

[22] Ghasemi J, Niazi A, Leardi R. Genetic-algorithm-based wavelength selection in multicomponent spectrophotometric determination by PLS: Application on copper and zinc mixture[J]. Talanta, 2003, 59(2): 311-317.

[23] 邵超, 万春红. 基于等距映射的监督多流形学习算法[J]. 模式识别与人工智能, 2014, 27(2): 111-119.

[24] 杨辉华, 覃锋, 王义明, 等. NIR 光谱的 Isomap-PLS 非线性建模方法[J]. 光谱学与光谱分析, 2009, 29(2): 322-326.

[25] 潘玉民, 邓永红, 张全柱. 小波神经网络模型的确定性预测及应用[J]. 计算机应用, 2013, 33(4): 1001-1005.

第4章 实木板材力学近红外光谱极限学习机建模

4.1 概述

传统力学破坏性实验耗时耗力，不仅造成木材资源的严重浪费，而且无法对所有产品进行检测。本章选取蒙古栎木材进行研究，采用近红外光谱无损检测技术建立定量预测模型，对蒙古栎木材无疵样本的抗弯强度和抗弯弹性模量进行分析。

本章将从样本优选、光谱预处理、特征数据优化和非线性模型建立等方面展开。首先，为获取必需的实验数据，按照国家标准加工制作蒙古栎木材抗弯力学性质的无疵样本，采集近红外光谱数据，采用力学破坏实验测量抗弯强度和抗弯弹性模量的真值。其次，为获得较好的建模样本，采用马哈拉诺比斯距离剔除异常样本与K-S样本集自动划分的方法。再次，为消除散射光、基线漂移和噪声等干扰，选用多元散射校正一阶导数和S-G平滑算法相结合的预处理方法。为去除数据间的冗余性及无关因素，提出SiPLS、粒子群优化（particle swarm optimization，PSO）算法结合SiPLS的波段选择算法和LLE-PLS、Isomap-PLS的非线性降维优化方法。最后，针对近红外光谱与真值间存在的复杂非线性关系，以及线性PLS模型存在非线性预测的局限性，构建BP神经网络和极限学习机非线性模型。

4.2 木材力学性质的近红外光谱研究现状

国外，Schimleck等[1-6]采集了桉树的径切面近红外光谱，建立了弹性模量预测模型，其预测相关系数较高，达到0.90；对辐射松无疵木材的弹性模量进行了近红外光谱的预测，决定系数最高能达到0.83；提出了基本的建模方法，阐述了近红外光谱分析技术可定量预测火炬松木材的物理性质；在世界范围内，收集了59个树种的木材，采用近红外光谱分析技术对MOE建立了预测模型，结果表明模型的预测精度较高，相关系数达到0.84；对亮果桉的力学性质进行了近红外光谱分析；采集巴西红木的横切面光谱进行了MOR和MOE的预测，说明了MOR的性能比MOE的性能差。Kothiyal等[7]对树龄为5年的细叶桉的力学性质进行了研究，所建立的模型预测相关性较强。Jones等[8]对火炬松的抗弯弹性模量进行了预测。Kelley等[9]采用近红外光谱分析技术对6种针叶木材的抗弯强度和抗弯弹性模量进行了预测与分析，研究发现不同树种的模型精度差异较大，MOR相关系数范围在0.69～0.92，MOE相关系数范围在0.69～0.91。Horvath等[10]将1～2年的转基因白杨木材研磨成粉末，采集粉末颗粒的近红外光谱进行研究，并建立了PLS模型预测力学性质，MOE的决定系数达到0.78。Todorović等[11]对欧洲山毛榉进行热处理操作，说明了经过热处理后PLS近红外模型预测的MOR和MOE结果较准，决定系数较高，预测标准误差较小，但1.5<RPD<2.5，说明该方法在实际应用中依然存在局限性，仅能用于初步检测。

国内，Yu等[12]对杉木的MOR和MOE进行了研究，比较了径切面和弦切面光谱的预测效果，说明了对于全波段（350～2500nm），利用径切面比弦切面建立的模型效果好，而对于短波段（780～1050nm），利用弦切面效果较好。Xu等[13]采用冷杉和黑云杉的生材作为样本，建立模型对其MOE进行了预测，决定系数达到0.76。王晓旭等[14]进行了定性模型的建立，以木材MOR和MOE作为度量标准，按力学性质对杉木进行分等，准确率达到88.6%。赵荣军等[15]对粗皮桉进行了研究，建立了径切面、弦切面的MOR、MOE的预测模型，说明采用导数预处理与两切面光谱的平均值建模能有效提高模型精度，预测相关系数分别为0.88和0.89，但RPD<2.5，模型的预测精度仍较低。

光谱分析方法主要包括样本优选、光谱预处理、特征数据优化与非线性模型等。样本优选方面，主要分为异常样本的剔除和样本集的合理划分。通过距离信息度量，相比于传统欧几里得距离，采用马哈拉诺比斯距离能够考虑到各样本间的相关性，可用于异常样本的剔除[16]。K-S方法常用于校正集和预测集的划分[17]。光谱预处理方面，Andrade等[18]采用MSC法进行光谱预处理，能够有效消除固体样本光谱中存在的散射光效应。Bächle等[19]分析比较了一阶导数、二阶导数的预处理效果，说明了导数类预处理方法具有消除基线漂移和增强光谱轮廓清晰度的作用。崔宏辉等[20]采用了MSC和S-G平滑相结合的算法。林萍等[21]阐述了当卷积平滑的窗口宽度选择适当时，可滤除高频噪声，提高信噪比。此外，光谱预处理方法还有很多，比如小波变换、标准化、正交信号校正等[22-24]。特征数据优化方面，分为波长直接选择和特征变换两类方法。刘君良等[25]对慈竹的抗弯强度进行了预测，当采用二阶导数预处理、间隔为20的BiPLS时，预测相关系数最高，达到0.88。Balabin等[26]分析比较了iPLS、MWPLS、基于遗传算法的iPLS（genetic algorithm-interval partial least square，GA-iPLS）等优化方法。杨辉华等[27]提出局部线性嵌入的非线性降维方法，相比传统 PLS 模型，精度明显提升[28]。非线性模型方面，主要有非线性 PLS 和人工神经网络等[29]。李耀翔等[30]在木材密度的预测上，提出高斯核变换的非线性 PLS 模型，预测相关系数高于 PLS。王学顺等[31]通过不同树种的光谱数据，采用 BP 神经网络建立了定性分类模型。丁丽等[32]采用 BP 神经网络对杉木中的纤维素、木质素和微纤丝角进行了定量预测，并讨论了 BP 神经网络各个参数对精度的影响。BP 神经网络可以用于非线性分析，但训练速度与泛化能力需进一步提高。

4.3　实验数据采集

4.3.1　抗弯力学样本的加工

力学样本选取生长于中国东北地区的蒙古栎木材，采自黑龙江省五常市林业局冲河林场，其地理位置及环境条件如表 4-3-1 所示。

表 4-3-1　原木采集地的气候条件

纬度	经度	平均海拔/m	最高温度/℃	最低温度/℃	年平均气温/℃	年降水量/mm	年蒸发量/mm
44°37′N～44°47′N	127°35′E～127°55′E	350	35	−34	2.3	750	340

在蒙古栎木林场内，按地势由高到低顺序获取 3 组样木，每组 4 株，共取 12 株样木，树龄 20 年，树高 12～14m，胸径 16～17cm，样木伐倒后标记树木生长方向，在每株树的胸高（大约离地 1.3m）处往上切取木材。为使得样本间的力学指标差异明显，切取时，根据树木垂直方向的力学性质分布特性，采用间隔取样，即切取长度为 1m 的木段，用于抗弯力学样本加工，再切取长度为 2m 的木段，用于抗拉力学样本加工，交替切取，示意图如图 4-3-1 所示。

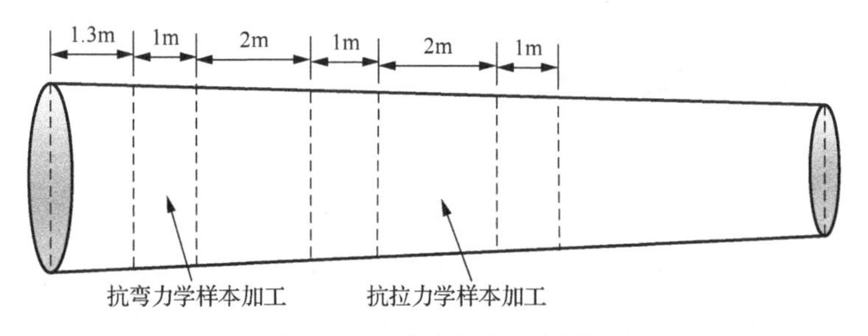

图 4-3-1　木段切取示意图

木段气干后锯解，样本锯解不包含髓心。首先制作抗弯力学毛坯条，然后按照国家标准《无疵小试样木材物理力学性质试验方法 第 2 部分：取样方法和一般要求》（GB/T 1927.2—2021）制作 300mm×20mm×20mm 的抗弯力学样本。木材毛坯条锯解示意图如图 4-3-2 所示，西半段样本用于加工抗弯力学样本，东半段样本另作他用，锯解剩余材料用于加工抗拉力学样本。取编号为 1～4 的毛坯条进行后续样本加工。

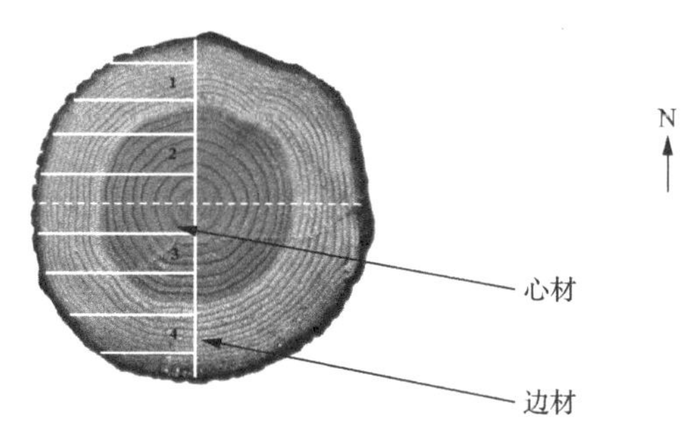

图 4-3-2 木段锯解示意图

不区分心材、边材，挑选出无疵样本 145 条，按 1～145 对样本编号，并放入干燥箱内进行干燥，调节含水率至 12%，然后将每个样本单独装入密闭塑封袋内，防止环境中的水分影响。木材锯解加工过程及挑选的样本如图 4-3-3 所示。

（a）木段锯解

（b）锯解的毛坯条

（c）无疵样本

图 4-3-3 木材锯解加工过程及挑选的样本

4.3.2 近红外光谱数据采集

1. 采集设备

在实验室内进行近红外光谱数据采集，室内温度、湿度基本恒定，室内温度在 20±1℃，平均相对湿度为 50%。波长范围越长，仪器价格越高，国内外许多学者研究发现 1100～1700nm 光谱携有重要信息，能够较好地预测木材密度、力学强度等性质[33]。近红外光谱仪采用德国 INSION 公司生产的 One-chip 微型光纤光谱仪，波长范围为 900～1700nm，光谱分辨率<16nm，采用两分叉光纤探头，利用漫反

射采集样本表面的近红外光谱。主要采集设备包括近红外光谱仪、光源、商用聚四氟乙烯白板和光纤探头等，如图 4-3-4 所示。

（a）近红外光谱仪

（b）光源

（c）商用聚四氟乙烯白板

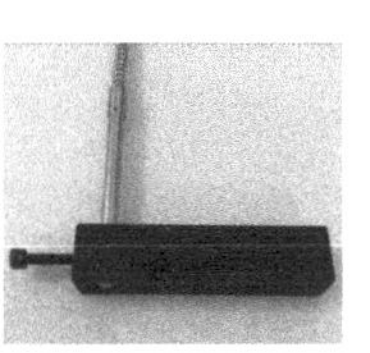
（d）光纤探头

图 4-3-4 主要采集设备

手持光纤探头进行测量具有位置不精准、抖动、速度慢等缺点，因此，采用 STM32 单片机、42 型步进电机、DM542 电机驱动器和导轨，设计了移动滑台。图 4-3-5 为 STM32 单片机和 DM542 电机驱动器。采集设备信息如下：采用基于 ARM 架构的德飞莱 STM32F103Z 系列单片机作为控制电机转速、圈数的控制器，使用 USB 转晶体管晶体管逻辑（transistor-transistor logic，TTL）串口与计算机进行连接，使用部分引脚与 DM542 电机驱动器连接，使生成的上升沿电信号通过 DM542 电机驱动器，将电信号转化为电机的角度信号。将 STM32 单片机的 PA6 引脚接入 DM542 电机驱动器的 PUL^+端，用于输入高电平脉冲，控制电机步进角度，将 PA4 引脚接入 DM542 电机驱动器的 DIR^+端，用于控制电机正转或反转，PUL^-和 DIR^-接地。

运行过程中，选取+24V 直流电压用于驱动器和电机的供电，DM542 电机驱动器控制电流的方法是设置机身开关“SW1、SW2、SW3”，采用的 42 型步进电机步距角度为 1.8°，最大电流 1.7A，本实验选取驱动器电流为 1.46A，对应状态为“off、on、on”。为提高驱动力，原本驱动器角度“不细分”模式下需驱动 200 次，电机转动 1 圈，现采用“细分”模式，驱动 6400 次电机转动 1 圈，对应开关“SW5、SW6、SW7、SW8”，状态设置为“off、on、off、on”。

图 4-3-5 STM32 单片机和 DM542 电机驱动器

各部件连接示意图如图 4-3-6 所示。光纤探头放入移动装置的凹槽中，探头对样本垂直、非接触测量，间隔 1mm，光斑直径 5mm，采用的导轨导程 1mm，凹槽外表面与样本接触。

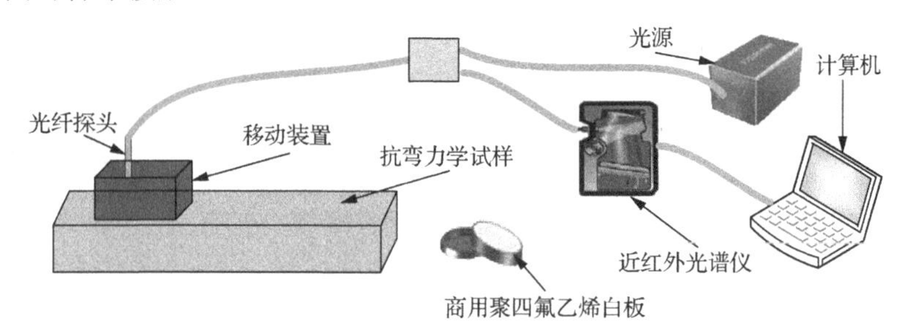

图 4-3-6 采集设备连接示意图

2. 采集过程

利用德国 INSION 公司的 SPECview 7.1 软件进行数据采集，光谱数据采集时先采用白板进行校准，再对木材样本进行径切面、弦切面采集，扫描自动平均次数为 30，间隔时间为 5ms，采集完成后输出 Excel 文件，采集软件界面如图 4-3-7 所示。对于每个样本，将径切面和弦切面的共 16 组光谱平均成 1 条光谱，代表该编号样本的近红外吸收光谱。采样点如图 4-3-8 所示。

控制电机正转，每采集一个样本点停顿 2s，当滑块从左端移动到右端，采集样本的径切面光谱后，将样本翻转再控制电机反转，使得滑块从右端移动到左端，进行弦切面光谱数据采集，各采样点的间隔距离为 30mm。样本的近红外光谱数据采集装置如图 4-3-9 所示。

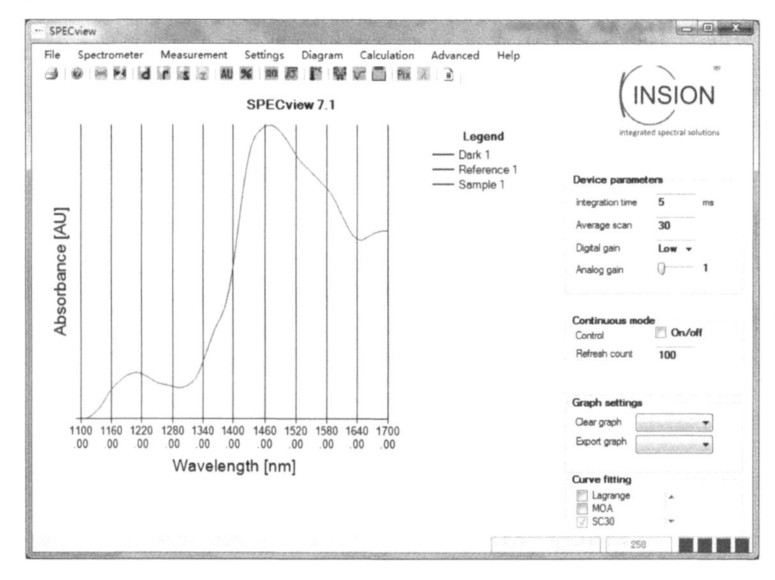

图 4-3-7 SPECview 7.1 软件界面

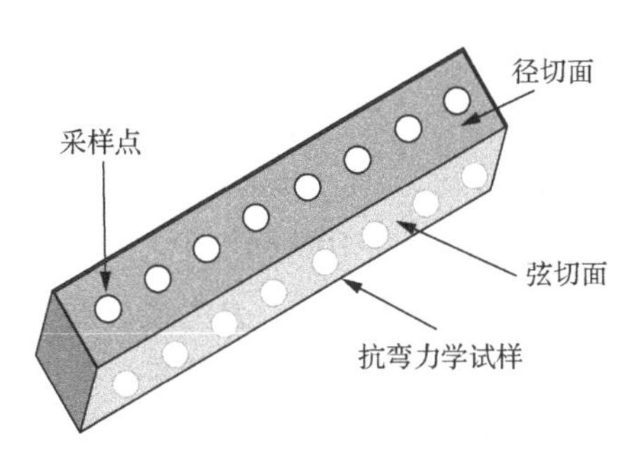

图 4-3-8　采样点示意图

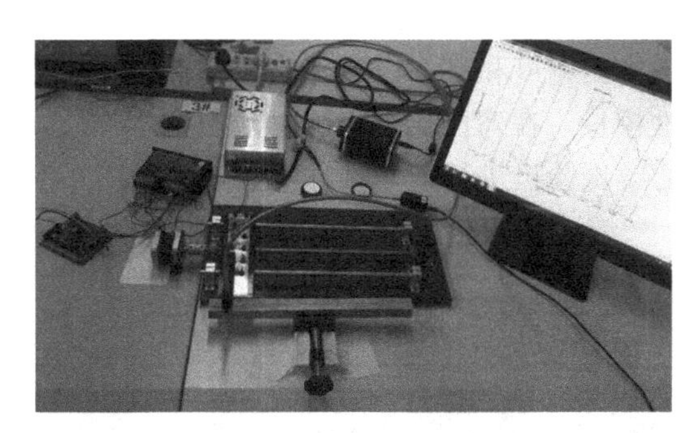

图 4-3-9　样本的近红外光谱数据采集装置

数据采集完成后，利用 MATLAB 2014a 软件编程，实现对近红外光谱数据的预处理、信息提取和分析，以及建立木材抗弯强度与抗弯弹性模量的预测模型。

4.3.3　抗弯强度和抗弯弹性模量的真实值测量

本节使用万能力学试验机，参照国家标准《无疵小试样木材物理力学性质试验方法　第 9 部分：抗弯强度测定》（GB/T 1927.9—2021）[34]、《无疵小试样木材物理力学性质试验方法　第 10 部分：抗弯弹性模量测定》（GB/T 1927.10—2021）[35]中的测试步骤及规范，采用三分点弯曲载荷法，如图 4-3-10 所示，按照编号，测定无疵样本的抗弯强度和抗弯弹性模量。

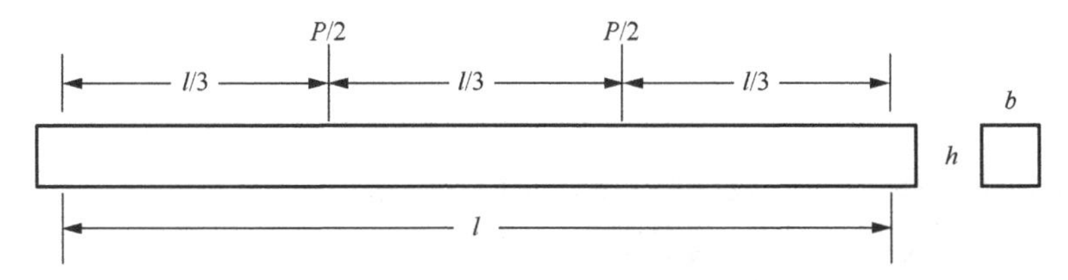

图 4-3-10　三分点弯曲载荷法示意图

样本含水率为 12%时，按式（4-3-1）计算抗弯强度，按式（4-3-2）计算抗弯弹性模量[36]。

$$\sigma = \frac{Pl}{bh^2} \tag{4-3-1}$$

$$E = \frac{23Pl^3}{108vbh^3} \tag{4-3-2}$$

式中，σ为抗弯强度，单位为兆帕（MPa）；P为最大载荷，单位为牛（N）；l为两支座间跨度，单位为毫米（mm）；b为样本宽度，单位为毫米（mm）；h为样本高度，单位为毫米（mm）；E为抗弯弹性模量，单位为兆帕（MPa），可转化为吉帕（GPa）；v为上、下限载荷间样本变形值，单位为毫米（mm）。

采用的万用力学试验机支座间的跨度l=240mm，利用游标卡尺，精确测量蒙古栎木材抗弯力学样本的宽度和高度，精确级别为10^{-2}mm。测量无疵木材样本的抗弯强度与抗弯弹性模量，在弯曲比例极限时测出抗弯弹性模量，断裂时测出抗弯强度。采用万用力学试验机进行破坏性实验的过程如图 4-3-11 所示。

（a）初始状态

（b）MOE真实值测量状态

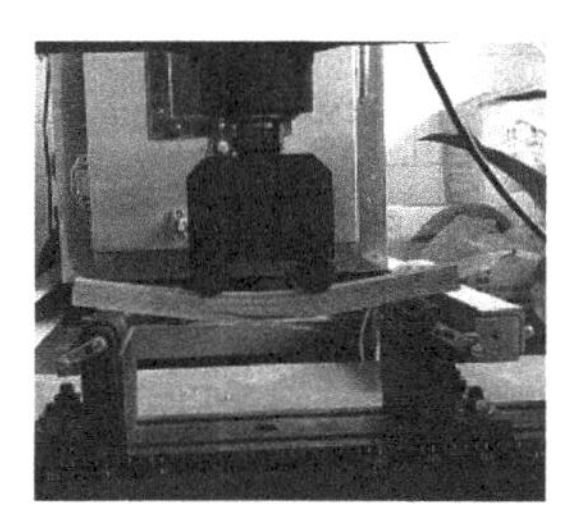
（c）MOR真实值测量状态

图 4-3-11　MOR 和 MOE 的真实值测量

力学真实值数据采集软件如图 4-3-12 所示。

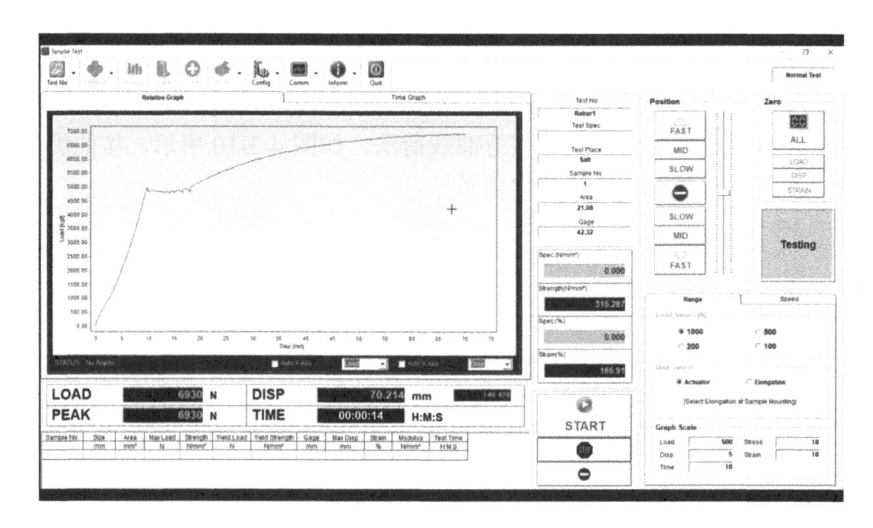

图 4-3-12　力学真实值采集软件

横梁下降速度设定为 10mm/min，初始试验力设定为 12.5N。点击开始按钮后，试验力载荷逐渐增加，同时，计算机自动记录力学数据和木材的位移数据，并绘制“试验力-位移曲线”，最后以 Excel 文件的形式输出数据。“试验力-位移曲线”如图 4-3-13 所示。

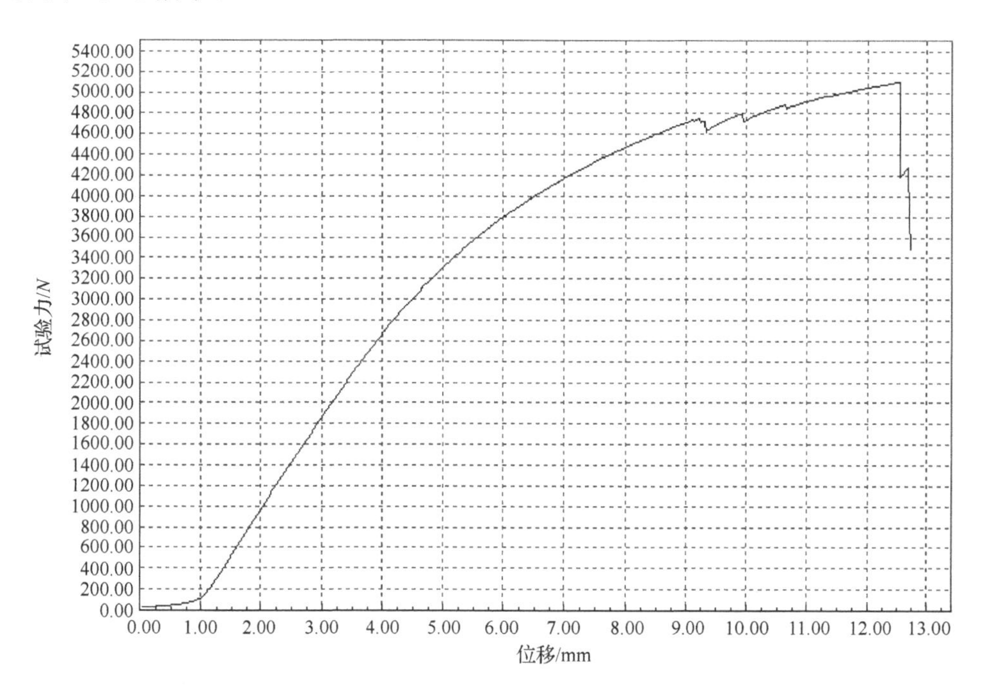

图 4-3-13　样本的“试验力-位移曲线”

由图 4-3-13 得出，在压力载荷为 300～4400N 范围内时，试验力和位移的变化成近似的比例关系，当达到 5100N 时，样本断裂实验结束，得出此时对应的抗弯强度和抗弯弹性模量。

木材样本抗弯强度和抗弯弹性模量的真实值统计结果如表 4-3-2 所示。

表 4-3-2　木材样本的 MOR 和 MOE 真实值

力学性质	MOR/MPa	MOE/GPa
平均值	165.63	15.27
标准差	25.42	2.24
最大值	205.38	19.25
最小值	119.72	10.43

4.4 异常样本剔除与近红外光谱的预处理

4.4.1 基于马哈拉诺比斯距离的异常样本剔除

计算样本光谱两两间的马哈拉诺比斯距离，再利用马哈拉诺比斯距离和设置阈值的方法进行异常样本的剔除，本章阈值选取统计值3σ，σ为经过马哈拉诺比斯距离计算后得到数据的标准差，设定大于阈值3σ的样本为异常样本。实验结果如图 4-4-1 所示。

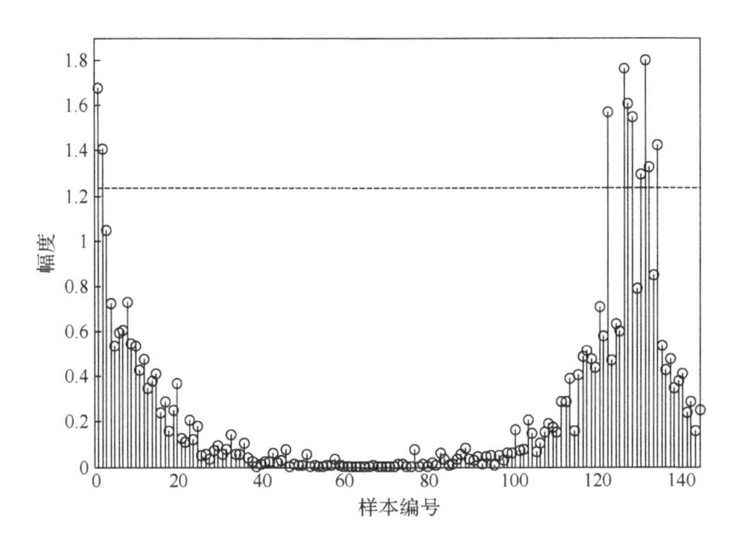

图 4-4-1　马哈拉诺比斯距离剔除异常样本

由实验结果可知，共剔除 10 个异常样本，优选后的样本集个数由 145 变为 135，因此，按 1～135 重新对样本进行编号。

4.4.2 K-S 校正集和预测集划分

对优选后的 135 个样本，利用 K-S 方法进行校正集和预测集的划分。通常校正集个数与预测集个数之比为 2∶1，因此，设定算法中校正集样本个数对应的参数为 90。校正集、预测集的样本编号选取结果如表 4-4-1 所示。

表 4-4-1　采用 K-S 方法的校正集和预测集划分结果

样本集	样本编号														
校正集	1	9	18	30	37	48	54	64	73	83	92	101	112	119	126
	3	11	19	31	39	49	57	66	74	84	94	102	113	120	127
	4	12	22	32	41	50	58	68	76	86	96	103	114	122	129
	5	13	24	34	43	51	61	70	78	87	97	105	116	123	130
	7	15	25	35	45	52	62	71	80	89	99	108	117	124	133
	8	16	28	36	46	53	63	72	82	91	100	110	118	125	135
预测集	2	14	21	27	38	44	56	65	75	81	90	98	107	115	131
	6	17	23	29	40	47	59	67	77	85	93	104	109	121	132
	10	20	26	33	42	55	60	69	79	88	95	106	111	128	134

校正集和预测集光谱对应的 MOR 和 MOE 的真值统计量如表 4-4-2 所示。

表 4-4-2　校正集和预测集光谱对应的 MOR 和 MOE 的真值统计结果

力学性质	校正集				预测集			
	平均值	最大值	最小值	标准差	平均值	最大值	最小值	标准差
MOR 模型/MPa	165.42	205.38	119.72	25.69	166.04	203.13	123.13	25.15
MOE 模型/GPa	15.24	19.25	10.43	2.28	15.31	18.77	10.98	2.18

校正集和预测集光谱对应的 MOR 和 MOE 真值数据分布结果如图 4-4-2 所示。

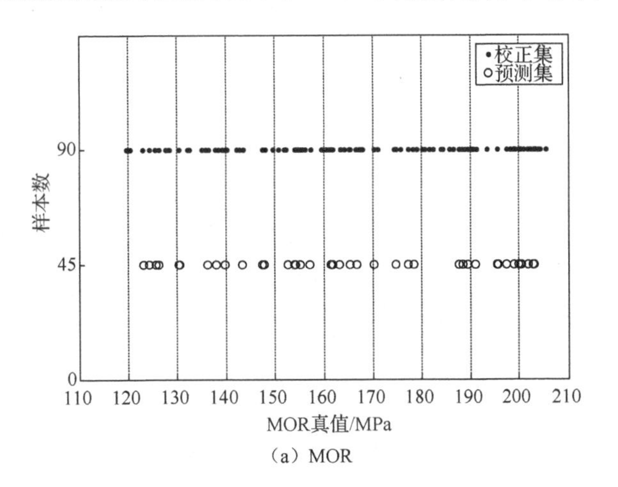

（a）MOR

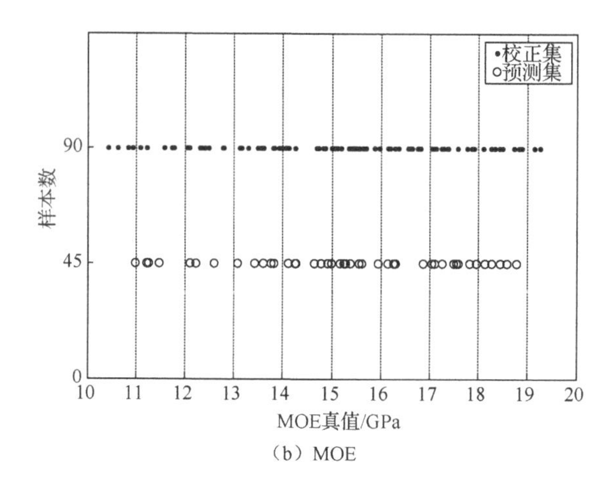

（b）MOE

图 4-4-2　MOR 和 MOE 真值数据分布结果

由图 4-4-2 可知，校正集样本的数据分布范围大于预测集样本的数据分布范围，且校正集和预测集的样本分布较均匀，说明校正集选取的样本具有代表性，可以用于模型建立。

4.4.3　预处理结果分析

采用 MSC、一阶导数和 S-G 平滑相结合的方法进行预处理。剔除异常样本后的 135 个样本的近红外光谱如图 4-4-3 所示，MSC 的预处理结果如图 4-4-4 所示。由 MSC 预处理结果可以看出，原始光谱经过校正后，散射光影响因素被减弱，得到的处理后的光谱汇集度更强，变化趋势更加统一，但光谱吸收峰并没有变得明显。因此，对 MSC 处理后的光谱进行一阶导数处理，结果如图 4-4-5 所示。

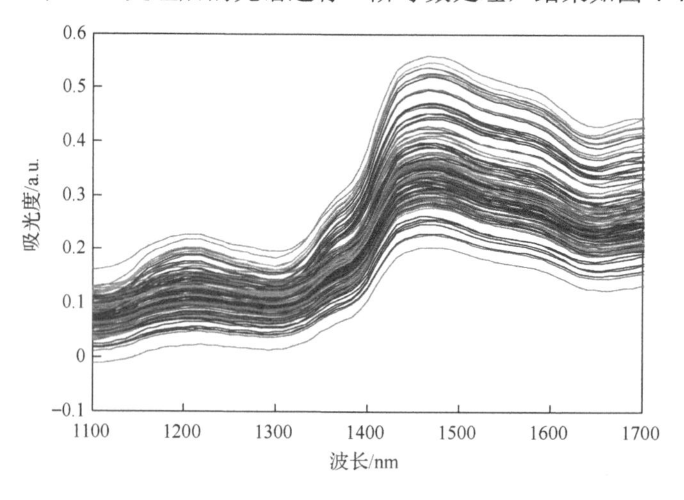

图 4-4-3　原始光谱

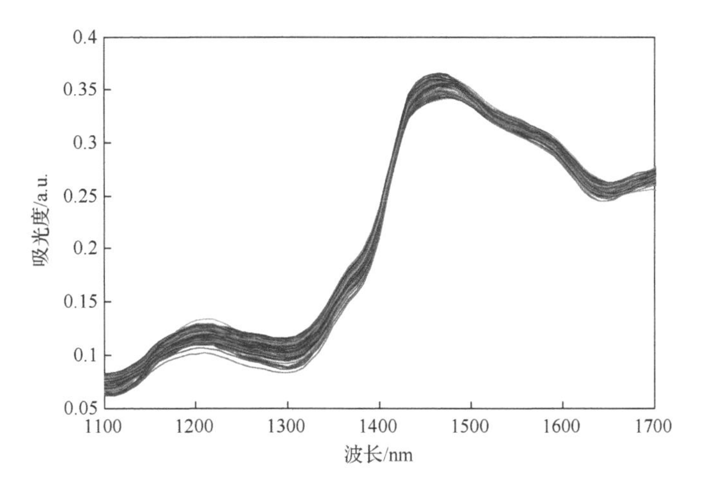

图 4-4-4 MSC 预处理光谱

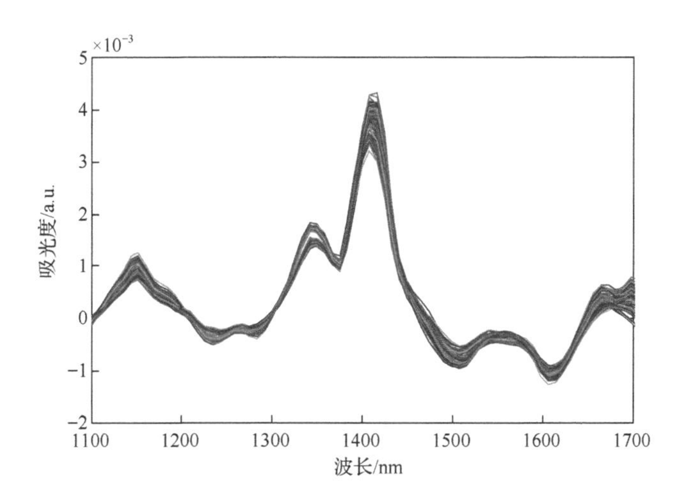

图 4-4-5 MSC+一阶导数预处理光谱

由图 4-4-5 看出，相比于未经过一阶导数处理的光谱，一阶导数处理光谱的零点对应于原始光谱的波峰或波谷，一阶导数处理光谱的吸收峰对应于原始光谱吸收峰的拐点，能够消除因环境变化而导致的信号线偏移。同时，经过一阶导数处理后，平缓区域的干扰得到有效消除，吸收峰变窄，峰值变化更加明显，轮廓更加清晰。

一阶导数处理增加了高频噪声，因此，采用 S-G 平滑，选取适当的窗口进行滤波，窗口宽度一般取 5、7、9、11、13。以均方根误差作为度量，定义最佳窗口选择标准，如式（4-4-1）所示。RMSE 越小，说明去噪处理的失真程度越小，窗口宽度的选取应尽可能保证数据不失真。

$$\text{RMSE}=\sqrt{\frac{1}{n}\sum_{i=1}^{n}\left(s_i(n)-\hat{s}_i(n)\right)^2} \tag{4-4-1}$$

式中，$s_i(n)$ 为未经过平滑的光谱，n 为光谱样本数；$\hat{s}_i(n)$ 为 S-G 平滑后的光谱。

S-G 窗口宽度与 RMSE 的关系如图 4-4-6 所示。

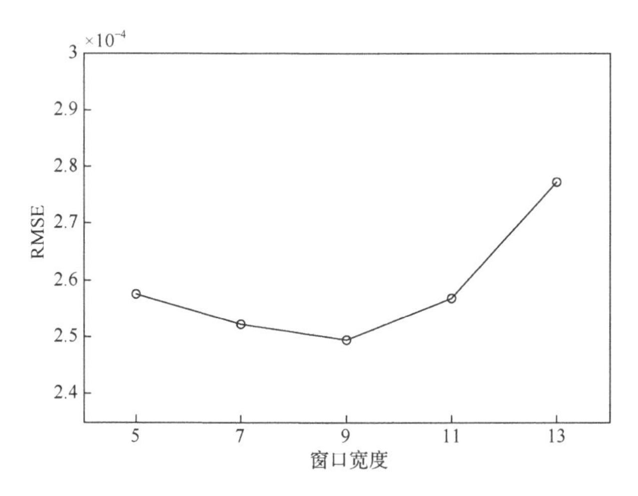

图 4-4-6　S-G 窗口宽度与 RMSE 的关系图

由图 4-4-6，当窗口宽度为 9 时，RMSE 最小。因此，选择窗口宽度为 9 及其对应的权重进行卷积平滑处理。MSC+一阶导数+S-G 平滑预处理光谱如图 4-4-7 所示。

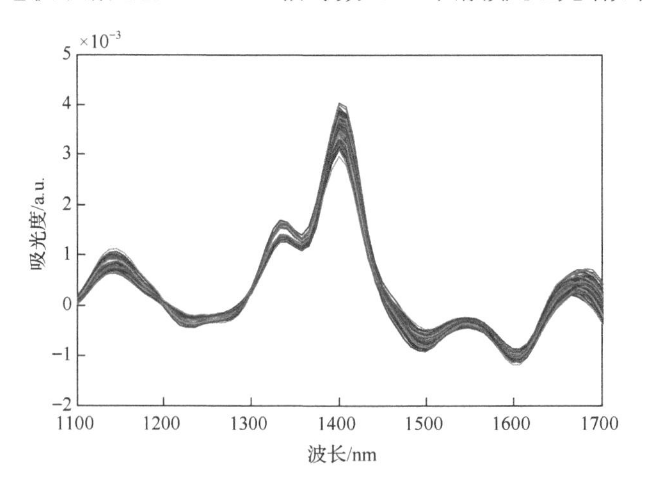

图 4-4-7　MSC+一阶导数+S-G 平滑预处理光谱

由图 4-4-7 可看出，在 MSC+一阶导数处理光谱基础上，经过 S-G 平滑后，光谱的主要吸收峰较明显，滤除了更多的高频信息带来的“尖刺”影响，光谱轮廓更加平滑。

实验结果表明，采用 MSC+一阶导数+S-G 平滑相结合的方法能够实现散射光校正、消除基线漂移、增强光谱信息和抑制高频噪声，效果更好。

4.5　基于光谱数据特征优化的 PLS 模型

4.5.1　PSO 优化光谱特征与 SiPLS 模型

本节首先采用 SiPLS 进行波段子区间选择，使有用的波长信息更加突出，然后运用 PSO 算法对优选子区间进行波长点寻优，进一步减少建模数据。PSO 算法可以数学描述为：假设 d 维搜索空间中的第 i 个粒子的速度 $v_i=(v_{i,1},v_{i,2},\cdots,v_{i,d})$，位置 $x_i=(x_{i,1},x_{i,2},\cdots,x_{i,d})$，粒子通过计算适应度函数选取每个粒子所经历过的最好位置作为个体位置，记为 $P_{\mathrm{b}}(P_{i,1},P_{i,2},\cdots,P_{i,d})$；选取所有粒子所经历过的最好位置作为全局最好位置，记为 $P_{\mathrm{g}}(P_{\mathrm{g},1},P_{\mathrm{g},2},\cdots,P_{\mathrm{g},d})$；按照式（4-5-1）和式（4-5-2）对粒子速度和位置进行更新。

$$v_{i,j}(t+1)=wv_{i,j}(t)+c_1r_1[p_{i,j}-x_{i,j}(t)]+c_2r_2[P_{\mathrm{g},j}-x_{i,j}(t)] \tag{4-5-1}$$

$$x_{i,j}(t+1)=x_{i,j}(t)+v_{i,j}(t+1)\quad (j=1,2,\cdots,d) \tag{4-5-2}$$

式中，w 为惯性权重；c_1,c_2 为学习因子；r_1,r_2 为 0～1 间的随机数；t 为迭代次数[37]。

在该模型中，粒子的速度和位置受到特定的限制。式（4-5-3）和式（4-5-4）描述了粒子在解空间范围内的速度和位置限制条件。速度限制条件规定：粒子在第 i 维度上的速度 v_i 不能超过最大速度 $V_d^{\max}$，若 v_i 超过该值，速度将被限制为 $V_d^{\max}$；同样，当速度 v_i 小于最小速度 $-V_d^{\max}$ 时，速度将被限制为 $-V_d^{\max}$。因此，速度的取值范围被限制在 $\left[-V_d^{\max},V_d^{\max}\right]$。位置限制条件规定：粒子在第 i 维度上的位置 x_i 不能超过最大位置 $X_d^{\max}$，若位置超过该值，位置将被限制为 $X_d^{\max}$；同样，当位置 x_i 小于最小位置 $X_d^{\min}$ 时，位置将被限制为 $X_d^{\min}$。因此，位置的取值范围被限制在 $\left[X_d^{\min},X_d^{\max}\right]$。这些限制条件确保粒子的速度和位置保持在特定的范围内，从而防止其在优化过程中超出可接受的解空间。

$$v_i=\begin{cases}V_d^{\max}, & v_i>V_d^{\max}\\ -V_d^{\max}, & v_i<-V_d^{\max}\end{cases} \tag{4-5-3}$$

$$x_i=\begin{cases}X_d^{\max}, & x_i>X_d^{\max}\\ X_d^{\min}, & x_i<X_d^{\max}\end{cases} \tag{4-5-4}$$

对 SiPLS 选出的区间组合波长点组成 d 维空间，如果位置 $x_{i,d}=1$，表示波长点被选中；如果 $x_{i,d}=0$，则表示波长点未被选中。

PSO-SiPLS 波长点选择步骤如下：

（1）初始化粒子群，随机初始化粒子种群数，随机对每个粒子的速度和位置进行 0、1 编码。

（2）以 SECV 作为适应度函数，SECV 越小，建模效果越好。

（3）按照式（4-5-1）和式（4-5-2）更新粒子的速度和位置。

（4）比较粒子在新位置的适应度值和它经历过的最优位置 P_b 的适应度值，更新粒子最优位置。

（5）比较粒子的适应度值和群体经历过的最优位置 P_g 的适应度值，更新群体最优位置 P_g。

（6）若达到最大迭代次数或满足设定的最小误差，搜索停止，输出位置为 1 对应的波长点，否则返回步骤（3）继续搜索。

4.5.2 LLE 优化光谱特征与 PLS 模型

局部线性嵌入（locally linear embedding，LLE）算法是一种局部优化的非线性降维方法，可用于处理高维非线性、无规则序列的数据[38]。LLE 算法首先通过距离度量寻找每个样本点的 k 个近邻点；然后由每个样本点的近邻点，计算出该样本点的局部重建权重矩阵；最后由该样本点的局部重建权重矩阵和其近邻点计算出该样本点的低维输出值[39]。LLE-PLS 模型的具体算法如下：

（1）输入校正集样本光谱 $X=\{x_i \mid i=1,2,\cdots,n\}$，$n$ 为样本数，$X\in\mathbf{R}^N$。

（2）设定近邻值 k。

（3）按照欧几里得距离公式计算每个样本点 x_i 的 k 个近邻点。

（4）计算局部重建权重矩阵 G。首先定义一个误差函数：

$$\min J(G)=\sum_{i=1}^{n}\left|x_i-\sum_{j=1}^{k}g_{ij}x_{ij}\right|^2 \tag{4-5-5}$$

式中，x_{ij} 为 x_i 的近邻点；g_{ij} 为权重，且满足条件：

$$\sum_{j=1}^{k}g_{ij}=1 \tag{4-5-6}$$

求取 G 需构造的 x_i 与其近邻的局部协方差矩阵 H^i：

$$H^i=(x_i-x_{ij})^{\mathrm{T}}(x_i-x_{im}) \tag{4-5-7}$$

式中，x_{ij} 和 x_{im} 都是 x_i 的近邻点。

采用拉格朗日乘子法，联立式（4-5-6）和式（4-5-7），求出：

$$g_{ij}=\frac{\sum_{m=1}^{k}(H^{i})^{-1}}{\sum_{s=1}^{k}\sum_{t=1}^{k}(H_{st}^{i})^{-1}} \tag{4-5-8}$$

（5）由 G 将高维数据映射到低维空间。设输出 $d(d\ll N)$维数据为 C，映射条件：

$$\min J(C)=\sum_{i=1}^{n}\left|c_i-\sum_{j=1}^{k}g_{ij}c_{ij}\right|^2 \tag{4-5-9}$$

式中，$J(C)$为目标函数；c_i是x_i的输出向量；c_{ij}是c_i的k个近邻点。

对式（4-5-9）进行简化：

$$\min J(C)=\sum_{i=1}^{n}|CI-CG_i|^2=\left|C(I-G)\right|^2 \tag{4-5-10}$$

且满足条件：

$$\sum_{i=1}^{n}c_i=0 \tag{4-5-11}$$

$$\frac{1}{n}\sum_{i=1}^{n}c_ic_i^{\mathrm{T}}=I \tag{4-5-12}$$

式中，I为$d\times d$的单位阵。

式（4-5-10）可进一步简化为

$$\min J(C)=\left|C(I-G)\right|^2=(I-G)^{\mathrm{T}}(I-G)C^{\mathrm{T}}C \tag{4-5-13}$$

（6）输出低维数据 C。要使$J(C)$最小，则输出C为$(I-G)^{\mathrm{T}}(I-G)$的最小d个非零特征值所对应的特征向量，即$n\times d$的数据表达矩阵。

（7）利用非线性降维后的 n 个 d 维数据和 n 个力学真值数据，用 PLS 建立回归模型。

LLE-PLS 的模型框图如图 4-5-1 所示。

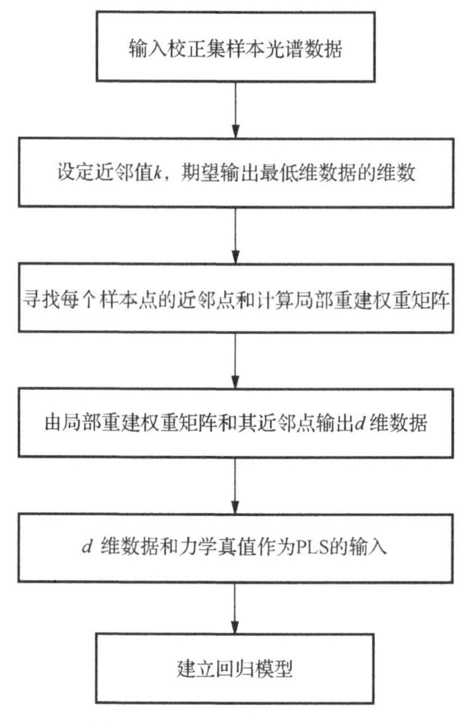

图 4-5-1 LLE-PLS 模型框图

4.5.3 Isomap 优化光谱特征与 PLS 模型

等距特征映射（Isomap）算法是一种全局优化的非线性降维算法，以多维尺度变换为理论基础[40]。将基于欧几里得距离构建的距离矩阵变换为以测地距离构建的距离矩阵。目的是能够利用测地距离更加准确地描述数据间的几何结构信息，更好地保持数据空间中样本点的非线性关系。

Isomap 算法进行非线性降维，主要分为三个步骤：首先计算每个样本点的 k 个近邻值，依据样本光谱数据间的欧几里得距离构建数据邻域图；然后，计算任意样本点间的最短路径得到测地距离矩阵；最后，利用测地距离矩阵，采用多维尺度变换输出低维数据。Isomap 算法对 PLS 的建模数据进行优化，以测地距离矩阵进行度量变换对光谱数据实现非线性降维。

4.6 特征优化 PLS 的实验结果与分析

4.6.1 PLS 模型的实验结果

本节采用校正集数据建立校正模型，预测集数据进行预测。将经过 MSC+一阶导数+S-G 平滑预处理的光谱数据与 MOR 和 MOE 的真实值数据分别代入 PLS

模型中，分别建立 MOR 和 MOE，根据经验，主成分数设定为 1～7。当 SECV 最小时，选择最佳主成分数，SECV 与主成分数的关系如图 4-6-1 所示。

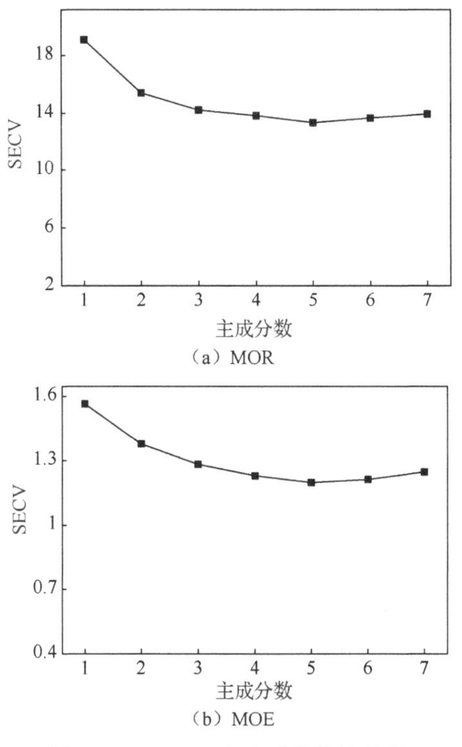

（a）MOR

（b）MOE

图 4-6-1　SECV 与主成分数的关系

对于 MOR，SECV 最小为 13.87；对于 MOE，SECV 最小为 1.22，此时主成分数均为 5。因此，采用主成分数为 5 进行建模。MOR 和 MOE 的 PLS 模型预测结果如图 4-6-2 所示。

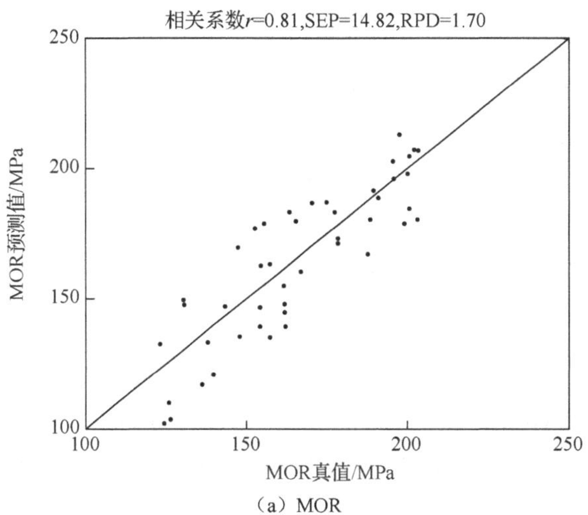

（a）MOR

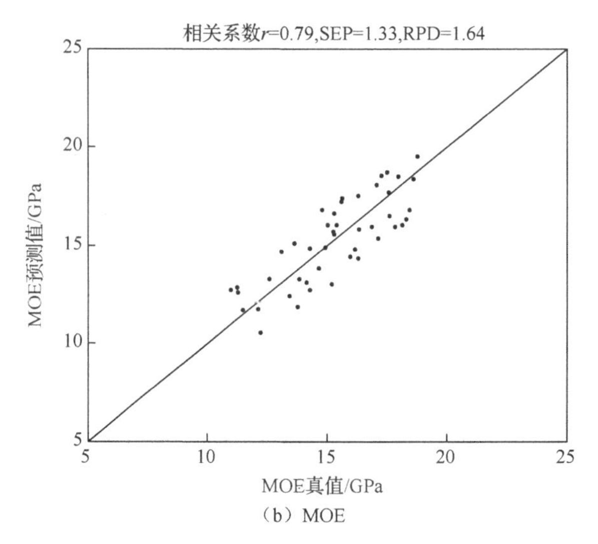

（b）MOE

图 4-6-2　PLS 模型预测结果

由图 4-6-2 得出，采用 PLS 模型，MOR 预测相关系数 r 为 0.81，SEP 为 14.82，RPD 为 1.70；MOE 预测相关系数 r 为 0.79，SEP 为 1.33，RPD 为 1.64。由此可见，PLS 模型的预测相关系数和 RPD 较低，模型的预测精度较低。

4.6.2　SiPLS 模型的实验结果

本节采用 SiPLS 模型，选取主成分数为 5，划分为 20 个子区间，分别尝试联合 2、3、4 个子区间，得出最小 SECV 对应的组合区间。实验结果如图 4-6-3 所示。

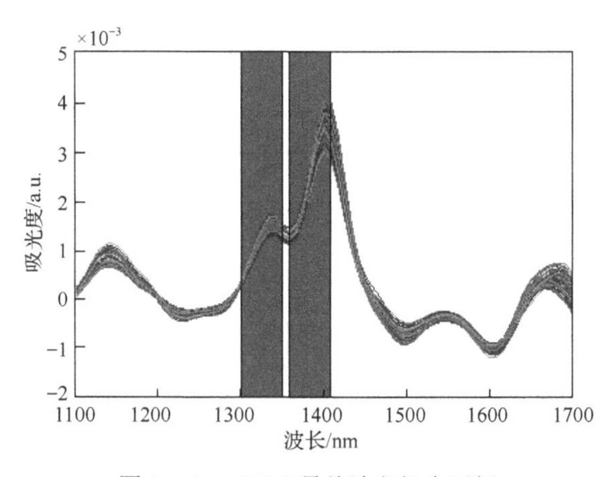

图 4-6-3　SiPLS 最佳波段组合区间

对于 MOR 和 MOE，采用联合区间选择法，联合 2 个子区间的效果最好，且所选择出的组合区间相同，波段子区间均为 1301.13～1350.59nm 和 1358.83～1408.34nm。

采用联合区间进行 PLS 建模，MOR 的 SECV 为 12.83，MOE 的 SECV 为 1.12。MOR 和 MOE 的 SiPLS 模型预测结果如图 4-6-4 所示。

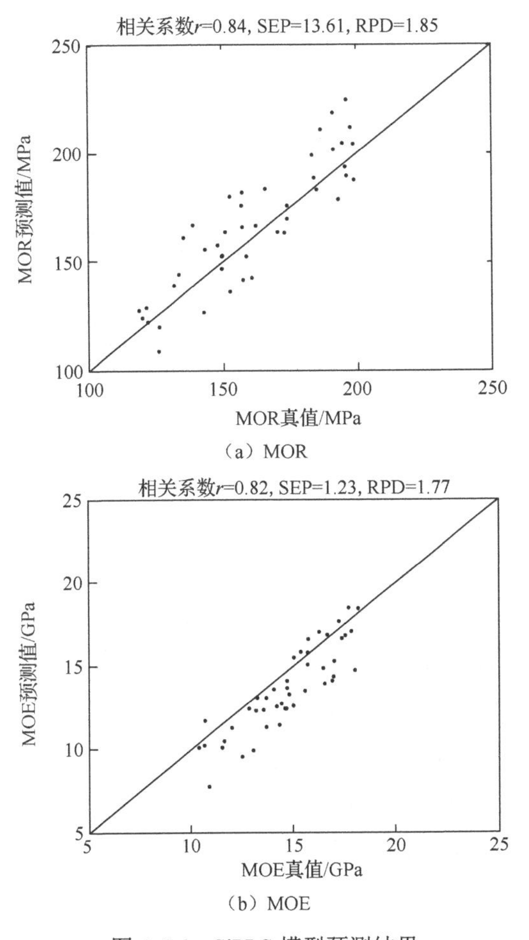

图 4-6-4　SiPLS 模型预测结果

采用 SiPLS 模型，MOR 预测相关系数 r 为 0.84，SEP 为 13.61，RPD 为 1.85；MOE 预测相关系数 r 为 0.82，SEP 为 1.23，RPD 为 1.77。相比 PLS 模型的预测效果有所提升。

4.6.3　PSO-SiPLS 模型的实验结果

对选择子区间的波长变量进行特征编码，定义长度为 14 的二进制码段，被选中的波长变量对应位置为 1，其余为 0。粒子群大小为 20，设置最大迭代次数为 100，惯性权重 w 为 0.6，学习因子 c_1 和 c_2 均为 1.49，波段区间 1301.13～1350.59nm 和 1358.83～1408.34nm 的波长特征编码表如表 4-6-1 所示。

表 4-6-1 特征编码

波长变量/nm	特征编码
1301.13	10000000000000
1309.37	01000000000000
1317.61	00100000000000
1325.85	00010000000000
1334.10	00001000000000
1342.34	00000100000000
1350.59	00000010000000
1358.83	00000001000000
1367.08	00000000100000
1375.33	00000000010000
1383.58	00000000001000
1391.83	00000000000100
1400.08	00000000000010
1408.34	00000000000001

PLS 主成分数为 5，SECV 收敛曲线如图 4-6-5 所示。

当迭代至 60 次时，MOR 的 SECV 最小为 12.01，MOE 的 SECV 最小为 1.08。迭代停止后均输出 01000100110100，选择出了 5 个波长点，按重要程度排序，分为 1367.08nm、1309.37nm、1375.33nm、1342.34nm、1391.83nm，如图 4-6-6 所示。

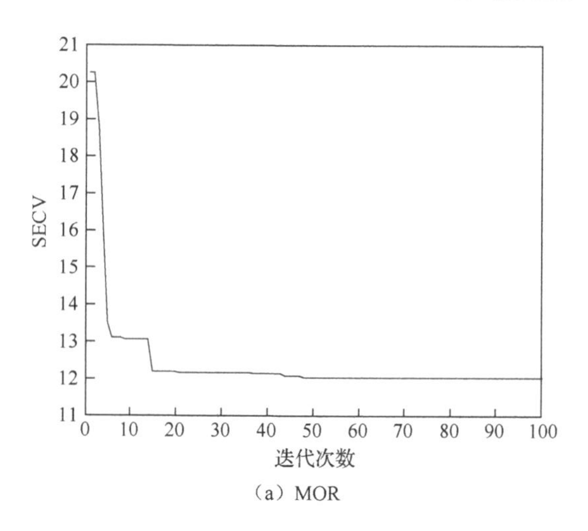

（a）MOR

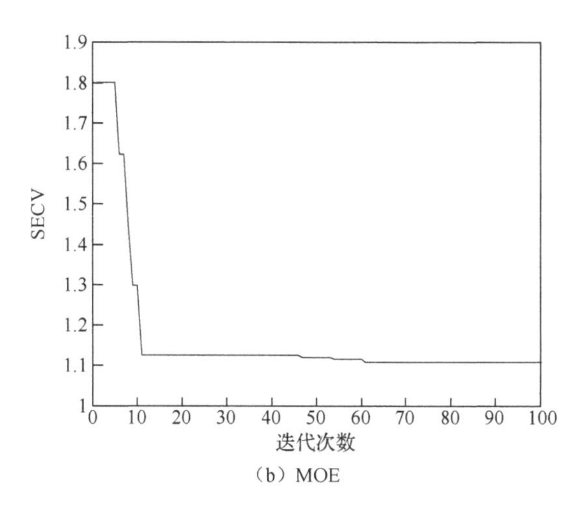

（b）MOE

图 4-6-5　SECV 收敛曲线

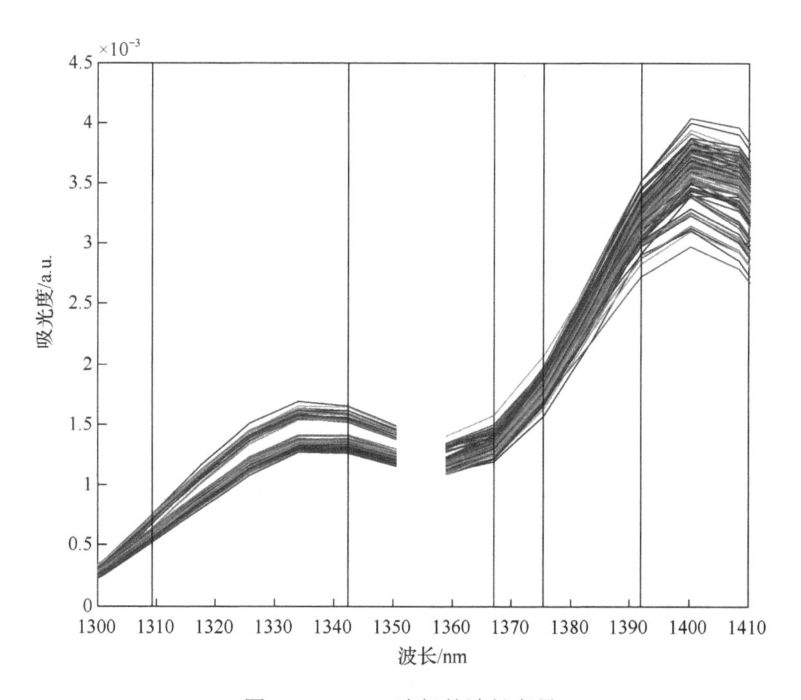

图 4-6-6　PSO 选择的波长变量

采用 PSO-SiPLS 模型，预测结果如图 4-6-7 所示。

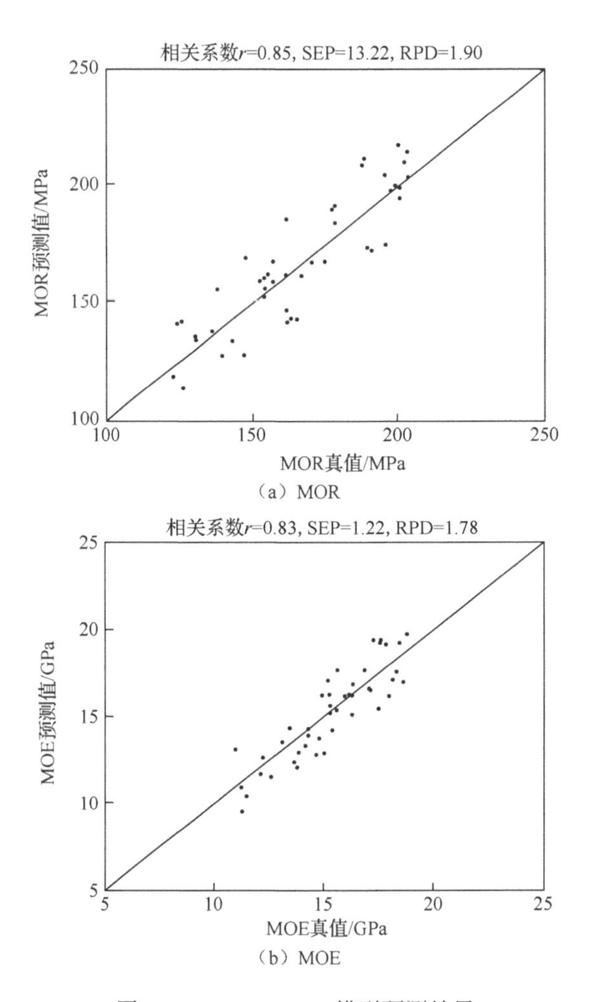

（a）MOR

（b）MOE

图 4-6-7 PSO-SiPLS 模型预测结果

MOR 预测相关系数 r 为 0.85，SEP 为 13.22，RPD 为 1.90；MOE 预测相关系数 r 为 0.83，SEP 为 1.22，RPD 为 1.78，选择波长后的模型预测精度略有提高。

4.6.4 LLE-PLS 模型的实验结果

设定降维数范围 d 为 1～10，近邻值 k 的范围为 2～20，选取 d 和 k 的不同组合对数据降维效果进行测试，将降维后的数据代入 PLS 模型，确定出最小 SECV 对应的 d 和 k，实验结果如图 4-6-8 所示。

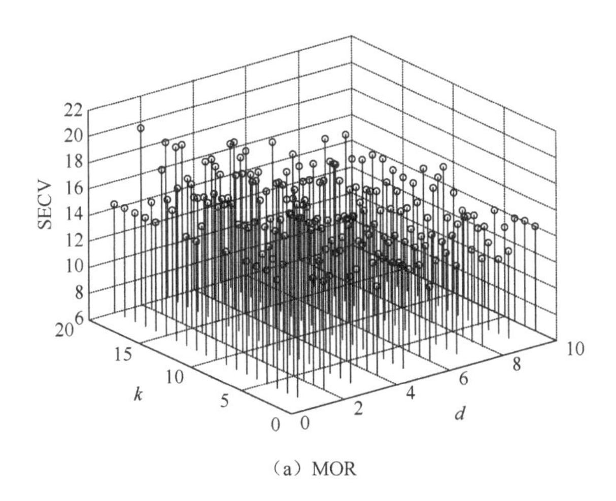

（a）MOR

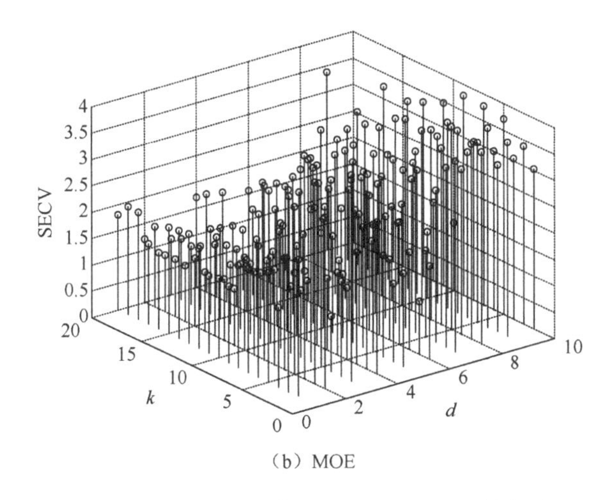

（b）MOE

图 4-6-8　LLE-PLS 模型 SECV 与 d 和 k 的关系

对于 MOR，当 k=3, d=6 时，SECV 最小为 10.59；对于 MOE，当 k=13, d=8 时，SECV 最小为 0.89。依此 k, d 进行非线性降维并建立模型，预测结果如图 4-6-9 所示。

MOR 预测相关系数 r 为 0.90，SEP 为 10.99，RPD 为 2.29；MOE 预测相关系数 r 为 0.89，SEP 为 0.98，RPD 为 2.23。

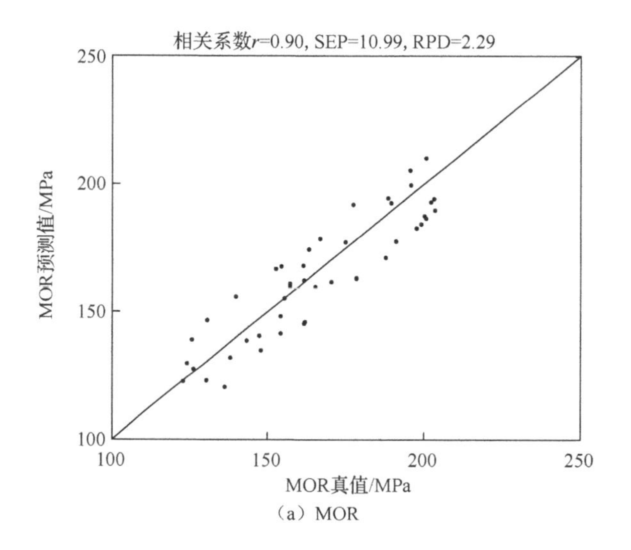

（a）MOR

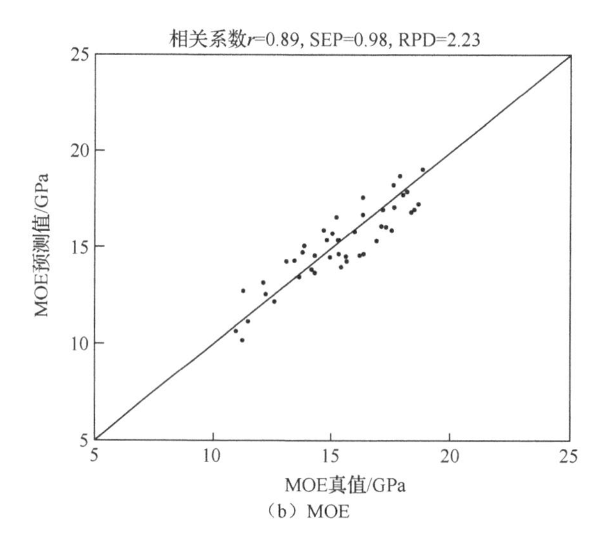

（b）MOE

图 4-6-9　LLE-PLS 模型预测结果

4.6.5　Isomap-PLS 模型的实验结果

Isomap 算法与 LLE 算法的主要参数设置相似，选用迪杰斯特拉算法求取最短路径的方法，设定降维数范围 d 为 1～10，近邻值 k 的范围为 2～20，选取 d 和 k 的不同组合对数据降维效果进行测试，将降维后的数据代入 PLS 模型，确定出最小 SECV 对应的 d 和 k，实验结果如图 4-6-10 所示。对于 MOR，当 k=17, d=7 时，SECV 最小为 9.25；对于 MOE，当 k=15, d=8 时，SECV 最小为 0.81。

采用上述 k, d 非线性降维并建立 PLS 模型，模型预测结果如图 4-6-11 所示。

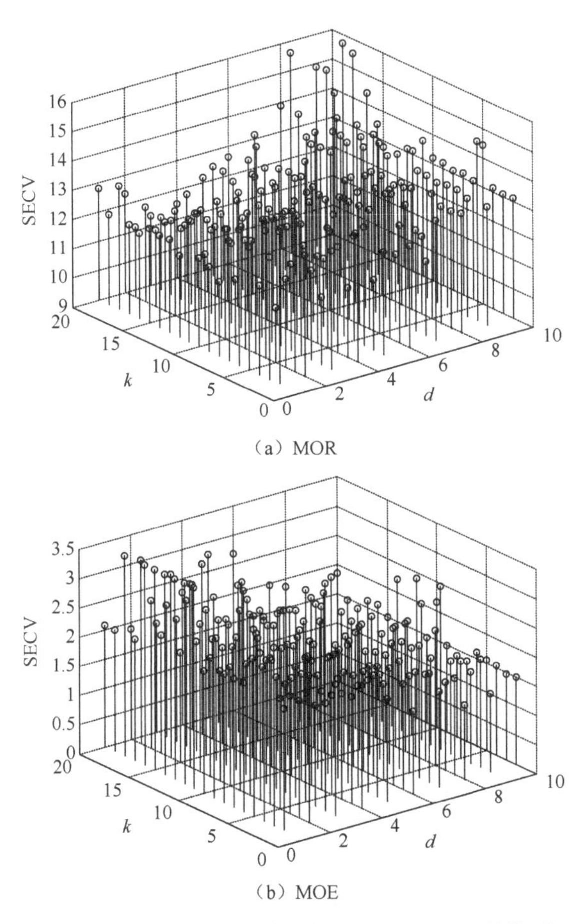

（a）MOR

（b）MOE

图 4-6-10　Isomap-PLS 模型 SECV 与 d 和 k 的关系

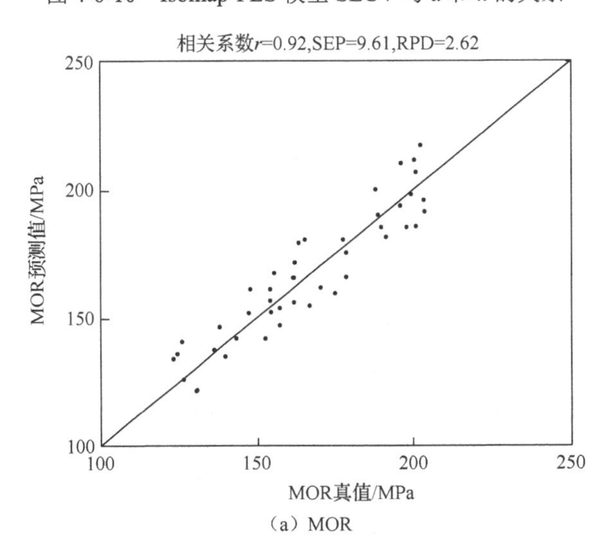

（a）MOR

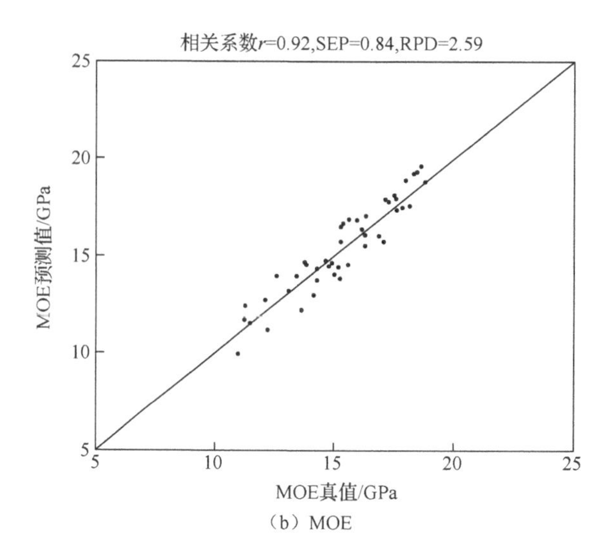

（b）MOE

图 4-6-11　Isomap-PLS 模型预测结果

MOR 预测相关系数 r 为 0.92，SEP 为 9.61，RPD 为 2.62；MOE 预测相关系数 r 为 0.92，SEP 为 0.84，RPD 为 2.59。

4.6.6　模型预测性能比较

实验分别采用 PLS、SiPLS、PSO-SiPLS、LLE-PLS、Isomap-PLS 模型建立木材力学强度无损检测模型，各模型预测结果比较如表 4-6-2 所示。

表 4-6-2　各模型预测结果比较

模型	MOR			MOE		
	r	SEP	RPD	r	SEP	RPD
PLS	0.81	14.82	1.70	0.79	1.33	1.64
SiPLS	0.84	13.61	1.85	0.82	1.23	1.77
PSO-SiPLS	0.85	13.22	1.90	0.83	1.22	1.78
LLE-PLS	0.90	10.99	2.29	0.89	0.98	2.23
Isomap-PLS	0.92	9.61	2.62	0.92	0.84	2.59

由此得出，未经数据优化的 PLS 模型相关系数和 RPD 较小，SEP 较大，模型精度不高；经过波长特征选择的优化方法，SiPLS 和 PSO-SiPLS 在一定程度上提高了 PLS 模型的预测性能，而非线性变换 LLE-PLS 和 Isomap-PLS 的相关系数和 RPD 均较高，SEP 较小。虽然 Isomap 算法的计算复杂度大于 LLE 算法，运行时间较长，但 Isomap 优化数据的算法精度更高。

实验表明，光谱数据与木材抗弯力学性质存在复杂的非线性关系，采用非线性特征变换的方法对数据进行优化，能够大幅度提高模型精度。对于 MOR，非线性降维数 d=7，近邻值 k=17，对于 MOE，非线性降维数 d=8，近邻值 k=15，Isomap-PLS 模型的预测精度较高。

4.7 基于极限学习机的预测模型

极限学习机（ELM）由 Huang 等[41]提出。该算法随机产生输入层与隐含层间的连接权重和隐含层神经元阈值，且在训练过程中无须调整，只需要设置隐含层神经元的个数。与传统神经网络算法相比，其最大的特点是速度极快且泛化能力强[42]。本章将 Isomap 算法优化后的数据作为输入，采用 BP 神经网络、ELM 预测模型进行木材抗弯力学性质的预测，并对结果进行评价。

4.7.1 极限学习机简介

1. 基本结构

ELM 是从单隐含层前馈神经网络（single hidden layer feed forward neural network，SLFN）发展来的，该算法在输入层与隐含层间随机产生连接权重和阈值，且训练时无须调整，只需设置隐含层神经元的个数求得最优解，具有训练速度快、泛化能力强的优点[43]。ELM 采用 SLFN 的结构，典型的 SLFN 结构包括输入层、隐含层和输出层。其中，隐含层的层数为 1，结构如图 4-7-1 所示。

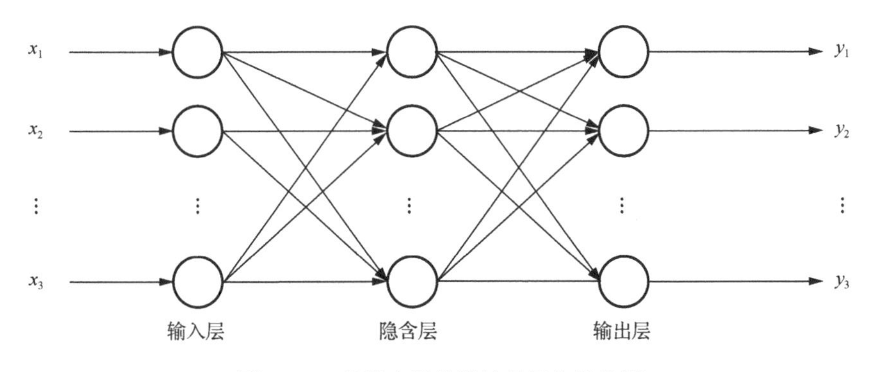

图 4-7-1 单隐含层前馈神经网络结构图

2. 建模算法

ELM 的建模过程与 BP 神经网络类似，采用校正集样本建立校正模型，预测集样本进行预测。设 ELM 输入层有 n 个神经元，输出层有 m 个神经元，具体算法如下。

（1）初始随机生成输入权重 w、隐含层神经元的阈值 b、隐含层神经元个数 l 和隐含层神经元的激励函数 g，输出为权重 β。

$$w=\begin{bmatrix} w_{11} & w_{12} & \cdots & w_{1n} \\ w_{21} & w_{22} & \cdots & w_{2n} \\ \vdots & \vdots & & \vdots \\ w_{l1} & w_{l2} & \cdots & w_{ln} \end{bmatrix}_{l\times n} \tag{4-7-1}$$

式中，w_{ij} 为输入层第 i 个神经元与隐含层第 j 个神经元的连接权重。

$$\beta=\begin{bmatrix} \beta_{11} & \beta_{12} & \cdots & \beta_{1m} \\ \beta_{21} & \beta_{22} & \cdots & \beta_{2m} \\ \vdots & \vdots & & \vdots \\ \beta_{l1} & \beta_{l2} & \cdots & \beta_{lm} \end{bmatrix}_{l\times m} \tag{4-7-2}$$

式中，β_{jk} 为隐含层第 j 个神经元与输出层第 k 个神经元的连接权重。

$$b^{\mathrm{T}}=[b_1,b_2,\cdots,b_l]_{1\times l} \tag{4-7-3}$$

（2）输入 q 个校正集样本特征优化后的数据矩阵 X，木材抗弯性质的真值矩阵 Y，设置激励函数为 $g(x)$，网络的输出为 T，如式（4-7-4）～式（4-7-8）所示。

$$X=\begin{bmatrix} x_{11} & x_{12} & \cdots & x_{1q} \\ x_{21} & x_{22} & \cdots & x_{2q} \\ \vdots & \vdots & & \vdots \\ x_{n1} & x_{n2} & \cdots & x_{nq} \end{bmatrix}_{n\times q}, \quad Y=\begin{bmatrix} y_{11} & y_{12} & \cdots & y_{1q} \\ y_{21} & y_{22} & \cdots & y_{2q} \\ \vdots & \vdots & & \vdots \\ y_{m1} & y_{m2} & \cdots & y_{mq} \end{bmatrix}_{m\times q} \tag{4-7-4}$$

$$T=\left[t_1,t_2,\cdots,t_q\right]_{m\times q} \tag{4-7-5}$$

$$t_j=\begin{bmatrix} t_{1j} \\ t_{2j} \\ \vdots \\ t_{mj} \end{bmatrix}_{m\times 1}=\begin{bmatrix} \sum\limits_{i=1}^{l}\beta_{i1}g(w_ix_i+b_i) \\ \sum\limits_{i=1}^{l}\beta_{i2}g(w_ix_i+b_i) \\ \vdots \\ \sum\limits_{i=1}^{l}\beta_{im}g(w_ix_i+b_i) \end{bmatrix}_{m\times 1}, \quad j=1,2,\cdots,q \tag{4-7-6}$$

$$w_i=[w_{i1},w_{i2},\cdots,w_{in}] \tag{4-7-7}$$

$$x_j=[x_{1j},x_{2j},\cdots,x_{nj}]^{\mathrm{T}} \tag{4-7-8}$$

（3）将式（4-7-6）表示为式（4-7-9）：

$$T^{\mathrm{T}} = H\beta \tag{4-7-9}$$

H 为隐含层的输出矩阵，具体表示如式（4-7-10）所示。

$$H = \begin{bmatrix} g(w_1x_1+b_1) & g(w_2x_1+b_2) & \cdots & g(w_lx_1+b_l) \\ g(w_1x_2+b_1) & g(w_2x_2+b_2) & \cdots & g(w_lx_2+b_l) \\ \vdots & \vdots & & \vdots \\ g(w_1x_q+b_1) & g(w_2x_q+b_2) & \cdots & g(w_lx_q+b_l) \end{bmatrix}_{q\times l} \tag{4-7-10}$$

（4）按照式（4-7-10）求解 H。

（5）求解隐含层与输出层的连接权重 β，常利用最小二乘解 $\hat{\beta}$ 代替 β。

在选取的激励函数 g 无限可导时，SLFN 的参数不需全部调整，w 和 b 可随机选择，且在训练中保持不变，而 β 可以通过式（4-7-11）的最小二乘解求得

$$\min_{\beta}\left\| H\beta - T^{\mathrm{T}} \right\| \tag{4-7-11}$$

其解为

$$\hat{\beta} = H^{+}T^{\mathrm{T}} \tag{4-7-12}$$

式中，H^{+} 为 H 的 M-P 广义逆矩阵。

（6）得到 $\hat{\beta}$ 后，网络训练完成，进行预测分析。

将预测集样本光谱数据代入网络中，按照式（4-7-13）得到预测值 F：

$$F = H\hat{\beta} \tag{4-7-13}$$

4.7.2　实验结果与分析

将 Isomap 算法优化后的数据和力学真值作为输入，采用校正集进行训练，预测集进行测试，比较 BP 神经网络和 ELM 的建模和预测效果。

1. BP 神经网络预测模型

初始参数设置：最大迭代次数为 300，目标误差为 1.0×10^{-3}，学习速率为 0.01，学习算法采用 L-M 算法（MATLAB 中 BP 神经网络的参数 BTF 设置为默认值，采用 trainlm 函数进行训练），隐含层采用 Sigmoid 函数，输出层采用 MATLAB 中的 Purelin 函数（MATLAB 中 BP 神经网络的参数 TF 设置为默认值）。

$$h = \sqrt{m+p} + a \tag{4-7-14}$$

式中，m 为输入层神经元数；p 为输出层神经元数；a 为 1～10 间的整数。

将 Isomap 算法优化的数据作为 BP 神经网络的输入。对于 MOR，输入层神

经元数为 7，输出层神经元数为 1。对于 MOE，输入层神经元数为 8，输出层神经元数为 1。因此，根据式（4-7-14）计算出隐含层神经元数均为 4～13。

分别采用 4～13 的隐含层神经元，对 90 个校正集样本进行训练，对 45 个预测集样本进行预测，程序重复运行 5 次，取对应预测相关系数的平均值作为评价指标，BP 神经网络隐含层神经元个数与 MOR 和 MOE 预测相关系数的关系如图 4-7-2 所示。

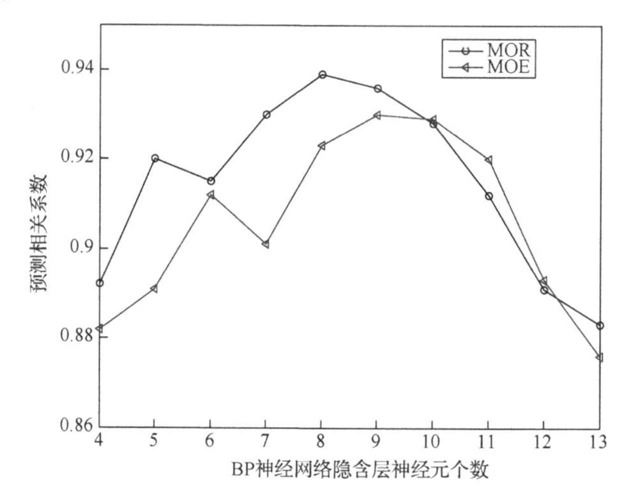

图 4-7-2　BP 神经网络隐含层神经元个数与预测相关系数的关系

由图 4-7-2 可知，在一定范围内，预测相关系数随隐含层神经元个数的增加而有所提高，但隐含层神经元过多时，预测相关系数减小，产生过拟合。对于 MOR 和 MOE，当隐含层神经元个数分别为 8 和 9 时，预测相关系数最高，因此，对于 MOR，隐含层神经元数取 8，对于 MOE，隐含层神经元数取 9，具体训练结果如图 4-7-3 所示。

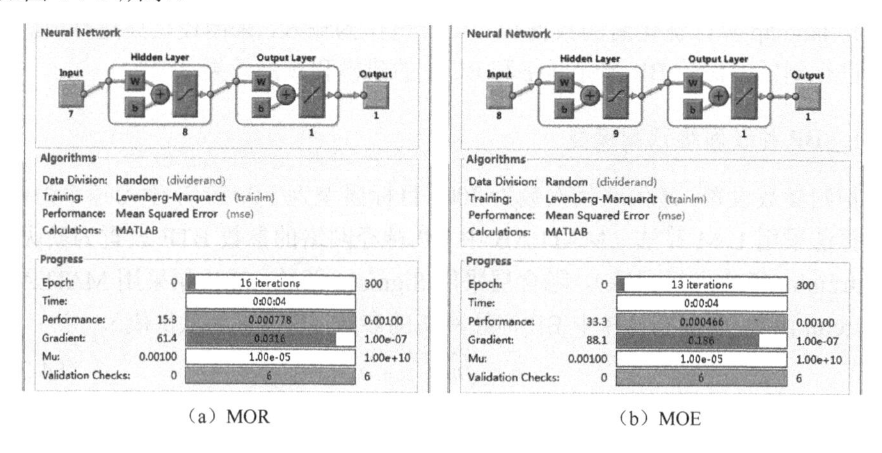

（a）MOR　　（b）MOE

图 4-7-3　BP 神经网络训练结果

由图 4-7-3 可知，对于 MOR，神经元个数输入层为 7，隐含层为 8，输出层为 1，当迭代次数为 16 时网络收敛，误差为 0.000778；对于 MOE，神经元个数输入层为 8，隐含层为 9，输出层为 1，当迭代次数为 13 时网络收敛，误差为 0.000466。

利用上述训练好的网络，对预测集样本进行预测，BP 神经网络的预测结果如图 4-7-4 所示。

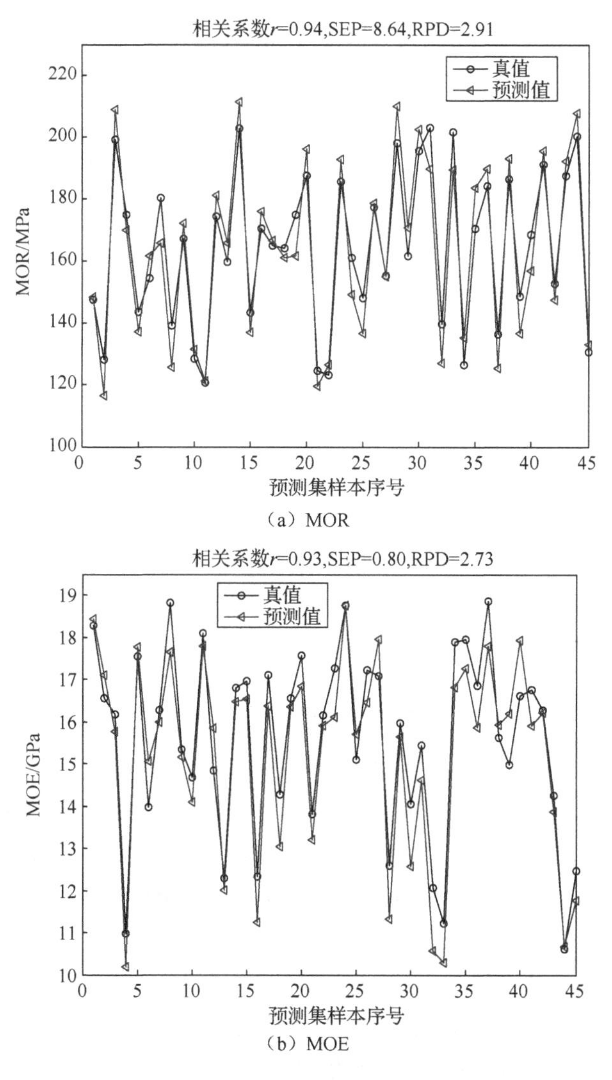

（a）MOR

（b）MOE

图 4-7-4　BP 神经网络预测结果

由图 4-7-4 得出，对于 MOR，当隐含层神经元个数为 8 时，预测相关系数 r

为 0.94，SEP 为 8.64，RPD 为 2.91。对于 MOE，当隐含层神经元个数为 9 时，预测相关系数 r 为 0.93，SEP 为 0.80，RPD 为 2.73。

2. ELM 预测模型

初始参数设置：隐含层神经元个数范围为 20～90，每次增加的神经元个数为 10，采用校正集样本进行训练，预测集样本进行预测，传递函数采用 Sigmoid 函数。将 Isomap 算法优化的数据作为 ELM 的输入，则对于 MOR，输入层神经元数为 7，输出层神经元数为 1；对于 MOE，输入层神经元数为 8，输出层神经元数为 1。ELM 隐含层神经元个数与预测相关系数的关系如图 4-7-5 所示。

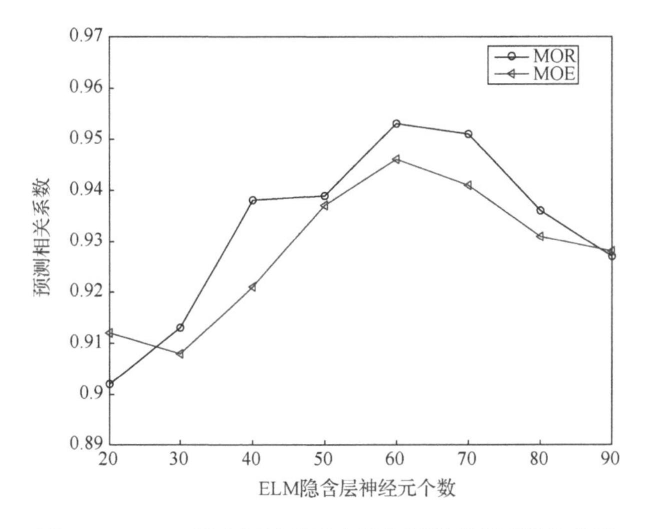

图 4-7-5　ELM 隐含层神经元个数与预测相关系数的关系

由图 4-7-5 可知，对于 MOR 和 MOE，当隐含层神经元个数均为 60 时，预测相关系数最高，采用该神经元数的预测结果如图 4-7-6 所示。

由图 4-7-6 可知，对于 MOR，当 ELM 隐含层神经元个数为 60 时，预测相关系数 r 为 0.95，SEP 为 7.67，RPD 为 3.28。对于 MOE，当 ELM 隐含层神经元个数为 60 时，预测相关系数 r 为 0.95，SEP 为 0.71，RPD 为 3.09。

3. 模型预测性能的比较

采用 Isomap 算法进行数据优化后，分别利用 BP 神经网络和 ELM 建立预测模型，选取适当的参数，得到较好的预测效果，具体的评价指标如表 4-7-1 所示。

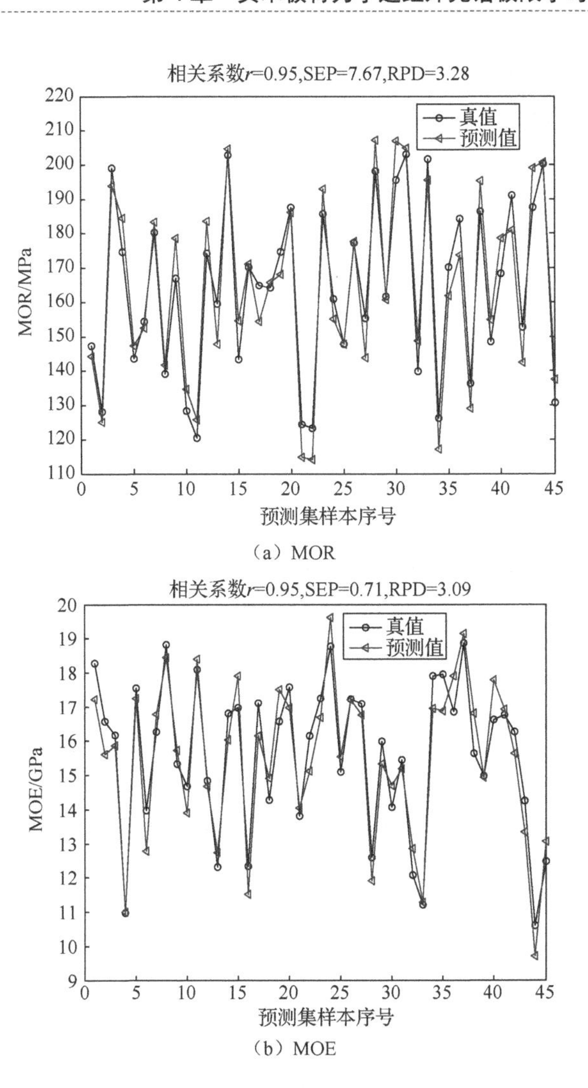

（a）MOR

（b）MOE

图 4-7-6　ELM 预测结果

表 4-7-1　BP 神经网络和 ELM 预测模型的评价指标

数据优化方法	模型	MOR			MOE		
		r	SEP	RPD	*r*	SEP	RPD
Isomap 算法	PLS	0.92	9.61	2.62	0.92	0.84	2.59
	BP 神经网络	0.94	8.64	2.91	0.93	0.80	2.73
	ELM	0.95	7.67	3.28	0.95	0.71	3.09

由表 4-7-1 得出，ELM 预测模型预测效果最好，无论是 MOR 还是 MOE，模型预测相关系数最高，SEP 均最小，且 RPD>3，说明近红外光谱在木材抗弯力学

性质预测上，经过 MSC+一阶导数+S-G 平滑预处理和 Isomap 算法优化后，采用 ELM 预测模型能够较为准确地进行预测。

参 考 文 献

[1] Schimleck L R, Evans R, Ilic J. Estimation of *Eucalyptus delegatensis* wood properties by near infrared spectroscopy[J]. Canadian Journal of Forest Research, 2001, 31(10): 1671-1675.

[2] Schimleck L R, Evans R, Matheson A C. Estimation of *pinus radiata* D. Don clear wood properties by near-infrared spectroscopy[J]. Journal of Wood Science, 2002, 48(2): 132-137.

[3] Schimleck L R, Mora C R, Daniels R F. Estimation of the physical wood properties of green *Pinus taeda* radial samples by near infrared spectroscopy[J]. Canadian Journal of Forest Research, 2003, 33(12): 2297-2305.

[4] Schimleck L R, Jones P D, Clark A, et al. Near infrared spectroscopy for the nondestructive estimation of clear wood properties of *pinus taeda* L. from the Southern United States[J]. Forest Products Journal, 2005, 55(12): 21-28.

[5] Schimleck L R, Downes G M, Evans R. Estimation of eucalyptus nitens wood properties by near infrared spectroscopy[J]. Appita : Technology, Innovation, Manufacturing, Environment, 2006, 59(2): 136-141.

[6] Schimleck L R, de Matos J L M, Oliveira J T D S, et al. Non-destructive estimation of pernambuco (Caesalpinia echinata) clear wood properties using near infrared spectroscopy[J]. Journal of Near Infrared Spectroscopy, 2011, 19(5): 411-419.

[7] Kothiyal V, Raturi A. Estimating mechanical properties and specific gravity for five-year-old *Eucalyptus tereticornis* having broad moisture content range by NIR spectroscopy[J]. Holzforschung, 2011, 65(5): 757-762.

[8] Jones P D, Schimleck L R, Peter G F, et al. Nondestructive estimation of *pinus taeda* L. wood properties for samples from a wide range of sites in Georgia[J]. Canadian Journal of Forest Research, 2005, 35(1): 85-92.

[9] Kelley S S, Rials T G, Groom L R, et al. Use of near infrared spectroscopy to predict the mechanical properties of six softwoods[J]. Holzforschung, 2004, 58(3): 252-260.

[10] Horvath L, Peszlen I, Peralta P, et al. Use of transmittance near-infrared spectroscopy to predict the mechanical properties of 1- and 2-year-old transgenic aspen[J]. Wood Science and Technology, 2011, 45(2): 303-314.

[11] Todorović N, Popović Z, Milić G. Estimation of quality of thermally modified beech wood with red heartwood by FT-NIR spectroscopy[J]. Wood Science Technology, 2015, 49(3): 527-549.

[12] Yu H Q, Zhao R J, Fu F, et al. Prediction of mechanical properties of Chinese fir wood by near infrared spectroscopy[J]. Frontiers of Forestry in China, 2009, 4(3): 368-373.

[13] Xu Q H, Qin M H, Ni Y H, et al. Predictions of wood density and module of elasticity of balsam fir (Abies balsamea) and black spruce (Picea mariana) from near infrared spectral analyses[J]. Canadian Journal of Forest Research, 2011, 41(2): 352-358.

[14] 王晓旭，黄安民，杨忠，等. 近红外光谱用于杉木木材强度分等的研究[J]. 光谱学与光谱分析，2011，31(4): 975-978.

[15] 赵荣军，邢新婷，吕建雄，等. 粗皮桉木材力学性质的近红外光谱方法预测[J]. 林业科学，2012，48(6): 106-111.

[16] de Maesschalck R, Jouan-Rimbaud D, Massart D L. The Mahalanobis distance[J]. Chemometrics and Intelligent Laboratory Systems, 2000, 50(1): 1-18.

[17] Wang F, Wang X. Fast and robust modulation classification via Kolmogorov-Smirnov test[J]. IEEE Transactions on Communications, 2010, 58(8): 2324-2332.

[18] Andrade C R, Trugilho P F, Napoli A, et al. Estimation of the mechanical properties of wood from eucalyptus urophylla using near infrared spectroscopy[J]. Cerne, 2010, 16(3): 291-298.

[19] Bächle H, Zimmer B, Windeisen E, et al. Evaluation of thermally modified beech and spruce wood and their properties by FT-NIR spectroscopy[J]. Wood Science and Technology, 2010, 44(3): 421-433.

[20] 崔宏辉, 房桂干. 一种基于近红外光谱判别木材属种的方法[J]. 林产化学与工业, 2015, 35(6): 96-100.

[21] 林萍, 王海霞, 周文婷, 等. 利用近红外光谱分析技术快速测定高良姜中水分含量[J]. 中国调味品, 2014, 39(8): 99-103.

[22] 郝勇, 陈斌, 朱锐. 近红外光谱预处理中几种小波消噪方法的分析[J]. 光谱学与光谱分析, 2006, 26(10): 1838-1841.

[23] Watanabe K, Kobayashi I, Saito S, et al. Nondestructive evaluation of drying stress level on wood surface using near-infrared spectroscopy[J]. Wood Science and Technology, 2013, 47(2): 299-315.

[24] 段敏, 鲍一丹, 何勇. 应用可见/近红外光谱技术快速检测果珍中二氧化钛的含量[J]. 光谱学与光谱分析, 2010, 30(1): 74-77.

[25] 刘君良, 孙柏玲, 杨忠. 近红外光谱法分析慈竹物理力学性质的研究[J]. 光谱学与光谱分析, 2011, 31(3): 647-651.

[26] Balabin R M, Smirnov S V. Variable selection in near-infrared spectroscopy: Benchmarking of feature selection methods on biodiesel data[J]. Analytica Chimica Acta, 2011, 692(1-2): 63-72.

[27] 杨辉华, 覃锋, 王勇, 等. NIR 光谱的 LLE-PLS 非线性建模方法及应用[J]. 光谱学与光谱分析, 2007, 27(10): 1955-1958.

[28] 杨辉华, 覃锋, 王义明, 等. NIR 光谱的 Isomap-PLS 非线性建模方法[J]. 光谱学与光谱分析, 2009, 29(2): 322-326.

[29] 何勇, 李晓丽, 邵咏妮. 基于主成分分析和神经网络的近红外光谱苹果品种鉴别方法研究[J]. 光谱学与光谱分析, 2006, 26(5): 850-853.

[30] 李耀翔, 张鸿富. 非线性算法在近红外预测木材密度中的应用研究[J]. 森林工程, 2012, 28(5): 38-41.

[31] 王学顺, 孙一丹, 黄敏高, 等. 基于 BP 神经网络的木材近红外光谱树种识别[J]. 东北林业大学学报, 2015, 43(12): 82-85, 89.

[32] 丁丽, 相玉红, 黄安民, 等. BP 神经网络与近红外光谱定量预测杉木中的综纤维素、木质素、微纤丝角[J]. 光谱学与光谱分析, 2009, 29(7): 1784-1787.

[33] 杨忠, 江泽慧, 费本华, 等. 近红外光谱技术及其在木材科学中的应用[J]. 林业科学, 2005, 41(4): 177-183.

[34] 全国木材标准化技术委员会. 无疵小试样木材物理力学性质试验方法 第 9 部分: 抗弯强度测定: GB/T 1927.9—2021[S]. 北京: 中国标准出版社, 2021.

[35] 全国木材标准化技术委员会. 无疵小试样木材物理力学性质试验方法 第 10 部分: 抗弯弹性模量测定: GB/T 1927.10—2021[S]. 北京: 中国标准出版社, 2021.

[36] 李坚. 木材科学[M]. 3 版. 北京: 科学出版社, 2014.

[37] 李超, 苏耀文, 涂文俊, 等. 探地雷达根系数据的 PSO-SA-OMP 压缩重构方法[J]. 东北林业大学学报, 2015, 43(8): 120-124.

[38] Nguyen V, Hung C C, Ma X. Super resolution face image based on locally linear embedding and local correlation[J]. Applied Computing Review, 2015, 15(1): 17-25.

[39] Roweis S T, Saul L K. Nonlinear dimensionality reduction by locally linear embedding[J]. Science, 2000, 290(5): 2323-2326.

[40] Robinson S L, Bennett R J. A typology of deviant workplace behaviors: A multidimensional scaling study[J]. Academy of Management Journal, 1995, 38(2): 555-572.

[41] Huang G B, Zhu Q Y, Siew C K. Extreme learning machine: Theory and applications[J]. Neurocomputing, 2006, 70(1-3): 489-501.

[42] Jin Y, Li J, Lang C Y, et al. Multi-task clustering ELM for Vis-NIR cross-modal feature learning[J]. Multidimensional Systems and Signal Processing, 2017, 28(3): 905-920.

[43] 刘振丙, 蒋淑洁, 杨辉华, 等. 基于波形叠加极限学习机的近红外光谱药品鉴别[J]. 光谱学与光谱分析, 2014, 34(10): 2815-2820.

第5章

实木板材表面缺陷的近红外光谱支持向量辨识方法

5.1 概述

实木板材缺陷类型直接关系木制品的质量和加工[1]，木材表面缺陷类型多，形状复杂。死节、活节、虫眼、裂纹都是常见的具有代表性的实木板材缺陷，它们在树木生长过程中是不可避免的，是木材中影响最大又最为普遍的一种天然缺陷，都能破坏木材的均匀性和完整性，影响美观，因此检测实木板材缺陷具有重要意义。

节子可分为活节和死节：活节是活枝条所形成的节子[2]，在圆材和锯材中与周围木材紧密相连；死节则是在树枝枯死时[3]，树枝中的形成层停止生长，树枝和树干间的木材组织连续性破裂，与周围木材脱离形成的。虫眼是由于蛀蚀产生的缺陷，缺陷部位会留有蛀虫造成的坑眼，多为蜂窝状孔洞。由于节子和虫眼的形成原因大不相同，其化学组成也必然不同，因此，采用分析化学物质含量的方法，能够从根源区分缺陷类别。

5.2 实木板材表面缺陷检测研究现状

图像识别主要是基于特征选择与图像分析方法对缺陷进行检测。Estevez 等[4]应用遗传算法对板材的 10 类缺陷进行了特征选择。Castellani 等[5]提出运用遗传算法与神经网络结合的方法对装饰板材进行分类，运用遗传算法优化神经网络结构，并对网络进行训练。Gu 等[6]采用支持向量机对板材表面 4 种缺陷进行分类，运用 B 样条方法找到缺陷边界，以缺陷面积、缺陷内部颜色、缺陷边缘颜色及外部颜色为特征量对缺陷区域进行分类，但该方法需要找到缺陷区域，而且缺陷的边界定位准确度不高。吴东洋等[7]采用一种新的无监督聚类的方法对木材的缺陷进行识别，通过提取木材图像的颜色矩阵结合 k 均值聚类算法实现了缺陷的自动化分类。Mahram 等[8]提出结合灰度共生矩阵法、局部二进制模式和统计矩阵三种方法提取特征，配合主成分分析和线性判别分析减少向量维度。白雪冰等[9]利用一种空频变换方法成功地对缺陷图像进行了分割。韩书霞等[10]用计算机断层扫描技术对原木进行无损检测，采用分形特征参数分析的方法对原木计算机断层扫描图像进行缺陷分析。仇逊超[11]提出了一种基于多通道 Gabor（加博）滤波的改进 C-V（Chan-Vese）彩色模型的实木板材缺陷识别算法，这种方法可快速、准确地实现对木材节子缺陷彩色图像及单板多节子彩色图像的分割。王阿川等[12]提出了一种改进的动态轮廓理论模型及相应的检测算法，该方法可以很好地应用于木材单板缺陷图像的多目标识别中。徐姗姗等[13]提出一种基于卷积神经网络算法的识别方法，该方法无须对图像进行复杂的预处理，能识别多种实木板材缺陷，精度较高且复杂度较低，具有很好的鲁棒性。

近些年，基于近红外光谱分析技术对木材的研究有了很大的发展。江泽慧等[14]以杉木为样本，对其样本的三个切面运用近红外光谱分析技术建立了密度预测模型，分别对三个面的密度模型精度进行了比较。黄安民等[15]选取了不同粗糙度的木材，分别采用近红外光谱建立密度的预测模型，分析了在不同粗糙度的情况下模型的质量及预测精度。马明宇等[16]采集了多个地区的不同材种，将近红外光谱数据结合神经网络建立了分类模型，并对网络的参数进行了优化。孙枭雄等[17]通过近红外光谱图研究了多种杉木及松木，分析比较了 C、N、木质素等含量对木材耐久性质的影响。Kelley 等[18]利用近红外光谱分析技术，建立了六种针叶树种的静曲强度、弹性模量的预测模型，相关系数达到了 0.92。Acuna 等[19]以伐倒、气干和木粉三种状态下的花旗松样本为研究对象，分别测量密度和近红外光谱数据，先用 PCA 降维，然后采用 PLS 建立预测模型，综合对三种样本进行了比较分析。Gindl 等[20]分别获取了落叶松的静曲强度、弹性模量、抗压强度，并利用近红外光谱分析技术建立了预测模型，进一步验证了近红外吸光度与木材材性有着高度的相关性。杨忠[21]以人工湿地松为研究对象，利用近红外光谱分析技术对木材的纤维素结晶度及木材生物腐朽做了具体的研究，揭示了木材纤维素结晶度与木材生长特性之间的相关性。

在近红外光谱分析技术研究方法上，依然存在如下问题：①近红外光谱分析预处理阶段，去噪和筛选有用信息的方法需完善，尽量消除谱间重叠。②在特征波段选择上，以前采用人工定义波段，造成了有效信息丢失。③在模型建立上，训练信息冗余及训练时间长，造成检测效率不高。

5.3　板材缺陷分析与板材光谱的数据采集处理

5.3.1　缺陷类别

实木板材缺陷是指出现在木材上，并且会降低质量、影响使用的各种缺点。实木板材缺陷形成的原因主要是树木在生长过程中生长不完善，如节子、裂纹等；或受环境因素如病害、虫害等自然灾害影响。另外，在生产过程中人为因素也是实木板材缺陷形成的一个重要原因。主要的缺陷类别如图 5-3-1 所示。

（a）裂纹

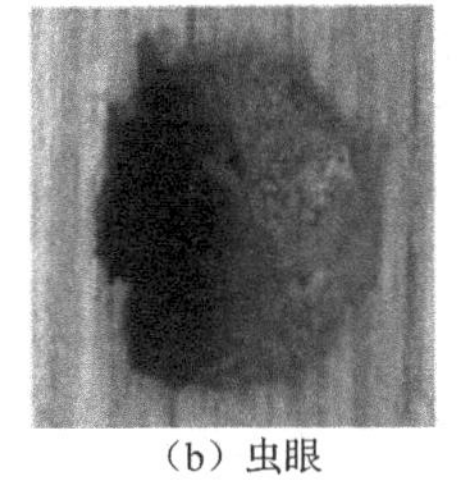
（b）虫眼

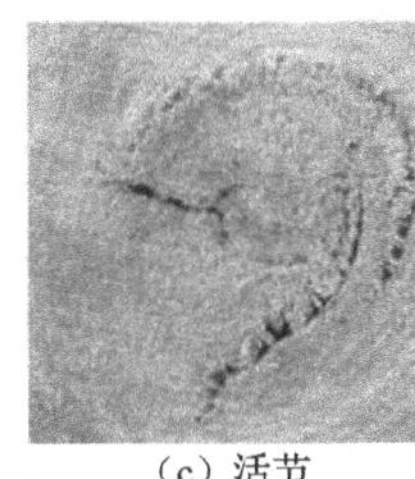
（c）活节

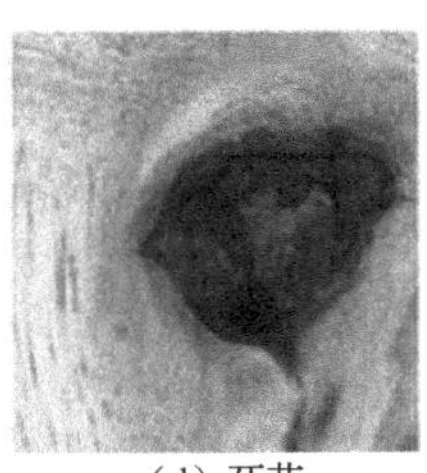
（d）死节

图 5-3-1　缺陷类别

裂纹是指木材纤维与纤维之间顺纹理方向分离形成的裂隙。裂纹尤其是贯通裂使木材的完整性受到严重影响，木材的强度也因此降低，致使木材很难被利用，也不再具有装饰价值。

虫眼是指害虫蛀蚀木材而留下的沟槽和孔洞。虫害主要针对的对象是新采伐的木材，因此，木材采伐后应随时运出林区，以防虫害。虫害在各种木材中都可能出现，不同的害虫危害也不同，有的轻，对木材不构成影响，但有的钻入木质部深处，使木材遭受很大破坏，另外，菌害可随虫害发生。表面虫眼、虫沟及分散的小虫眼通常可随板皮锯掉，因此不会影响木材的利用；大虫眼、密集的小虫眼、空洞（特别是深度超过 10mm 的）缺陷已经对木材的完整性造成了严重破坏，木材的强度及耐久性大幅降低，同时，这样的木材更加容易变色和腐蚀。

按节子与周围木材连生的程度可分为活节和死节。活节是在活枝条中形成的，节子与周围木材紧密连生，节子质地坚硬，构造正常。死节则是在枯死枝条中形成的，节子与周围木材脱离或部分脱离。节子破坏了木材构造的均匀性和完整性，不仅影响表面的美观和加工性质，更重要的是降低木材的力学强度，使木材无法被有效利用。另外，节子还影响锯材利用率和制品质量，如节子对造纸影响较大，也会降低旋切单板的质量和出材率。

5.3.2 板材加工、数据采集及预处理

首先对原木进行锯解，加工成 100mm×300mm×20mm 的板材，如图 5-3-2 所示。

图 5-3-2 板材加工过程

采用德国 INSION 公司制作的 One-chip 微型光纤光谱仪进行光谱数据采集，其波长范围为 900～1700nm，采用商业软件 SPECview 7.1 采集表面光谱，采样次数为 30，自动记录并保存为 1 条光谱。

由于板材颗粒大小、表面散射及光程变化会对近红外光谱漫反射光谱造成影响，因此选用 SNV 变换对光谱进行预处理。

归一化（normalization，Norm）常被用来校正由微小光程差异引起的光谱变化，算法如式（5-3-1）所示：

$$x_{\text{normalized}} = \frac{x - \overline{x}}{\sqrt{\sum_{k=1}^{m} x_k^2}} \tag{5-3-1}$$

$$\overline{x} = \frac{\sum_{k=1}^{m} x_k}{m} \tag{5-3-2}$$

各类缺陷的预处理结果如下：无缺陷光谱预处理结果如图 5-3-3 所示，裂纹光谱预处理结果如图 5-3-4 所示，虫眼光谱预处理结果如图 5-3-5 所示，活节光谱预处理结果如图 5-3-6 所示，死节光谱预处理结果如图 5-3-7 所示。

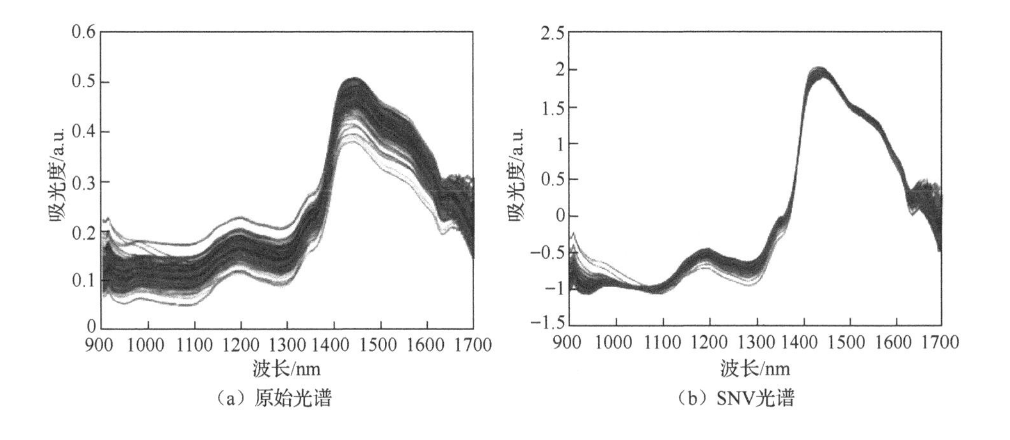

（a）原始光谱　　（b）SNV光谱

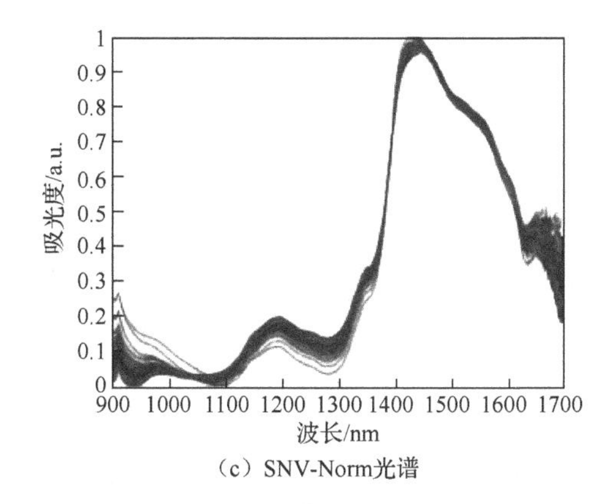

（c）SNV-Norm光谱

图 5-3-3　无缺陷光谱预处理

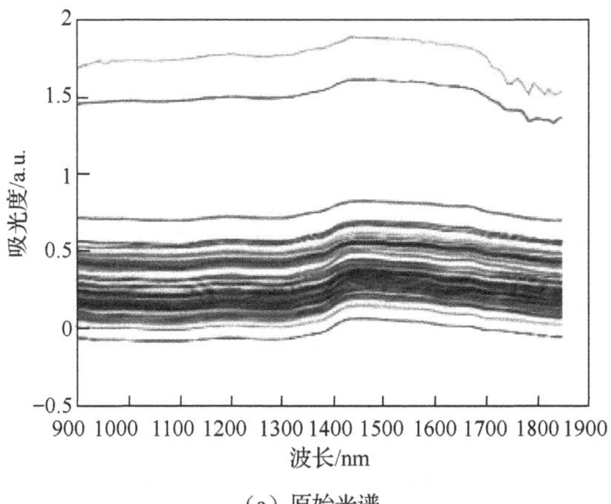

（a）原始光谱

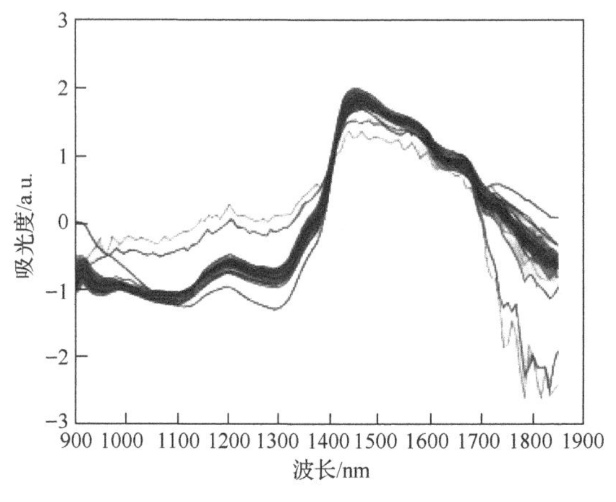

（b）SNV光谱

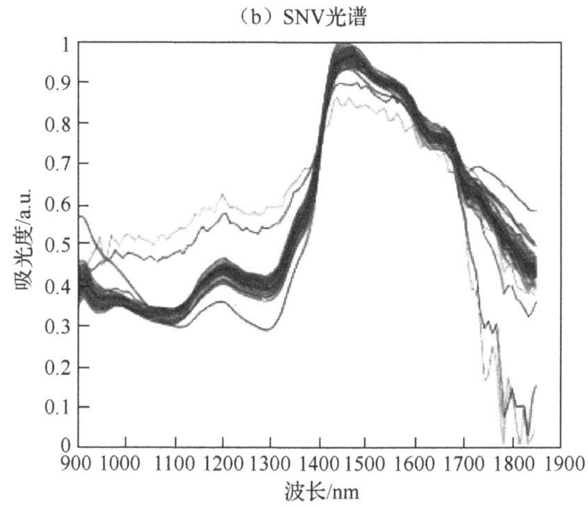

（c）SNV-Norm光谱

图 5-3-4 裂纹光谱预处理

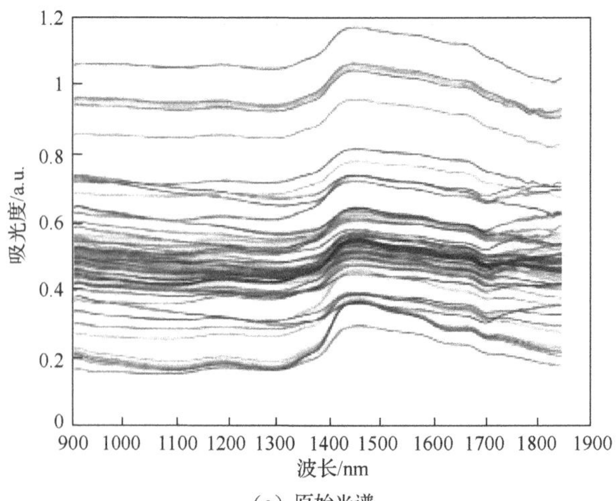

（a）原始光谱

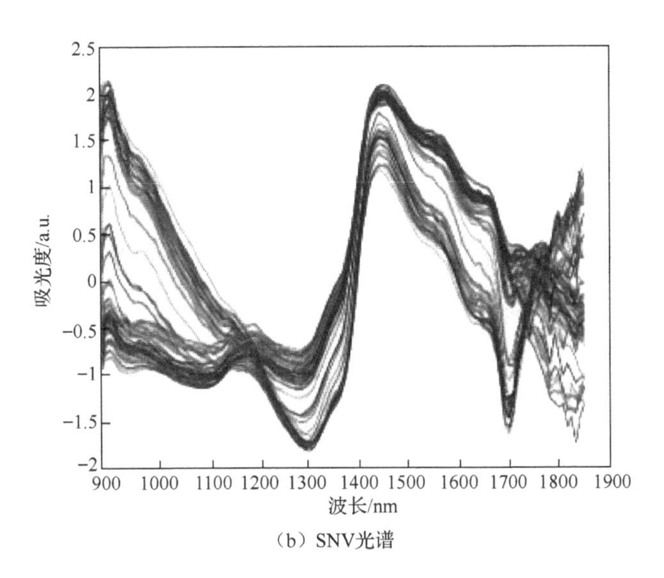

（b）SNV光谱

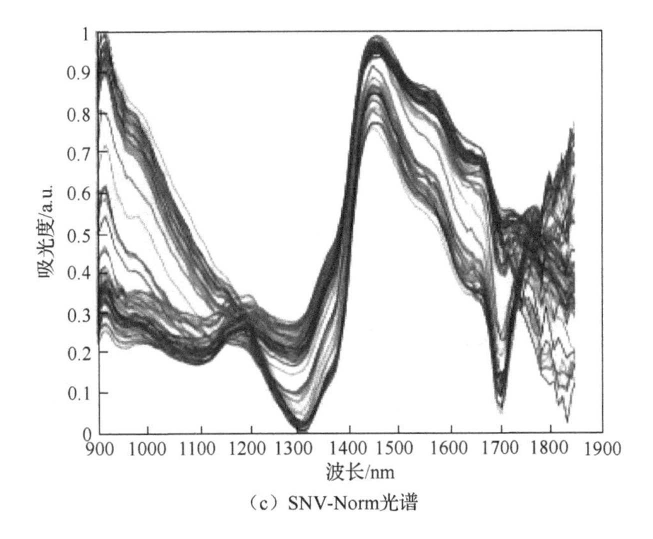

（c）SNV-Norm光谱

图 5-3-5　虫眼光谱预处理

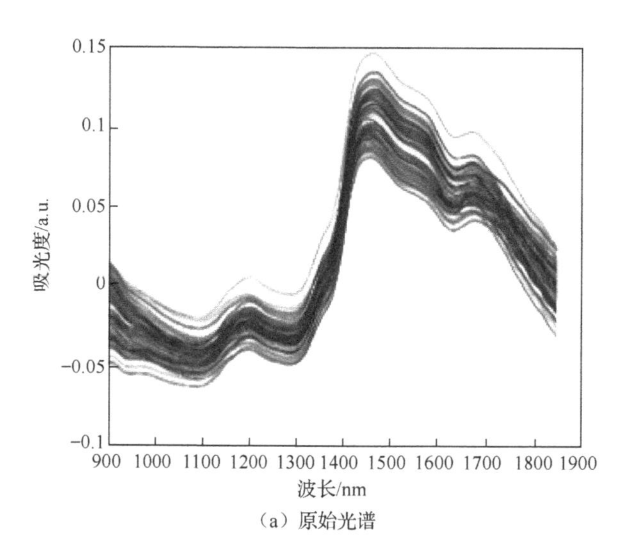

（a）原始光谱

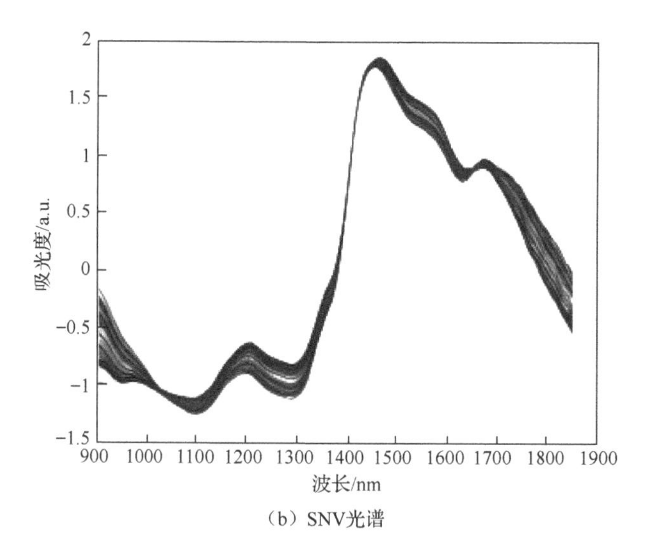

（b）SNV光谱

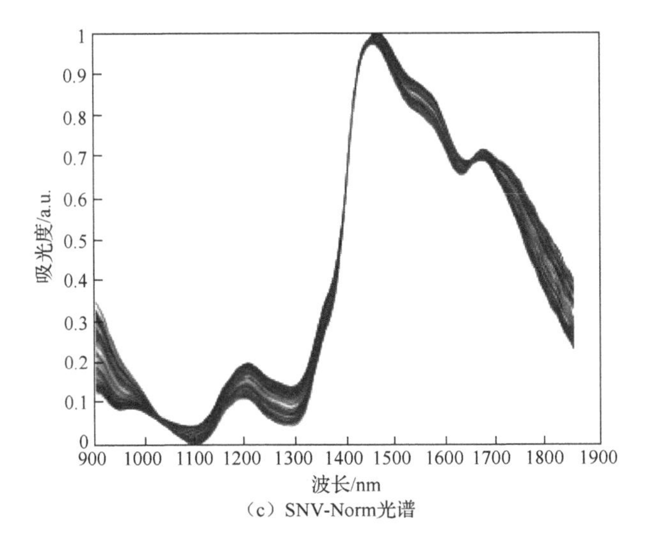

（c）SNV-Norm光谱

图 5-3-6　活节光谱预处理

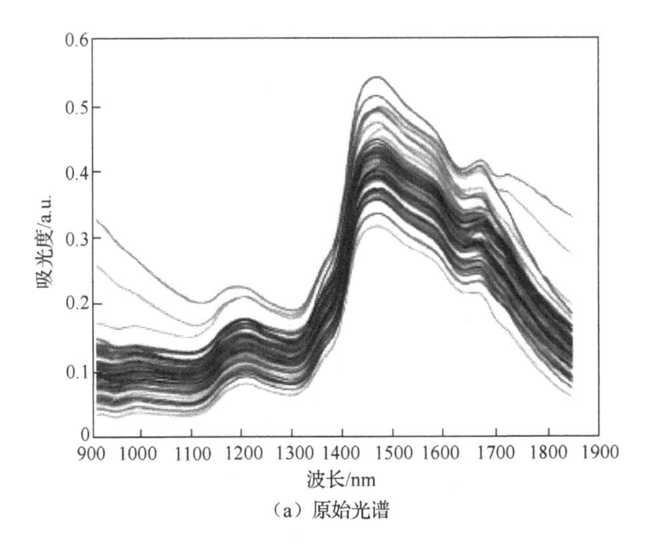

（a）原始光谱

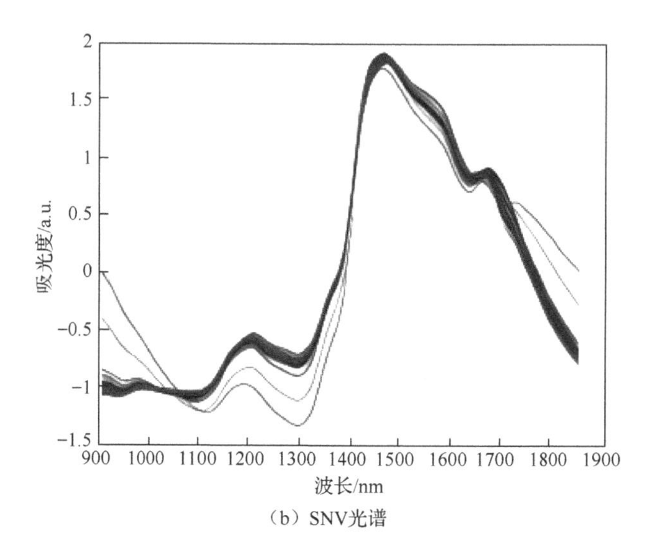

（b）SNV光谱

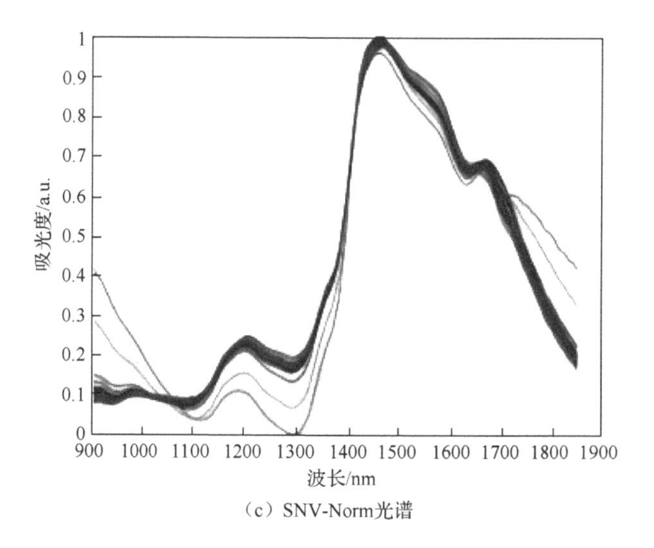

（c）SNV-Norm光谱

图 5-3-7 死节光谱预处理

由上述预处理结果可以看出，经过 SNV 校正后，各类缺陷的光谱聚集程度更高，对应的变化趋势更明显，类间差距更大，再经过归一化处理后，使得矢量信息转换成无量纲信息，对后续处理起到统一标准的作用。因此，选定 SNV-Norm 的预处理方法进行光谱。

5.4　光谱数据特征选择及支持向量机参数优化

5.4.1　支持向量机简介

1．线性可分

假设大小为 l 的训练样本集 $\{(x_i, y_i),\ i=1,2,\cdots,l\}$ 包含两类，若 x_i 属于第一类，记 $y_i=1$；若 x_i 属于第二类，记 $y_i=-1$。

若有如下分类超平面：

$$wx+b=0 \tag{5-4-1}$$

可以正确划分两类样本，即不同类别的样本分别位于分类超平面两侧，则说明该样本集线性可分，即满足：

$$\begin{cases} wx_i+b\geqslant 1, & y_i=1 \\ wx_i+b\leqslant -1, & y_i=-1 \end{cases},\quad i=1,2,\cdots,l \tag{5-4-2}$$

定义样本点 x_i 到式（5-4-1）所指的分类超平面的间隔 ε_i 为

$$\varepsilon_i = y_i(wx_i+b) = |wx_i+b| \tag{5-4-3}$$

式中，y_i 是样本的类别标签；w 是分类超平面的权重；x_i 是样本点。将式（5-4-3）中的 w 和 b 归一化处理后，可以得到式（5-4-4）中第 i 个样本点超平面的几何间隔 δ_i：

$$\delta_i = \frac{wx_i+b}{\|w\|} \tag{5-4-4}$$

同时，式（5-4-5）定义了样本集中与分类超平面最近的样本点的几何间隔，即最小间隔 δ：

$$\delta = \min\delta_i,\ i=1,2,\cdots,l \tag{5-4-5}$$

样本的误分次数 N 与样本集到分类超平面的最小间隔 δ 的关系为

$$N\leqslant\left(\frac{2R}{\delta}\right)^2 \tag{5-4-6}$$

式中，$R=\max|x_i|,\ i=1,2,\cdots,l$ 为样本集中样本点向量长度的最大值。

由式（5-4-6）可知，样本集到分类超平面的最小间隔 δ 决定了误分次数 N 的最大值，即 δ 越大，N 越小。因此，需要在满足式（5-4-2）的情况下，选择一个最优超平面，使得分类结果最好，即保证样本集到分类超平面的最小间隔 δ 最大，如图 5-4-1 所示。

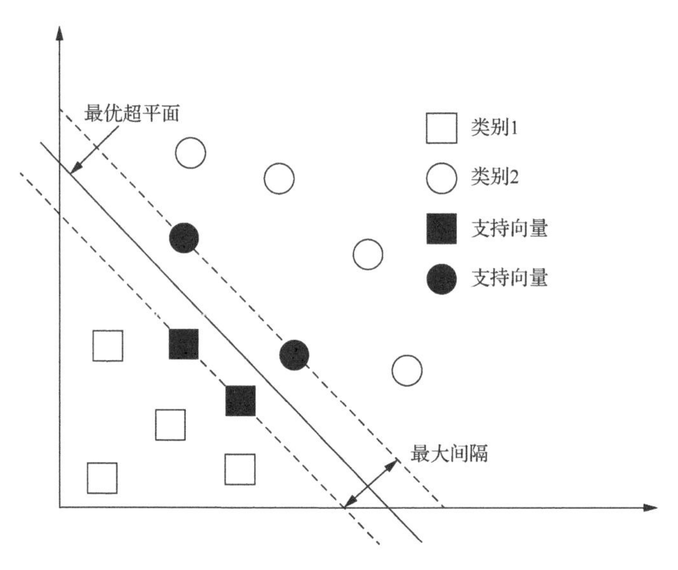

图 5-4-1　最优超平面

在图 5-4-1 中，展示了一种寻找最优超平面的方法，用于区分两个类别的样本点。假设超平面方程为 $w^{\mathrm{T}}x+b=0$，其中 w 是法向量，b 是偏置。为了使样本点距离超平面尽可能远，需要满足约束条件 $y_i(w^{\mathrm{T}}x_i+b)\geqslant 1$，其中 y_i 是样本 x_i 的类别标签。

通过求解以下最优化问题来寻找最优超平面：

$$\begin{cases}\min\dfrac{\|w\|^2}{2}\\ \text{s.t.}\quad y_i(w^{\mathrm{T}}x_i+b)\geqslant 1,\quad i=1,2,\cdots,l\end{cases}\tag{5-4-7}$$

该问题可以转化为拉格朗日对偶问题，从而更易求解，即

$$\varPhi(w,b,a_i)=\frac{1}{2}\|w\|^2-\sum_{i=1}^{l}\alpha_i(y_i(w^{\mathrm{T}}x_i+b)-1)\tag{5-4-8}$$

式中，$\alpha_i>0$。

依据拉格朗日对偶理论，原问题的求解可以转化为相应的对偶问题，即

$$\begin{cases}\max Q(\alpha)=\displaystyle\sum_{i=1}^{l}\alpha_i-\frac{1}{2}\sum_{i=1}^{l}\sum_{j=1}^{l}\alpha_i\alpha_j y_i y_j\left(x_i^{\mathrm{T}}x_j\right)\\ \text{s.t.}\quad\displaystyle\sum_{i=1}^{l}\alpha_i y_i=0,\quad\alpha_i\geqslant 0\end{cases}\tag{5-4-9}$$

通过求解该对偶问题，可以获得最优的 α，设为 α^*，进而计算出最优的 w 和 b，设为 w^* 和 b^*

$$\begin{cases} w^* = \sum_{i=1}^{l} \alpha_i^* x_i y_i \\ b^* = -\dfrac{1}{2} w^* (x_r + x_s)^{\mathrm{T}} \end{cases} \quad (5\text{-}4\text{-}10)$$

式中，x_r 和 x_s 为类别的支持向量。

最终得到的决策函数为

$$f(x) = \operatorname{sgn}\left[\sum_{i=1}^{l} \alpha_i^* y_i (x^{\mathrm{T}} x_i) + b^*\right] \quad (5\text{-}4\text{-}11)$$

通过以上步骤，可以有效地找到最优超平面以分类不同类别的样本点。

2. 线性不可分

线性不可分问题通常经过非线性映射，将原输入空间的样本映射到高维特征空间 H 中，再从高维特征空间 H 中构造最优超平面。

如式（5-4-9）所示，在求解对偶问题时，需计算样本点向量的点积，同理，当通过非线性映射到高维特征空间时，也需要在高维特征空间中计算点积，从而增加了计算量。因此，采用核函数来代替点积运算：

$$K(x_i, x_j) = \varPhi(x_i)\varPhi(x_j) \quad (5\text{-}4\text{-}12)$$

映射到高维特征空间后，对偶问题变为

$$\begin{cases} \max Q(a) = \sum_{i=1}^{l} a_i - \dfrac{1}{2}\sum_{i=1}^{l}\sum_{j=1}^{l} a_i a_j y_i y_j K(x_i, x_j) \\ \text{s.t.} \quad \begin{cases} \sum_{i=1}^{l} a_i y_i = 0 \\ 0 \leqslant a_i \leqslant C \end{cases} \end{cases} \quad (5\text{-}4\text{-}13)$$

设 $a^* = [a_1^*, a_2^*, \cdots, a_l^*]^{\mathrm{T}}$ 是式（5-4-13）的解，则

$$w^* = \sum_{i=1}^{l} a_i^* y_i \varPhi(x_i) w^* \quad (5\text{-}4\text{-}14)$$

最终的最优分类函数为

$$f(x) = \operatorname{sgn}\left(\sum_{i=1}^{l} a_i^* y_i K(x_i, x) + b^*\right) \quad (5\text{-}4\text{-}15)$$

常用的核函数如下：线性核函数 $K(x, x_i) = x x_i$；多项式核函数 $K(x, x_i) = (x x_i + 1)^d$；RBF 核函数 $K(x, x_i) = \exp\left(-\dfrac{\| x - x_i \|^2}{2\sigma^2}\right)$。

支持向量机结构如图 5-4-2 所示。

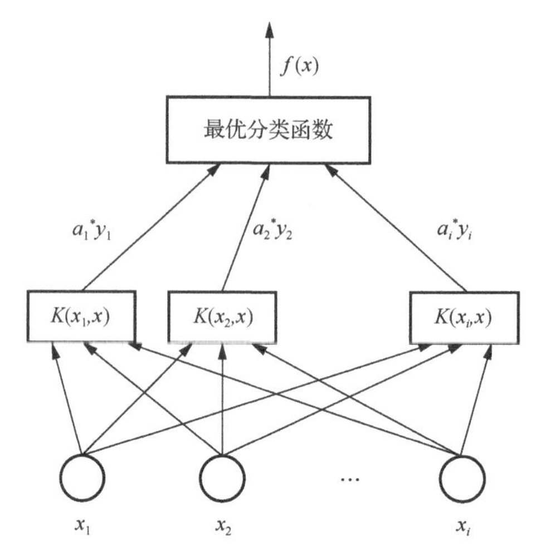

图 5-4-2　支持向量机结构

5.4.2　特征选择

特征选择也称特征子集选择。特征选择的过程一般包含四个部分，即产生过程、评价函数、停止准则、验证过程。本节将采用序列前向选择、遗传算法与模拟退火算法进行特征选择。

1. 序列前向选择

序列前向选择（sequential forward selection，SFS）是一种被广泛使用的自下而上的启发式搜索算法，可以选择重要的分类特征[22]。其算法可描述为：特征子集 X 从空集开始，每次选择一个特征 x 加入特征子集 X，使得特征函数 $J(X)$ 最优。简单说就是，每次都选择一个使评价函数的取值达到最优的特征加入，其实就是一种简单的贪婪算法。

2. 遗传算法

遗传算法（genetic algorithm，GA）是一种进化算法[23,24]。该算法是将问题参数进行编码，然后通过迭代的方式进行选择、交叉及变异三种运算，实现了种群中染色体信息的交换，最后找出符合优化目标的染色体。

3. 模拟退火算法

模拟退火（simulated annealing，SA）算法的思想最早是由 Metropolis 等[25]提出的，其物理退火过程包含三个部分。

（1）加温过程[26]。通过增强粒子的热运动，使其偏离平衡位置。如果温度达到一定值，固体就熔为液体，系统之前存在的非均匀状态就变成了均匀状态。

（2）等温过程[27]。对于某一封闭系统，其与周围环境交换热量并且保持温度不变时，系统总是自发朝自由能减少的方向变化，当自由能达到最小时，系统达到平衡状态。

（3）冷却过程。使粒子热运动减弱，系统能量下降，得到晶体结构。

其中，加温过程对应算法的设定初温，等温过程对应算法的 Metropolis 抽样过程，冷却过程对应控制参数的下降。能量的变化对应目标函数，能量最低态则说明得到了最优解。Metropolis 准则是 SA 算法收敛于全局最优解的重中之重，Metropolis 准则会以一定的概率接受恶化解，因此 SA 算法能够避免陷入局部最优解。

5.4.3　实验结果与分析

1. 序列前向选择波长

线性核函数的准确率与初始特征波长识别结果如图 5-4-3 所示。

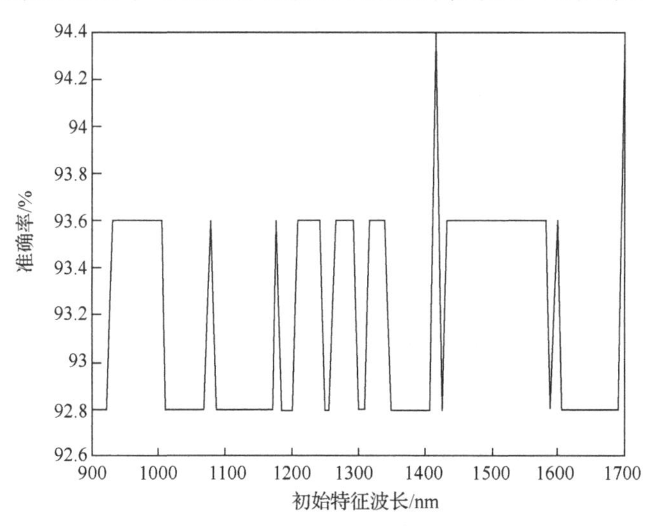

图 5-4-3　线性核函数识别结果

由上图可以看出 SFS 算法以不同的波长作为前向选择的特征起点，最终得到的准确率各不相同。线性核函数下，初始波长为 1416.6nm、1697.9nm 时取得最优结果为 94.4%，最终确定的特征集维数均为 5。两个特征集均选取了 906.0nm、915.09nm、923.27nm、931.46nm 作为特征。

多项式核函数的准确率与初始特征波长识别结果如图 5-4-4 所示。由图 5-4-4 可以看出多项式核函数下，初始波长为 1325.9nm、1350.6nm 时取得最优结果为

96.4%，最终确定的特征集维数均为 5。两个特征集均选取了 906.9nm、947.85nm、956.04nm、1697.9nm 作为特征。

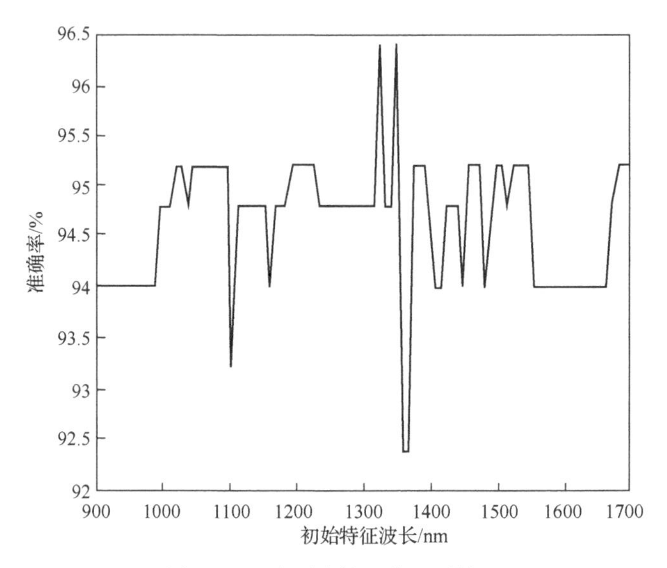

图 5-4-4　多项式核函数识别结果

RBF 核函数的准确率与初始特征波长识别结果如图 5-4-5 所示。由上图可以看出 RBF 核函数下，初始波长为 1095.5nm、1103.7nm、1111.9nm、1590.2nm、1623.3nm 时均取得最优结果为 96%，最终确定的特征集维数均为 4。

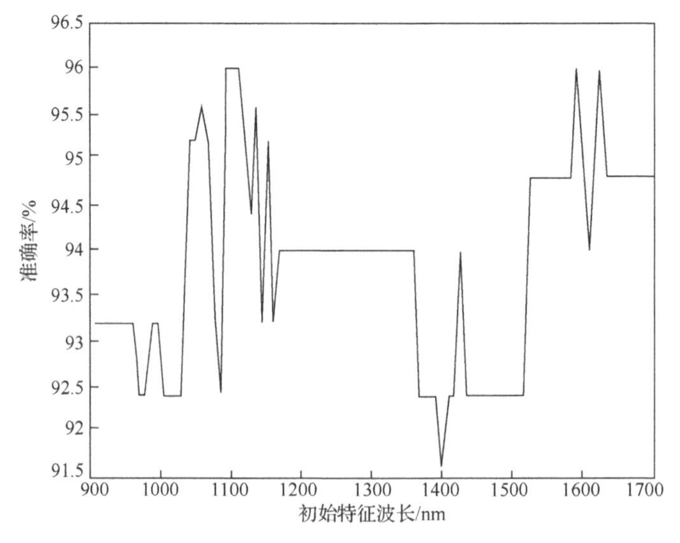

图 5-4-5　RBF 核函数识别结果

2. 遗传算法优化波长

线性核函数的识别结果为 95.2%，多项式核函数的识别结果为 96.8%，RBF 核函数的识别结果为 96.8%。根据以上实验结果可以看出，遗传算法优化后的波长相比于 SFS 算法在维数上更小，并且最终的平均识别准确率也高于 SFS 算法，这是由于 SFS 算法只能增加特征，不能去除特征，并且没有考虑特征之间的相关性和冗余性。而遗传算法以生物进化为原型，具有很好的收敛性、快速随机的搜索能力，并且不会陷入局部最优解。

3. 模拟退火算法参数优化

多项式核函数的公式为 $K(x,x_i)=[\gamma(x\cdot x_i)+\mathrm{coef}]^d$，其中 γ 是调节参数，用于控制核函数的宽度；xx_i 表示输入向量 x 和 x_i 的内积；coef 是一个常数偏移量；d 是多项式的阶数。多项式核函数通常用于非线性可分的数据，通过将输入数据映射到更高维空间，使线性分类器能够有效地处理非线性问题。

此外，RBF 核函数的公式为 $K(x,x_i)=\exp(-\gamma\|x-x_i\|^2)$，其中 γ 是参数，用于控制高斯核的宽度；$\|x-x_i\|^2$ 表示输入向量 x 和 x_i 之间的欧几里得距离的平方。RBF 核函数能够将输入空间的点映射到一个高维空间，使在原空间中非线性可分的样本在映射后可能变得线性可分。通过调整参数 γ，可以控制模型的拟合能力和泛化性能。

采用线性核函数的收敛曲线如图 5-4-6 所示。

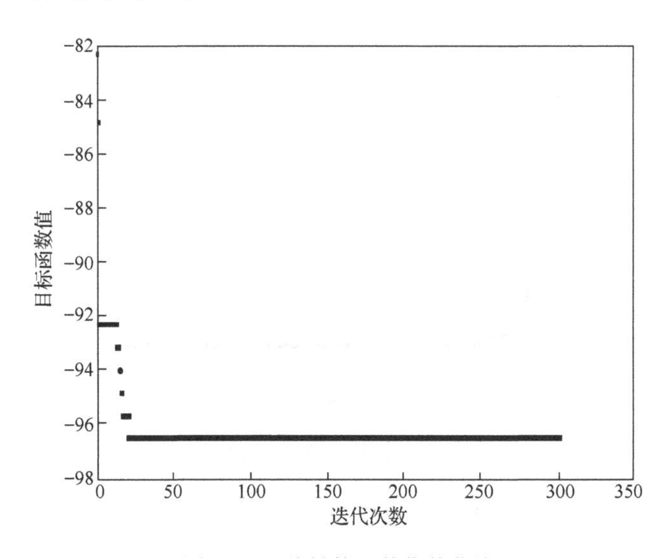

图 5-4-6　线性核函数收敛曲线

最终确定的最优参数为 C=21.04。

采用多项式核函数的收敛曲线如图 5-4-7 所示。

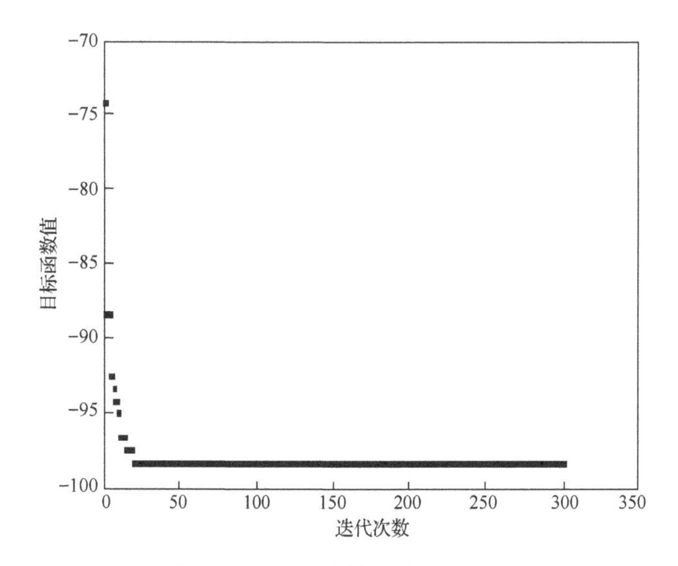

图 5-4-7　多项式核函数收敛曲线

最终确定的最优参数为 C=12.03, Y=28.63, coef=18.69, d=1。

采用 RBF 核函数的收敛曲线如图 5-4-8 所示。

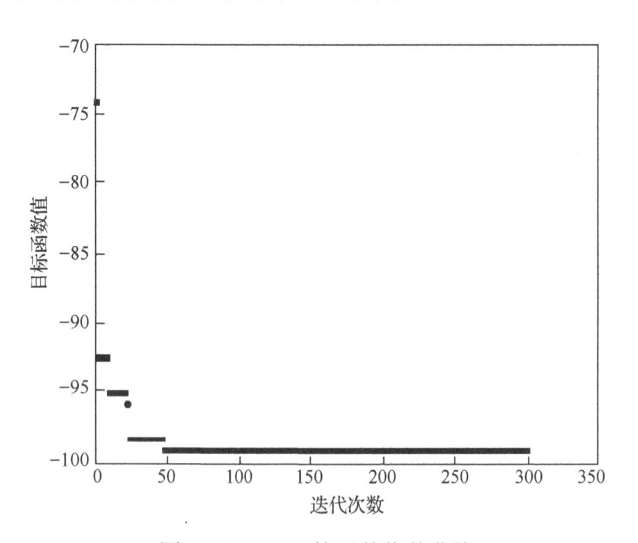

图 5-4-8　RBF 核函数收敛曲线

最终确定的最优参数为 C=26.17, Y=16.24。

5.5　改进的偏二叉树双支持向量机分类模型

传统的支持向量机模型能够保证在结构上风险最小，在解决许多二分类问题时能够得到很好的结果。然而实际中很多问题的数据分布较为复杂，传统的支持向量机无法得到令人满意的结果，而且由于传统支持向量机的结构特点，解决问题耗时较长，因此有必要改进传统支持向量机，以提高其适用性及效率。同时，传统支持向量机只能解决二分类问题，仿照偏二叉树结构就可以设计出能够多分类的支持向量机。

5.5.1　双支持向量机简介

双支持向量机（twin support vector machine，TWSVM）模型是 Jayadeva 等[28]于 21 世纪在广义特征值近端支持向量机（generalized eigenvalue proximal support vector machine，GEPSVM）理论基础之上提出的，这是一种二分类机器学习算法，算法思想是构造出一组非平行超平面，对于每一类训练集构造出一个超平面，并且保证每一个超平面尽可能地接近其中一类数据点，同时远离另一类数据点，从而得到两个非平行的超平面，将两类样本点分隔开来，并且各自贴近本类数据。对于新的未知数据点，距离哪一个超平面近，就被划归为哪一类。目前，基于非平行超平面的设计思想提出的双支持向量机逐渐受到了人们的广泛关注。

1. 非平行超平面理论

传统的 SVM 对于两类数据点，根据求解二次规划问题，得到一条分类超平面，同时产生两条平行于分类超平面、距离分类超平面相等的辅助超平面。在解决明显的二分类问题时，传统的 SVM 就能够达到很好的效果，但是当两类数据分布较为复杂时，例如两类数据点呈交叉分布，传统的 SVM 可能无法很好地将两类数据准确划分。这时我们可以以传统 SVM 为基础，对其结构做出相应改进，使之适应性更强，能够更好地解决较复杂的二分类问题。通过改变原有平行超平面的数学模型，把传统的平行超平面改为非平行超平面，但并不是意味着相交。改进后的支持向量机，增加了类似聚类的思想，即高内聚，低耦合。在此思想基础上，Mangasarian 和 Wild 创造性地提出了非平行超平面的理论。

2. 广义特征值近端支持向量机

广义特征值近端支持向量机由 Mangasarian 等[29]于 21 世纪提出。他们把平行超平面的 SVM 模型改造成非平行超平面。

设数据集包含 m 个 n 维样本，其中 m_1 个为正类样本，m_2 个为负类样本，分别

用 $m_1 \times n$ 的矩阵 A 和 $m_2 \times n$ 的矩阵 B 表示。目标是寻找两个超平面，使得一个超平面靠近正类样本，另一个超平面靠近负类样本。这两个超平面的表示为

$$xw_1 - b_1 = 0, \quad xw_2 - b_2 = 0 \tag{5-5-1}$$

式中，w_1 和 w_2 是两个超平面的法向量；b_1 和 b_2 是偏置项。为了确定这两个超平面，需要将所有正类样本到第一个超平面的距离的 2 范数距离之和最小化，同理可将所有负类样本到第二个超平面的距离的 2 范数距离之和最小化。具体的目标函数为

$$\min_{(w_1,b_1)\neq 0} \frac{\|Aw_1 - eb_1\|^2 \Big/ \left\|\begin{bmatrix} w_1 \\ b_1 \end{bmatrix}\right\|^2}{\|Bw_1 - eb_1\|^2 \Big/ \left\|\begin{bmatrix} w_1 \\ b_1 \end{bmatrix}\right\|^2} \tag{5-5-2}$$

式中，$\|\cdot\|$ 表示 2 范数；矩阵 Aw_1 表示所有正类样本在法向量 w_1 方向上的投影；矩阵 Bw_2 表示所有负类样本在法向量 w_2 方向上的投影；e 是一个全为1的列向量，用于表示偏置项的作用；分子 $\|Aw_1 - eb_1\|^2$ 表示所有正类样本到平面 $xw_1 - b_1 = 0$ 的距离平方和，分母 $\|w_1\|^2$ 表示法向量 w_1 的 2 范数平方，用于归一化该距离。简化式（5-5-2）得

$$\min_{(w_1,b_1)\neq 0} \frac{\|Aw_1 - eb_1\|^2}{\|Bw_1 - eb_1\|^2} \tag{5-5-3}$$

为了使两个平面对正类样本和负类样本有类似的作用效果，引入了通常用于调整最小二乘和数学编程问题的吉洪诺夫正则化参数 δ，得到了如下优化问题：

$$\min_{(w_1,b_1)\neq 0} \frac{\|Aw_1 - eb_1\|^2 + \delta \left\|\begin{bmatrix} w_1 \\ b_1 \end{bmatrix}\right\|^2}{\|Bw_1 - eb_1\|^2} \tag{5-5-4}$$

该公式通过在分子中加入非负参数 δ 进行正则化，有助于在分类超平面的确定过程中平衡样本点的距离和模型的复杂度。

定义：

$$G = [A - e]^{\mathrm{T}}[A - e] + \delta I, \qquad H = [B - e]^{\mathrm{T}}[B - e], \quad z = \begin{bmatrix} w_1 \\ b_1 \end{bmatrix} \tag{5-5-5}$$

那么式（5-5-4）可以简化为

$$\min_{z\neq 0} r(z) = \frac{z^{\mathrm{T}} G z}{z^{\mathrm{T}} H z} \tag{5-5-6}$$

式（5-5-6）可以运用瑞利商进行求解。根据瑞利商的有界性及稳定性可知，当 z 的范围在单位球面上时，瑞利商的取值范围为 $[\lambda_1, \lambda_{n+1}]$，其中，$\lambda_1$ 和 λ_{n+1} 分别为其最小特征值和最大特征值

$$Gz = \lambda Hz, \quad z \neq 0 \tag{5-5-7}$$

求解式（5-5-6）全局最小值问题可以等效于求解式（5-5-7）广义特征值问题中相对应的最小特征值 λ_1 问题。如果定义求出的最小特征值所对应的特征向量为 z_1，那么可以确定超平面 $xw_1 - b_1 = 0$，满足最靠近所有正类样本，同时远离所有负类样本的条件。与第一个超平面相似，可以推导出与式（5-5-4）相似的求解式：

$$\min_{(w_2, b_2) \neq 0} \frac{\|Bw_2 - eb_2\|^2 + \delta \left\| \begin{bmatrix} w_2 \\ b_2 \end{bmatrix} \right\|^2}{\|Aw_2 - eb_2\|^2} \tag{5-5-8}$$

类似于式（5-5-5），定义：

$$L = [B - e]^{\mathrm{T}}[B - e] + \delta I, \quad M = [A - e]^{\mathrm{T}}[A - e] \tag{5-5-9}$$

简化式（5-5-8），得出

$$\min_{z \neq 0} s(z) = \frac{z^{\mathrm{T}} Lz}{z^{\mathrm{T}} Mz} \tag{5-5-10}$$

求解过程与式（5-5-6）相似，最后得到最小特征值及其相对应的特征向量。

3. 线性双支持向量机

TWSVM 的目标与前面提到的 GEPSVM 一致，寻找两个非平行超平面，如式（5-5-1）。但不同的是，TWSVM 将传统 SVM 的一个大型二次规划问题分解为两个小型二次规划问题，通俗地说，就是将原有的一个求解问题转化为一对最优求解式。为了得到两个超平面，TWSVM 需求解如下的一对最优化问题。

TWSVM1：

$$\begin{cases} \min\limits_{w_1, b_1, q} \dfrac{1}{2}\left(Aw_1 + e_1 b_1\right)^{\mathrm{T}}\left(Aw_1 + e_1 b_1\right) + c_1 e_2^{\mathrm{T}} q \\ \text{s.t.} \quad -\left(Bw_1 + e_2 b_1\right) + q \geqslant e_2,\ q \geqslant 0 \end{cases} \tag{5-5-11}$$

TWSVM2：

$$\begin{cases} \min\limits_{w_2, b_2, q} \dfrac{1}{2}\left(Bw_2 + e_2 b_2\right)^{\mathrm{T}}\left(Bw_2 + e_2 b_2\right) + c_2 e_1^{\mathrm{T}} q \\ \text{s.t.} \quad -\left(Aw_2 + e_1 b_2\right) + q \geqslant e_1,\ q \geqslant 0 \end{cases} \tag{5-5-12}$$

式中，c_1和c_2均为惩罚参数，表示对分类误差的容忍度，且$c_1,c_2>0$；e_1和e_2是维度相对应的单位向量，用于匹配矩阵的行数；q是一个松弛变量，用于在约束条件中引入容错，以便优化算法在样本不可分的情况下依然能找到最优解。

由式（5-5-11）可以看出，第一个式子说明所得到的分类超平面聚集在正类样本附近，第二个式子是第一个式子的约束条件，从几何意义上来讲，所产生的分类超平面尽可能远离负类样本。

对于求解式（5-5-11）和式（5-5-12）两个最优问题，TWSVM 分别引入拉格朗日乘子，为了避免表述的烦琐，下面仅给出式（5-5-11）的推导，式（5-5-12）的推导与其类似。

$$\begin{aligned}L(w_1,b_1,q,\alpha,\beta)=&\frac{1}{2}\left(Aw_1+e_1b_1\right)^{\mathrm{T}}\left(Aw_1+e_1b_1\right)+c_1e_2^{\mathrm{T}}q\\&-\alpha^{\mathrm{T}}\left(-\left(Bw_1+e_2b_1\right)+q-e_2\right)-\beta^{\mathrm{T}}q\end{aligned}\tag{5-5-13}$$

式中，$\alpha=(\alpha_1,\alpha_2,\cdots,\alpha_{m_2})^{\mathrm{T}},\beta=(\beta_1,\beta_2,\cdots,\beta_{m_2})^{\mathrm{T}}$都是拉格朗日乘子，通过二次规划最优问题的卡鲁什-库恩-塔克（Karush-Kuhn-Tucker，KKT）条件，对于 TWSVM1，我们可以得出如下等式：

$$A^{\mathrm{T}}\left(Aw_1+e_1b_1\right)+\beta^{\mathrm{T}}\alpha=0\tag{5-5-14}$$

$$e_1^{\mathrm{T}}\left(Aw_1+e_1b_1\right)+e_2^{\mathrm{T}}\alpha=0\tag{5-5-15}$$

$$c_1e_2-\alpha-\beta=0\tag{5-5-16}$$

$$-\left(Bw_1+e_2b_1\right)+q\geqslant e_2,\quad q\geqslant 0\tag{5-5-17}$$

$$\alpha^{\mathrm{T}}\left(-\left(Bw_1+e_2b_1\right)+q-e_2\right)=0,\quad \beta^{\mathrm{T}}q=0\tag{5-5-18}$$

$$\alpha\geqslant 0,\quad \beta\geqslant 0\tag{5-5-19}$$

将式（5-5-14）和式（5-5-15）相加，提取公因式，得

$$[A^{\mathrm{T}}\quad e_1^{\mathrm{T}}][A\quad e_1][w_1\quad b_1]^{\mathrm{T}}+[B^{\mathrm{T}}\quad e_2^{\mathrm{T}}]\alpha=0\tag{5-5-20}$$

定义：

$$H=\left[A\quad e_1\right],\quad G=\left[B\quad e_2\right]\tag{5-5-21}$$

$$u=\left[w_1\quad b_1\right]^{\mathrm{T}}\tag{5-5-22}$$

那么，可以将式（5-5-20）重新写为

$$H^{\mathrm{T}}Hu+G^{\mathrm{T}}\alpha=0\tag{5-5-23}$$

从而得到所求向量为

$$u=-\left(H^{\mathrm{T}}H\right)^{-1}G^{\mathrm{T}}\alpha \tag{5-5-24}$$

由于 $H^{\mathrm{T}}H$ 是半正定的，所以有可能在某些情况下，无法得到精确解。这时引入一个正则项 εI ，ε 是一个很小的正数，可以保证最终求的解不是病态解。那么式（5-5-24）可以修改为

$$u=-\left(H^{\mathrm{T}}H+\varepsilon I\right)^{-1}G^{\mathrm{T}}\alpha \tag{5-5-25}$$

式（5-5-25）中有未知量 α，为求得 α，使用式（5-5-13）和相关 KKT 条件，可以列出 TWSVM1 的对偶问题为

DWTSVM1：

$$\begin{cases}\max\limits_{\alpha} e_2^{\mathrm{T}}\alpha-\dfrac{1}{2}\alpha^{\mathrm{T}}G\left(H^{\mathrm{T}}H\right)^{-1}G^{\mathrm{T}}\alpha \\ \text{s.t.}\quad 0\leqslant\alpha\leqslant c_1\end{cases} \tag{5-5-26}$$

这样可以使用序列最小优化算法（sequential minimal optimization，SMO）求出最终的α。

通过上述求解过程，可以解得$\left[w_1\ b_1\right]$和$\left[w_2\ b_2\right]$，构造出两个超平面，如图 5-5-1 所示。

$$x^{\mathrm{T}}w_1+b_1=0,\qquad x^{\mathrm{T}}w_2+b_2=0 \tag{5-5-27}$$

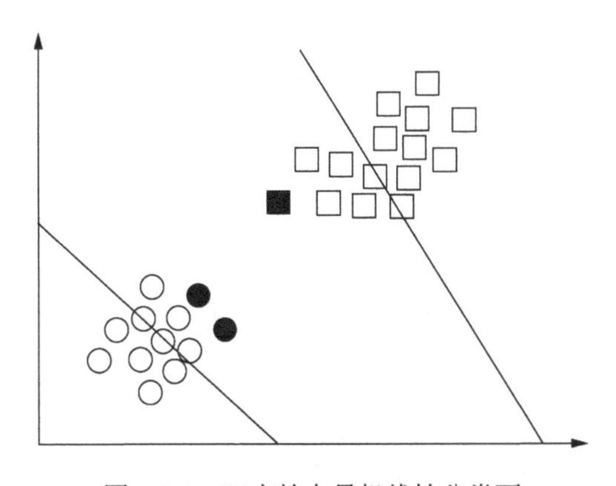

图 5-5-1　双支持向量机线性分类面

那么对于新的样本数据，只要求出其靠近哪一个超平面，就可以判断新数据所属类别，判别式为

$$f(x)=\arg\min_{i=1,2}\left|x^{\mathrm{T}}w_i+b_i\right| \tag{5-5-28}$$

4. 非线性双支持向量机

双支持向量机不仅能在线性空间中得到满意的结果，同时可以拓展到非线性分类超平面中。对于非线性超平面，需要使用与传统 SVM 一样的核函数方法进行求解。所构造的超平面与式（5-5-27）相比，添加了映射到特征空间的核函数，则可以改写为

$$K(x^{\mathrm{T}},C^{\mathrm{T}})v_1+b_1=0,\quad K(x^{\mathrm{T}},C^{\mathrm{T}})v_2+b_2=0 \tag{5-5-29}$$

式中，$C^{\mathrm{T}}=\begin{bmatrix}A & B\end{bmatrix}^{\mathrm{T}}$，分类面如图 5-5-2 所示。

图 5-5-2　双支持向量机非线性分类面

由此，可以观察到式（5-5-27）所构成的超平面，也可以用式（5-5-29）表示，即使用一种线性的核函数 $K(x^{\mathrm{T}},C^{\mathrm{T}})=x^{\mathrm{T}}C$，且 $w_1=C^{\mathrm{T}}v_1$ 和 $w_2=C^{\mathrm{T}}v_2$，就能得到与线性条件下同样的结果。

根据双支持向量机的思想，构造一个优化问题：

$$\begin{cases}\min\limits_{w_1,b_1,q}\dfrac{1}{2}K\left(A,C\right)^{\mathrm{T}}v_1+e_1b_1^{\,2}+c_1e_2^{\mathrm{T}}q\\ \text{s.t.}\quad -\left(K\left(B,C^{\mathrm{T}}\right)v_1+e_2b_1\right)+q\geqslant e_2,\quad q\geqslant 0\end{cases} \tag{5-5-30}$$

式中，c_1 是惩罚参数。然后，引入拉格朗日乘子进行计算，得

$$\begin{aligned}L(v_1,b_1,q,\alpha,\beta)=&\frac{1}{2}\left\|K(A,C^{\mathrm{T}})v_1+e_1b_1\right\|^2+c_1e_2^{\mathrm{T}}q\\&-\alpha^{\mathrm{T}}\left(-\left(K\left(B,C^{\mathrm{T}}\right)v_1+e_2b_1\right)+q-e_2\right)-\beta^{\mathrm{T}}q\end{aligned} \tag{5-5-31}$$

得到 KTWSVM1 的 KKT 条件为

$$K\left(A,C^{\mathrm{T}}\right)^{\mathrm{T}}\left(K\left(A,C^{\mathrm{T}}\right)v_1+e_2b_1\right)+K\left(B,C^{\mathrm{T}}\right)^{\mathrm{T}}\alpha=0 \tag{5-5-32}$$

$$e_1^{\mathrm{T}}\left(K\left(A,C^{\mathrm{T}}\right)v_1+e_1b_1\right)+e_2^{\mathrm{T}}\alpha=0 \tag{5-5-33}$$

$$c_1e_2-\alpha-\beta=0 \tag{5-5-34}$$

$$-\left(K\left(B,C^{\mathrm{T}}\right)v_1+e_2b_1\right)+q\geqslant e_2,\quad q\geqslant 0 \tag{5-5-35}$$

$$\alpha^{\mathrm{T}}\left(-\left(K\left(B,C^{\mathrm{T}}\right)v_1+e_2b_1\right)+q-e_2\right)=0,\quad \beta^{\mathrm{T}}q=0 \tag{5-5-36}$$

$$\alpha\geqslant 0,\quad \beta\geqslant 0 \tag{5-5-37}$$

将式（5-5-32）与式（5-5-33）相加，得到

$$\left[K\left(A,C^{\mathrm{T}}\right)e_1^{\mathrm{T}}\right]\left[K\left(A,C^{\mathrm{T}}\right)e_1\right]\left[v_1\quad b_1\right]^{\mathrm{T}}+\left[K\left(B,C^{\mathrm{T}}\right)e_2^{\mathrm{T}}\right]\alpha=0 \tag{5-5-38}$$

定义 $S=\left[K\left(A,C^{\mathrm{T}}\right)e_1\right]$，$R=\left[K\left(B,C^{\mathrm{T}}\right)e_2\right]$ 和扩展向量 $z=\left[v_1\quad b_1\right]^{\mathrm{T}}$，重写式（5-5-38）得

$$S^{\mathrm{T}}Sz+R^{\mathrm{T}}\alpha=0 \tag{5-5-39}$$

解出扩展向量，即

$$z_1=-\left(S^{\mathrm{T}}S\right)^{-1}R^{\mathrm{T}}\alpha \tag{5-5-40}$$

同理，可以列出 KTWSVM2 式，并且根据相同的求解方法，得到

$$z_2=\left(L^{\mathrm{T}}L\right)^{-1}N^{\mathrm{T}}\gamma \tag{5-5-41}$$

式中，$L=\left[K\left(A,C^{\mathrm{T}}\right)e_1\right]$；$N=\left[K\left(B,C^{\mathrm{T}}\right)e_2\right]$。

求出了两个扩展向量式（5-5-40）、式（5-5-41）之后，新的数据点可以通过与线性相似的判别式进行分类，即

$$f(x)=\arg\min_{i=1,2}\left|K\left(x,C\right)v_1+b_1\right| \tag{5-5-42}$$

对于非线性 TWSVM 求解式（5-5-40）中矩阵逆运算，为了避免病态解，也可以引入一个正则项，虽然对于解的精确性有一定的影响，但是不会出现意外结果。

传统 SVM 的复杂度不会大于 m^3，而 TWSVM 将一个数据集分两个子数据集。在处理相同数据量的数据集时，TWSVM 的优化问题规模仅为传统 SVM 的一半。由此，我们可以得到 TWSVM 与传统 SVM 在运算时间上的比值为

$$\left(\left(2\times\left(\frac{m}{2}\right)^{3}\right)\Big/m^{3}\right)=1/4 \tag{5-5-43}$$

式（5-5-43）说明：训练同等样本集，TWSVM 在理论上要比传统的 SVM 速度快 4 倍。

5.5.2 二叉树支持向量机简介

1. 多分类算法

目前，SVM 主要通过组合一系列二元分类器方式实现多类分类，应用比较广泛的方法有以下几种。

“一对多”（one-versus-rest，OVR）方法是一种经典的将二分类方法扩展为 k 分类方法的策略，适用于支持向量机的多分类问题。OVR 方法只需构造 k 个二元分类器，第 k 个二元分类器中将第 k 类训练样本作为正类样本，剩下的 $k-1$ 类为负类样本。显然，当训练样本数较少时，该方法能获得较快的分类速度；当训练样本数较大时，由于每个二元分类器都必须训练所有的样本，造成分类时间较长。此外，OVR 方法存在线性不可分区域。

“一对一”（one-versus-one，OVO）方法的基本原理是从整个训练样本中任选两个类别，在这两个之间构造一个二元分类器，对于 k 分类问题，需要构造 $k(k-1)/2$ 个二元分类器。在测试阶段，采用“投票法”判定，样本 x 属于得票数最多的那个类别，这种方法较 OVR 方法的优点是训练速度较快，但是在测试阶段，由于二元分类器的增加使得分类的速度急剧降低，这就决定了此方法只适用于类别数较少的问题。另外，由于决策时采用了投票机制，可能出现一个样本不属于任何一个类别或同时属于多个类别的情况，降低了 OVO 方法的决策效果。

有向无环图（directed acyclic graph，DAG）方法在测试阶段与 OVO 方法相同，对于 k 分类问题，需要构 $k(k-1)/2$ 个二元分类器，而在测试阶段，该方法采用了 DAG 方法的组合策略[30]，如图 5-5-3 所示。

二叉树支持向量机（binary tree support vector machine，BT-SVM）分类算法的主要思想是：首先将所有类别分成两个子类，再将子类进一步划分成两个次子类，如此循环下去，直到所有的节点都只包含一个单独的类别为止，然后在每个非叶子节点处训练一个二元 SVM 分类器，当二叉树的结构接近正态二叉树时，能取得最理想的训练速度和分类精度，测试阶段按照层次进行，所以测试某个样本时，经过的二元分类器数介于 1 与二叉分类树的深度之间，不一定遍历所有的二元分类器，大大加快测试的速度。

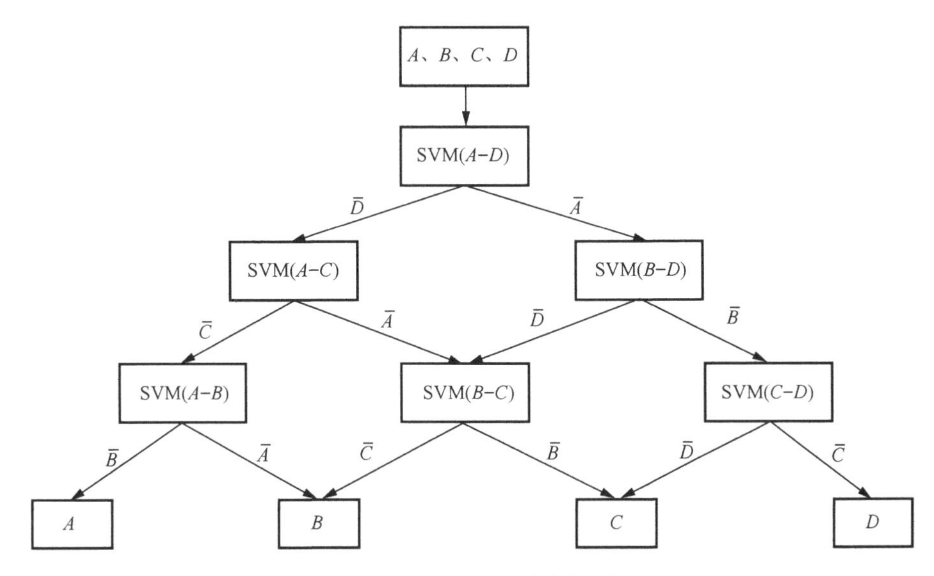

图 5-5-3　DAG 方法决策图

在多分类问题中，BT-SVM 分类算法表现出许多优良的性能，不仅可以有效克服不可分问题，还能大大减少二元分类器的数量，因为对于 k 分类问题，BT-SVM 只需要构造 k−1 个二元分类器[31,32]。但是这种方法也存在两个较严重的问题：一是二叉树结构是不确定的，对同一个多分类问题，可以存在多种不同的二叉树结构，而不同的二叉树结构会得到不同的分类模型，图 5-5-4 给出了一个四类问题中常用的两种二叉树结构。二是这种方法可能导致“错误累积”现象，即上层节点，一旦分类错误，则这种错误会传递下去，后续节点将失去分类的意义，因此 BT-SVM 分类算法中越上层节点的子分类器对整个分类器的性能影响越大。为了获得最佳的分类效果，必须根据实际情况来构造较合理的二叉树结构。

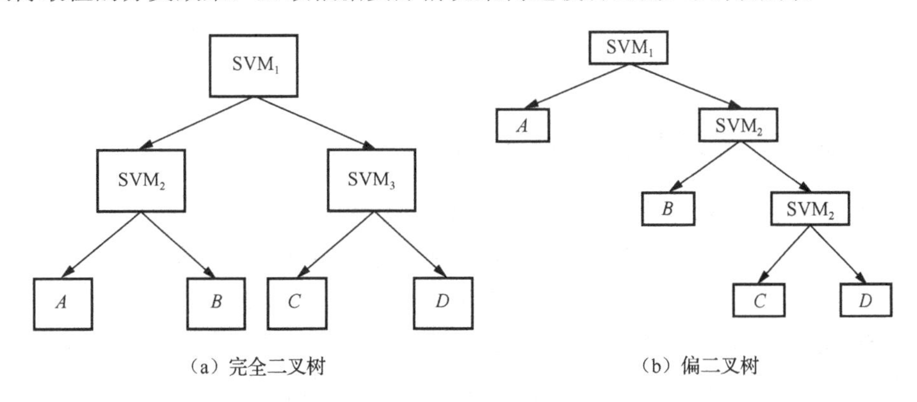

图 5-5-4　二叉树分类结构

由于 BT-SVM 分类算法中上层节点的子分类器对整个分类器的功能影响最大，所以在分类过程中应遵循从易到难的原则，将最容易分离的类首先分割出来，再分较难分的类，使分类错误尽可能远离根节点，从而获得最优的二叉树结构。最常用的较优二叉树生成算法有两种：一是最短距离方法，它将两类之间最近的两个样本向量的欧几里得距离作为类距离，使距离其他类最远的类最先分离出来，用类距离来衡量两类之间的差别。这种方法虽简单，却忽略了各类样本的分布情况。二是超球体或超长方体的最小包含方法，根据类内样本的分布区域最广原则，先分割出来的类的体积最大，与最短距离法正好相反，该方法仅仅考虑了各类样本的分布情况而未考虑类距离。

2. 改进的二叉树支持向量机

为了解决上述两种二叉树生成算法的缺点，可采用相对距离衡量两类的差异程度，同时考虑了类距离与样本的分布情况，更加科学可行，类 i 与类 j 的相对距离为

$$D_{ij} = \frac{d_{ij}}{R_i + R_j} \tag{5-5-44}$$

式中，类 i 与类 j 的中心分别为 $c_i = \frac{1}{n}\sum_{x_i \in X_i} x_i$，$c_j = \frac{1}{n}\sum_{x_j \in X_j} x_j$，$d_{ij}$ 为 c_i 与 c_j 的 l_2 范数，最小超球体半径 $R_i = \max\{\|c_i - x_i\|\}$，$R_j = \max\{\|c_j - x_j\|\}$。

由上式可知，两类中心的欧几里得距离反映了两类间的样本在空间中的分离程度，两类样本距离越远，就越容易被分开，而最小超球体半径则表示样本在空间中的分布范围，这样相对距离就能同时很好地刻画出两类之间的距离和其样本分布的交叉程度，即 D_{ij} 越大表示类 i 和类 j 的可分程度越好，越容易分割，反之，则说明它们之间的可分性越小。

5.5.3 改进的偏二叉树双支持向量机简介

改进的偏二叉树双支持向量机[33]结合双支持向量机和改进二叉树支持向量机的优势来解决问题，可以实现多类问题的快速准确分类，其基本思想是先计算每一类与其余各类的相对距离，确定最优分类结构，用双支持向量机构建 m−1 个分类器算法，描述为：对于 m 类分类问题，先计算每一类样本与非此类样本之间的相对距离，确定最容易识别的类，然后继续比较剩余样本的相对距离，直到划分到最后两类，训练 m−1 个 TWSVM，构造第 i 个 TWSVM 时，把第 i 类的样本

记为正类样本，其余样本记为负类样本，训练 $TWSVM_i$，得到两个不平行的超平面 H_i 和 T_i，H_i 是第 i 类的超平面，T_i 仅在测试时用到；直到构造第 $m-1$ 个 TWSVM 时，把第 $m-1$ 类的样本标记为正类样本，把第 m 类的样本标记为负类样本，训练 $TWSVM_{(m-1)}$，得到两个不平行的超平面 $H_{(m-1)}$ 和 $T_{(m-1)}$，其中，$H_{(m-1)}$ 为第 $m-1$ 类的超平面，$T_{(m-1)}$ 为第 m 类的超平面，对于每一个新的样本分别计算它到 H_i 和 T_i 两个超平面的距离，确定该样本属于正类样本还是负类样本，直到确定出样本的具体类别。

采用的改进偏二叉树双支持向量机对正常以及裂纹、虫眼、活节、死节四类缺陷进行分类，结构图如图 5-5-5 所示。

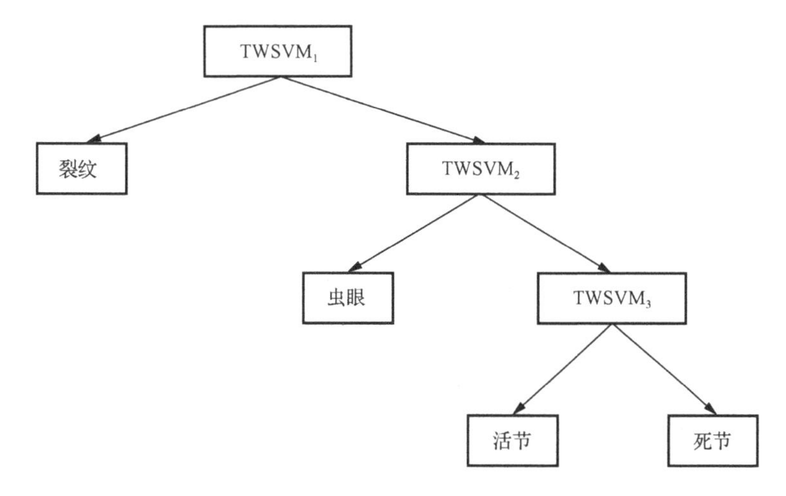

图 5-5-5　改进的偏二叉树双支持向量机

5.5.4　实验结果与分析

非同类样本的相对距离，如表 5-5-1 所示。

表 5-5-1　非同类样本的相对距离

实验次数	裂纹	虫眼	活节	死节	正常
1	0.21	0.41	0.20	0.23	0.43
2	0.17	0.37	0.34	0.38	—
3	0.12	0.33	0.54	—	—

第一次实验时，正常与其他四类相对距离最大为 0.43，应作为第一识别类型；第二次实验时，死节与剩余三个样本相对距离最大为 0.38，分类差异度明显，应作为第二识别类型；第三次实验时，活节与剩余两类样本的相对距离为 0.54，作为第三识别类型，最后，构建裂纹与虫眼的分类器。

使用 GA 优选后的波长，在线性核函数下，SVM 与 BT-TWSVM 的分类准确率比较如表 5-5-2 所示。训练样本并得出结果，SVM 运行时间为 0.046s，BT-TWSVM 运行时间为 0.0032s。

表 5-5-2 基于线性核函数的 SVM 和 BT-TWSVM 的分类准确率 单位：%

分类算法	正常	死节	活节	虫眼	裂纹	平均
SVM	100	92	96	100	88	95.2
BT-TWSVM	100	98	94	98	92	96.4

使用 GA 优选后的波长，在多项式核函数下，SVM 与 BT-TWSVM 的分类准确率比较如表 5-5-3 所示。训练样本并得出结果，SVM 运行时间为 0.05s，BT-TWSVM 运行时间为 0.004s。

表 5-5-3 基于多项式核函数的 SVM 和 BT-TWSVM 的分类准确率 单位：%

分类算法	正常	死节	活节	虫眼	裂纹	平均
SVM	100	96	100	94	94	96.8
BT-TWSVM	100	100	96	100	94	98

使用 GA 优选后的波长，RBF 核函数下，SVM 与 BT-TWSVM 的分类准确率比较如表 5-5-4 所示。训练样本并得出结果，SVM 运行时间为 0.048s，BT-TWSVM 运行时间为 0.0035s。由表可见，改进后的 BT-TWSVM 准确率提高、速度提升，效率较高。

表 5-5-4 基于 RBF 核函数的 SVM 和 BT-TWSVM 模型的分类准确率 单位：%

分类算法	正常	死节	活节	虫眼	裂纹	平均
SVM	100	96	94	96	98	96.8
BT-TWSVM	100	94	96	96	100	97.2

参考文献

[1] 林兰英, 傅峰. 指接材研究现状与进展[J]. 木材工业, 2007, 21(4): 5-8.

[2] 汪秉全. 木材识别[M]. 西安: 陕西科学技术出版社, 1983.

[3] 姜长金. 木材商品与缺陷图鉴[M]. 昆明: 云南科技出版社, 1997.

[4] Estevez P A, Fernandez M, Alcock R J, et al. Selection of features for the classification of wood board defects[C]. Ninth International Conference on Artificial Neural Networks, Edinburgh, UK, 1999.

[5] Castellani M, Rowlands H. Evolutionary artificial neural network design and training for wood veneer classification[J]. Engineering Applications of Artificial Intelligence, 2009, 22(4-5): 732-741.

[6] Gu I Y H, Andersson H, Vicen R. Automatic classification of wood defects using support vector machines[C]. International Conference on Computer Vision and Graphics, Warsaw, Poland, 2008.

[7] 吴东洋, 业宁, 沈丽容, 等. 基于颜色矩的木材缺陷聚类识别[J]. 江南大学学报: 自然科学版, 2009, 8(5): 520-524.

[8] Mahram A, Shayesteh M G, Jafarpour S. Classification of wood surface defects with hybrid usage of statistical and textural features[C]. International Conference on Telecommunications and Signal Processing, Prague, The Czech Republic, 2012.

[9] 白雪冰, 王林. 基于空频变换的木材缺陷图像分割[J]. 东北林业大学学报, 2010, 38(8): 71-74.

[10] 韩书霞, 戚大伟, 于雷. 基于分形特征参数的原木缺陷 CT 图像处理[J]. 东北林业大学学报, 2011, 39(6): 108-111.

[11] 仇逊超. 基于 C-V 模型与小波理论的单板缺陷图像检测研究[D]. 哈尔滨: 东北林业大学, 2012.

[12] 王阿川, 曹琳, 曹军. 基于改进轮廓模型的单板缺陷图像快速识别[J]. 计算机工程, 2013, 39(4): 22-26, 35.

[13] 徐姗姗, 刘应安, 徐昇. 基于卷积神经网络的木材缺陷识别[J]. 山东大学学报: 工学版, 2013, 43(2): 23-28.

[14] 江泽慧, 黄安民, 王斌. 木材不同切面的近红外光谱信息与密度快速预测[J]. 光谱学与光谱分析, 2006, 26(6): 1034-1037.

[15] 黄安民, 费本华, 江泽慧, 等. 表面粗糙度对近红外光谱分析木材密度的影响[J]. 光谱学与光谱分析, 2007, 27(9): 1700-1702.

[16] 马明宇, 王桂芸, 黄安民, 等. 人工神经网络结合近红外光谱用于木材树种识别[J]. 光谱学与光谱分析, 2012, 32(9): 2377-2381.

[17] 孙枭雄, 多化琼, 王振柱. 基于红外光谱的木材自身耐久性分析[J]. 西北林学院学报, 2016, 31(2): 255-258.

[18] Kelley S S, Jellison J, Goodell B. Use of NIR and pyrolysis-MBMS coupled with multivariate analysis for detecting the chemical changes associated with brown-rot biodegradation of spruce wood[J]. FEMS Microbiology Letters, 2002, 209(1): 107-111.

[19] Acuna A M, Murphy E G. Use of near infrared spectroscopy and multivariate analysis to predict wood density of Douglas-fir from chain saw chips[J]. Forest Products Journal, 2006, 56(11/12): 67-72.

[20] Gindl W, Teischinger A, Schwanninger M, et al. The relationship between near infrared spectra of radial wood surfaces and wood mechanical properties[J]. Journal of Near Infrared Spectroscopy, 2001, 9(4): 255-261.

[21] 杨忠. 近红外光谱预测人工林湿地松木材性质与腐朽特性的研究[D]. 北京: 中国林业科学研究院, 2005.

[22] Zhao W Y, Chellappa R. SFS based view synthesis for robust face recognition[C]. IEEE International Conference on Automatic Face and Gesture Recognition, Grenoble, France, 2000.

[23] Konak A, Coit D W, Smith A E. Multi-objective optimization using genetic algorithms: A tutorial[J]. Reliability Engineering and System Safety, 2006, 91(9): 992-1007.

[24] Srinivas N, Deb K. Muiltiobjective optimization using nondominated sorting in genetic algorithms[J]. Evolutionary Computation, 1995, 2(3): 221-248.

[25] Metropolis N, Rosenbluth A W, Rosenbluth M N, et al. Equation of state calculations by fast computing machines[J]. The Journal of Chemical Physics, 1953, 21(6): 1087-1092.

[26] Aarts E, Korst J. Simulated Annealing and Boltzmann Machines[M]. Chichester: Wiley, 2003.

[27] 王桂宾, 周来水, 邓冬梅. 基于模拟退火算法的矩形件排样[J]. 中国制造业信息化, 2006, 35(15): 65-67, 70.

[28] Jayadeva, Khemchandani R, Chandra S. Twin Support Vector Machines: Models, Extensions and Applications[M]. Switzerland: Springer International Publishing, 2016.

[29] Mangasarian O L, Wild E W. Multisurface proximal support vector machine classification via generalized eigenvalues[J]. IEEE Transactions on Pattern Analysis and Machine Intelligence, 2006, 28(1): 69-74.

[30] Kalisch M, Bühlmann P. Estimating high-dimensional directed acyclic graphs with the PC-algorithm[J]. Journal of Machine Learning Research, 2005, 8(2): 613-636.

[31] 刘健, 刘忠, 熊鹰. 改进的二叉树支持向量机多类分类算法研究[J]. 计算机工程与应用, 2010, 46(33): 117-120.

[32] Liu W Y, Wang Z F, Han J G, et al. Wind turbine fault diagnosis method based on diagonal spectrum and clustering binary tree SVM[J]. Renewable Energy, 2013, 50(3): 1-6.

[33] 谢娟英, 张兵权, 汪万紫. 基于双支持向量机的偏二叉树多类分类算法[J]. 南京大学学报: 自然科学版, 2011, 47(4): 354-363.

第6章

基于特征融合的木材纹理分类

6.1 概述

为了合理地利用木材资源并使木材的特质得到充分发挥，需要对木材表面的纹理进行检测分类。本章针对这一问题，考虑时间与准确率两方面因素，对木材纹理识别方法进行研究。

小波变换（wavelet transform，WT）是一种对时域和频域信号的局部化分析方法，与傅里叶变换相比，小波变换在高频部分具有较高的时间分辨率，而在低频部分具有较高的频率分辨率，从而实现对时域和频域信号的自适应分析要求。对于信号中的瞬变现象，小波变换有着比傅里叶变换更好的“移近”观察能力，能够提供目标信号各个频率子段的频率信息，是一种对时间和尺度的多分辨分析技术[1,2]。

由于小波变换不具备方向性，不能达到对纹理形状的最优逼近。为了克服小波的这种不足，Emmanuel 和 David 于 1999 年提出了一种多尺度几何分析方法——曲波变换。曲波变换可以利用更少的系数来逼近曲线波奇异特征，因为曲线波具有各向异性尺度的特点，曲线波的这一特点也缩短了变换过程的运行时间[3]。

本章将实木板材表面纹理分为直纹、抛物线纹与乱纹三类，首先选择小波变换与曲波变换进行纹理特征提取，并应用遗传算法对两类特征进行优选，实现两类特征有效融合，然后建立三类纹理的 BP 神经网络分类器。

6.2 木材纹理特征提取与分类器的研究现状

6.2.1 纹理特征提取的研究现状

纹理特征的提取方法一般可分为统计法、结构法、模型法及频谱法[4]。其中，灰度共生矩阵是统计法中最常用的提取方法，灰度共生矩阵包括一些元素，它们代表在一定距离和一定角度上具有特定灰度级像素对的数目[5]。由于它的性能比较好，现在仍然很受欢迎。如王克奇等[6]采用灰度共生矩阵的方法，针对国内 50 个树种进行了计算分析，提取出一套表征木材纹理的特征参数，当图像灰度等级为 128，生成步长为 4 时，得出了适用于描述木材纹理的特征参数分别为相关度、对比度、角二阶矩、方差和平均值。而模型法中常用的有分形法和马尔可夫随机场法[7]。如任宁等[8]采用了分形法提取了 20 种典型的木材弦向与径向纹理图像。结果表明，分形维数能够对木材表面纹理的分布密度、均匀程度和宽度等特征进行很好的描述。王晗等[9]针对木材的弦切和径切纹理，选用了高斯-马尔可夫随机场法，分别提取了二阶与五阶特征参数，并通过判断纹理的主方向对其进行区分。近年来，在频谱法的分析中，小波变换的方法在提取纹理时也引起了研究人员的广泛注意。如王亚超等[10]采用了实数 9/7 小波变换的方法，对木材纹理进行多尺度分解，通过提取木材纹理在频域中的“小波能量分布比例和 EHL/ELH 值”作为特征参数，结果表明该特征量能很好地表现出木材纹理的规律特征和方向性。杨福刚等[11]选用了二进正交小波基的变换方法对木材纹理图像进行多层分解，并利用多类 SVM 分类器对木材纹理样本进行训练和识别分类。解洪胜等[12]提出了通过二元树小波变换的方法对纹理图像进行四层分解，选用支持向量机作为分类器对纹理图像进行分类。张刚等[13]提出了一种改进的 Gabor 小波的变换方法，计算出在不同尺度和方向下的能量信息，通过能量直方图确定了显著峰集合，同时将显著峰集合计算出的平均值和方差作为纹理的特征向量，并把显著性作为权重引入相似性度量。Avci 等[14]在对纹理的特征参数进行提取时，应用遗传算法对小波变换的小波基与信息熵参数进行了优化，并选用神经网络分类器对纹理进行分类。同时，也有研究者将以上方法进行结合。如王辉等[15]分别采用灰度共生矩阵方法与高斯-马尔可夫随机场法对木材纹理进行特征参数的提取，并应用模拟退火算法对两种方法提出的特征量进行了特征层上的数据融合，通过 BP 神经网络分类器对木材纹理进行分类识别。王克奇等[16]对基于多分辨率灰度共生矩阵参数的木材表面纹理的分类方法进行了研究，分类准确率可达 87.5%，表明在多分辨率下建立不同层次和方向的木材纹理描述体系是可行的。谢永华等[17]选用 Symlet-4 小波对木材纹理进行分类研究，首先对图像进行 2 级分解与重构，得到 8 幅子图像，然后分别对子图像及原图像的分形维数进行计算，最后通过研究可知分形维数能够用来表示木材纹理的粗糙程度。

6.2.2 分类器的研究现状

对纹理的识别问题，就是根据待测样本的特征向量值及其他约束条件将样本分到某个类别中去，因此分类器的选择也很重要。常用的分类器有最近邻分类器、贝叶斯分类器、神经网络分类器、模糊分类器、支持向量机分类器等。

陈立君等[18]应用 BP 神经网络对木材纹理进行了分类研究，得到了比较满意的效果。杨彩霞[19]采用 Gabor 变换的方法提取了图像特征，并将其送入最近邻分类器进行了分类识别，证明最近邻分类器可以对中文字符准确识别。谈蓉蓉[20]采用支持向量机的方法对采集到的图像进行识别，并在同等条件下与人工神经网络的分类方法进行对比，证明该方法识别率较高。毕昆等[21]将 BP 神经网络分类器用于小麦分类研究中，通过提取小麦穗部特征参数，对 4 个春小麦品种进行了分类识别，设计的 3 层 BP 神经网络分类器得到了很高的识别效果。张燕丽等[22]提出了一种基于公理模糊集（axiomatic fuzzy set，AFS）理论的加权模糊分类算法，该方法是通过模糊概念及其逻辑运算对训练样本进行模糊描述，从而得出每类特征的模糊集，最后选用确切词义的模糊集对每个测试样本归属类进行确定，表明该算法在各种数据类型中都适用并且实用、高效。Khan 等[23]提出了 SVM+NDA 分类模型，它可以处理异方差和非正常的数据，并应用于人脸识别中，与 SVM 进行比较，体现了此模型的优势。Celik 等[24]提出了多尺度贝叶斯分类器，首先通过 DT-CWT 的方法提取了纹理的多尺度特征，然后选用主成分分析法进行特征的降维，最后由贝叶斯分类器完成分类判断。Bombardier 等[25]提出了运用模糊分类器的方法，针对木材颜色的 CIELAB 颜色空间（CIELAB color space）提取了图像平均值 Ma、基线校正平均值 Mb、低频平均值 Ml、低阶高次矩特征 HOMl、高阶高次矩特征 HOMh 这 5 个特征量，根据提取的特征量设计并调整了模糊规则，将模糊分类器分别与支持向量机、k 近邻分类器和 BP 神经网络分类器进行比较。

6.3 实验样本采集

木材纹理检测与分类流程如下：图像采集系统获取样本图像，并将其传输至计算机。传送带负责将实验样本运送到图像采集系统。计算机进行图像分析并识别样本的纹理特征，特征识别结果将控制踢腿完成木材分类。图 6-3-1 为样本分选系统图。

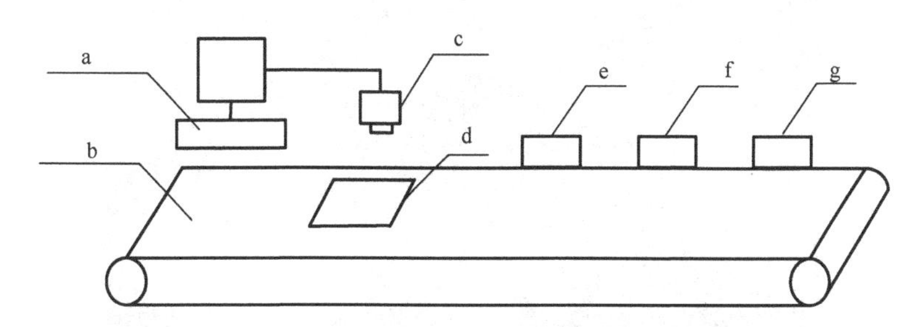

图 6-3-1　样本分选系统图

a. 计算机；b. 传送带；c. 摄像头；d. 实验样本；e. 踢腿；f. 踢腿；g. 踢腿

分选系统中，首先需要由传送带将木材样本送至摄像头下。其次要对样本图像进行采集。图像采集部分包括摄像部分、光源部分和摄像头支架等。其中，摄像部分包括相机和镜头，相机选用的型号为 OSCAR F810C IRF，最大分辨率为 3272×2469，最大分辨率下的最高帧率为 3fps，如图 6-3-2（a）所示；镜头选用的型号为 computer M0814-MPFA。光源部分采用的是 36×15 的 LED 排灯，如图 6-3-2（b）所示，这种灯的灯光效率高，光色纯正，对采集的图像干扰少，并且均匀的光照不会使样本图像出现明暗不均或者产生阴影等现象，采集出的图像清晰、噪声少。因此 LED 排灯可以为采集高质量木材表面图像提供良好的光照条件。

（a）OSCAR F810C IRF

（b）36×15的LED排灯

图 6-3-2　图像采集设备

最后，再由传送带将木材样本通过图像采集系统送到控制系统，根据对样本进行的分析与判定，由踢腿对所得结果做出反应，如图 6-3-3 所示。

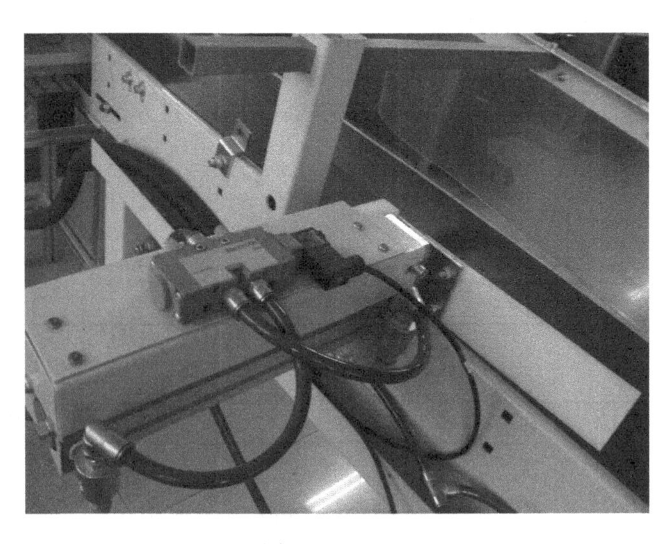

图 6-3-3　踢腿

本章的木材样本材料为柞木，选用了 100 个经过切割、干燥、刨光等处理的柞木样本，样本尺寸约为 44cm×14cm×2.5cm（长×宽×高），如图 6-3-4 所示，对柞木样本表面采集了 300 余幅图像，通过图像的采集部分将柞木样本形成的数字化图像输入到计算机中，保存格式为 BMP。图像采集的参数设置分别如图 6-3-5～图 6-3-7 所示。

图 6-3-4　柞木样本

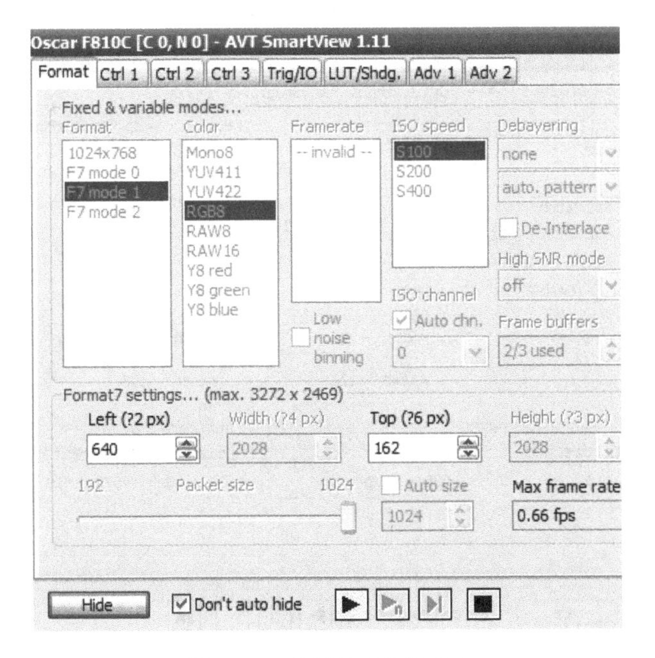

图 6-3-5　相机的参数设定 1

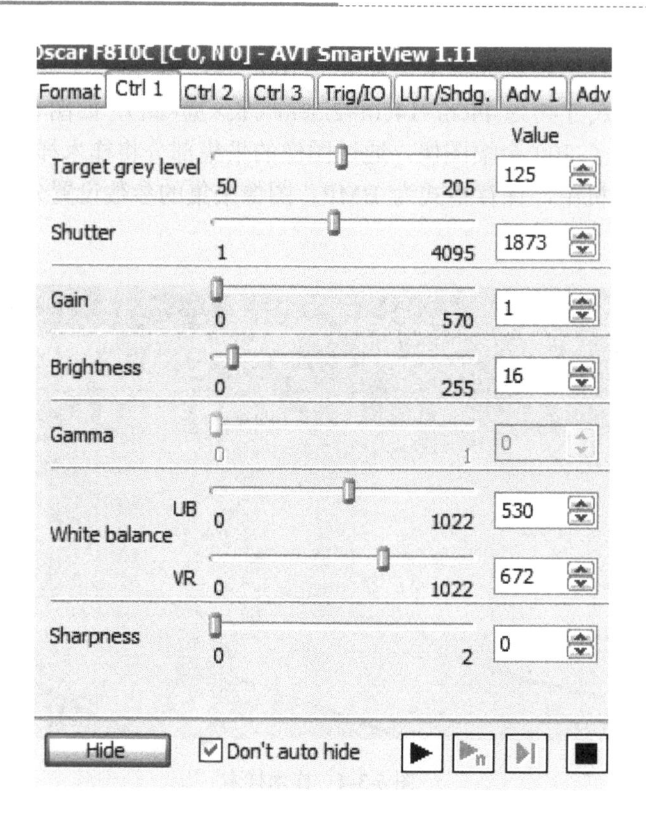

图 6-3-6 相机的参数设定 2

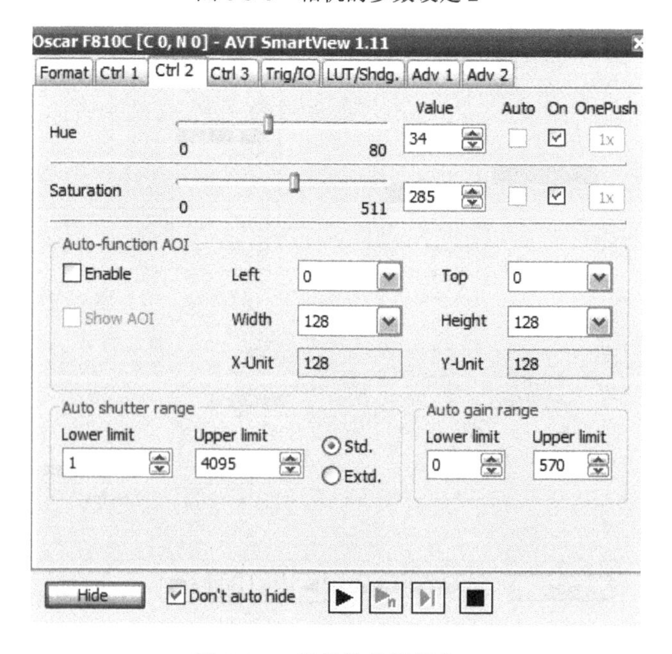

图 6-3-7 相机的参数设定 3

虽然本章的图像采集系统可以采集到亮度均匀的样本图像，但在图像采集的过程中，还应注意柞木样本的拍摄位置[26]。在对木材表面纹理进行识别时，样本表面图像所描述的内容会影响纹理的识别结果，并且不完整的纹理也会造成结果的误识，因此选择的位置应尽可能体现木材表面纹理完整丰富信息。

在分类标准上，本章按照木材表面纹理的形状特征将纹理分为直纹纹理（图 6-3-8）、抛物线纹理（图 6-3-9）和乱纹纹理（图 6-3-10）三类。

图 6-3-8　直纹纹理样本的灰度图像

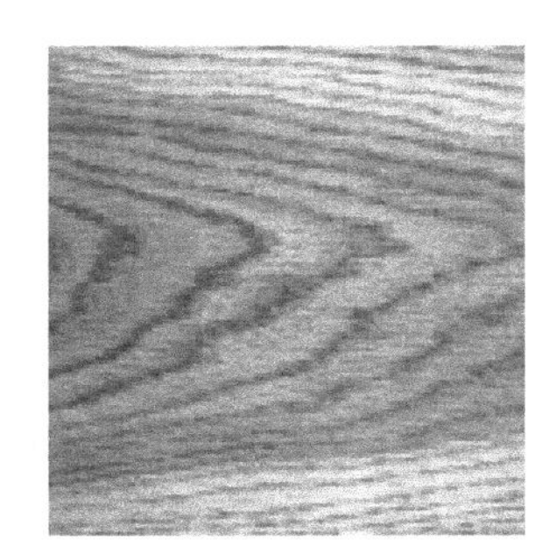
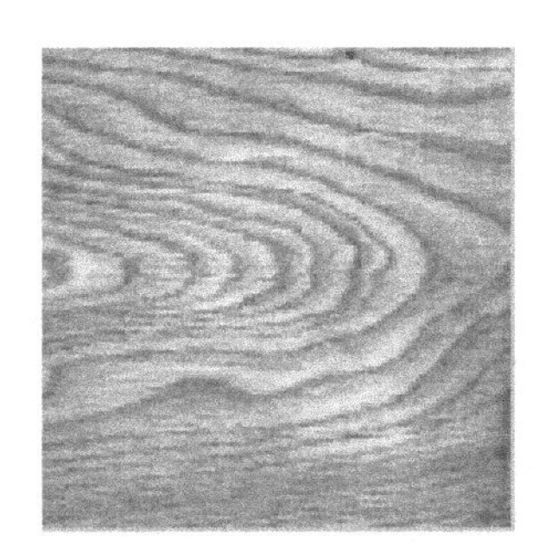
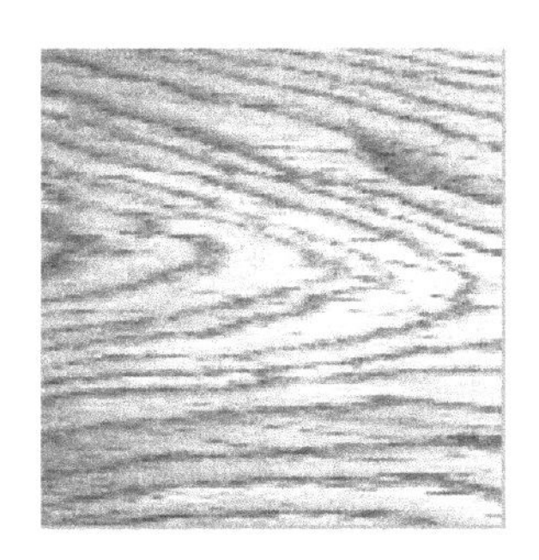

图 6-3-9　抛物线纹理样本的灰度图像

图 6-3-10　乱纹纹理样本的灰度图像

在对图像进行处理时，样本图像大小的选取很重要，图像选取过大，像素点则多，处理时复杂度会增加，计算量将增大，计算时间也将增加；图像选取过小，虽然计算时间会相应减少，但图像信息量也会减少，图像会丢失许多有用信息，图像清晰度随之下降。本章将数字化木材实验的样本图像设定为 128×128 像素，发现图像的质量仍然很好，而且纹理依然丰富且清晰。在对木材纹理进行分析时，均采用如图 6-3-8～图 6-3-10 所示的三类纹理样本的灰度图像。

6.4 基于小波变换的特征提取

采用小波变换的分析过程涉及两个问题：一是要对小波变换的分解级数进行确定，小波的分解过程可以一直进行下去，但是分解的层数越多，总体提取的特征向量也会越多，相应的计算量也就增大；二是小波基函数的确定。

6.4.1 最佳分解级数的确定

对图像进行小波分解，当分解到第 j 层时，各细节图像的能量可以分别表示如下。

第 j 层近似细节图像的能量：

$$E_{\mathrm{s}}^{j}=\sum_{x}\sum_{y}\left|f_{\mathrm{LL}}^{j}(x,y)\right|^{2},\quad j=1,2,\cdots,J \tag{6-4-1}$$

第 j 层水平细节图像的能量：

$$E_{\mathrm{h}}^{j}=\sum_{x}\sum_{y}|f_{\mathrm{LH}}^{j}(x,y)|^{2},\quad j=1,2,\cdots,J \tag{6-4-2}$$

式中，j 为分解层数，从 1 到 J，其中 J 为最佳分解层数，每一层表示图像在不同尺度下的细节分解；x 和 y 为图像的空间坐标，用于在图像的水平和垂直方向上遍历所有像素；$f_{\mathrm{LL}}^{j}(x,y)$ 表示第 j 层近似细节图像的系数，它是在该层的低频部分所包含的图像信息，通常反映图像的整体轮廓；$f_{\mathrm{LH}}^{j}(x,y)$ 表示第 j 层水平细节图像的系数，它是在该层水平方向高频、垂直方向低频的分量，通常用于表示图像中的水平边缘信息；E_{s}^{j} 表示第 j 层近似细节图像的能量，通过所有像素点的 $f_{\mathrm{LL}}^{j}(x,y)$ 系数的平方和来表示，用于衡量该层近似细节的总能量；E_{h}^{j} 表示第 j 层水平细节图像的能量，通过所有像素点的 $f_{\mathrm{LH}}^{j}(x,y)$ 系数的平方和来表示，用于衡量该层水平细节的总能量。

按照式（6-4-2）的方法分别计算第 j 层垂直细节图像的能量与对角细节图像的能量 E_{v}^{j} 和 E_{d}^{j}。

经 j 层分解后，所有细节图像的总能量为

$$E=E_{\mathrm{s}}^{j}+\sum_{j=1}^{J}E_{\mathrm{h}}^{j}+\sum_{j=1}^{J}E_{\mathrm{v}}^{j}+\sum_{j=1}^{J}E_{\mathrm{d}}^{j} \tag{6-4-3}$$

针对最佳分解级数的选择，引入变量 D_j 和 R_j，其中，D_j 表示在当分解层数为 j 时，三个高频细节能量的总和与总能量的比值；R_j 表示在当分解层数分别为 j 和 $j-1$ 时，后一层 $j-1$ 与前一层 j 的三个高频细节的能量总和的比值。用公式可以表示为

$$D_j = \frac{E_h^j + E_v^j + E_d^j}{E}, \quad j = 1,2,\cdots,J \tag{6-4-4}$$

$$R_j = \frac{D_j}{D_{j-1}}, \quad j = 1,2,\cdots,J \tag{6-4-5}$$

如果 $R_j \geqslant 1$，则说明当分解层数为 $j-1$ 时，样本的近似细节 $f_{\mathrm{LL}}^{(j-1)}(x,y)$ 中依然包含三个高频细节，同时需要进一步分解，用来分离低频和高频细节。如果 $R_j < 1$，则说明当分解层数为 $j-1$ 时，图像的近似细节 $f_{\mathrm{LL}}^{(j-1)}(x,y)$ 中几乎不包含三个高频细节，这时图像则不需要进一步分解。此时图像中的低频和高频部分完全被分离，可以选择合适的图像子带进行纹理特征提取。将 $R_j < 1$ 时的分解层数 $j-1$ 称为最佳分解层数，即小波的最佳分解层。

分别对三类纹理样本图像进行小波分解，按照式（6-4-5）计算 R_j，并从统计样本图像的结果中可知，在对图像进行两层小波分解时，$D_2 > D_1, R_2 > 1$，而在对图像进行三层小波分解时，$D_3 < D_2, R_3 < 1$，满足了小波的最佳分解条件，所以在本章中，对纹理样本图像的最佳小波分解级数 J 取值为 2，同时也可以尽量减少运算时间。其中，图 6-4-1 和表 6-4-1 分别为对直纹纹理的样本图像进行的三级分解和各图像能量的计算分析，图 6-4-2 和表 6-4-2 分别为对抛物线纹理的样本图像进行的三级分解和各图像能量的计算分析，图 6-4-3 和表 6-4-3 分别为对乱纹纹理的样本图像进行的三级分解和各图像能量的计算分析。

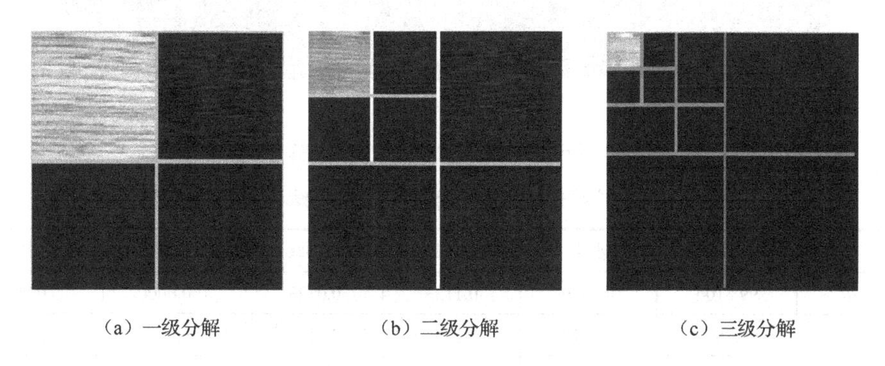

（a）一级分解　　（b）二级分解　　（c）三级分解

图 6-4-1　直纹纹理的小波分解

表 6-4-1　直纹纹理的木材样本图像小波分解各子图的能量

分解级数	近似图像	水平	垂直	对角线	总能量	能量比例
一级	99.6438	0.3350	0.0121	0.0091	100.0000	0.0037
二级	99.1899	0.5072	0.0074	0.0058	99.7103	0.0052
三级	99.0732	0.3449	0.0078	0.0048	99.4307	0.0036

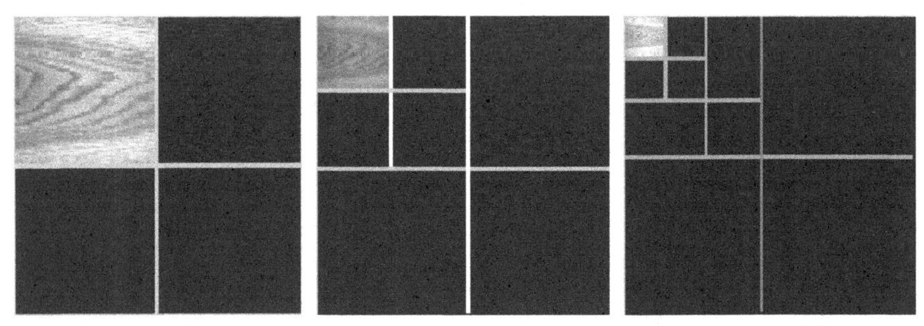

（a）一级分解　（b）二级分解　（c）三级分解

图 6-4-2　抛物线纹理的小波分解

表 6-4-2　抛物线纹理的木材样本图像小波分解各子图的能量

分解级数	近似图像	水平	垂直	对角线	总能量	能量比例
一级	99.6597	0.3006	0.0170	0.0118	99.9891	0.0033
二级	99.2751	0.2709	0.0365	0.0327	99.6152	0.0034
三级	99.0362	0.1627	0.0411	0.0352	99.2752	0.0024

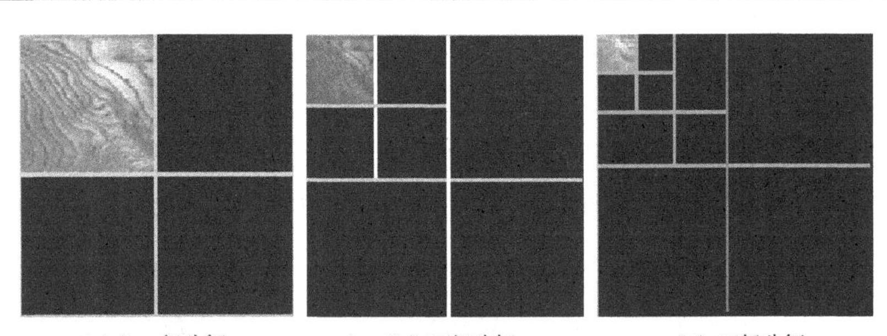

（a）一级分解　（b）二级分解　（c）三级分解

图 6-4-3　乱纹纹理的小波分解

表 6-4-3　乱纹纹理的木材样本图像小波分解各子图的能量

分解级数	近似图像	水平	垂直	对角线	总能量	能量比例
一级	99.5106	0.2889	0.1183	0.0823	100.0000	0.0049
二级	99.0882	0.2320	0.1562	0.1147	99.5911	0.0050
三级	98.9645	0.1627	0.1180	0.0911	99.3363	0.0037

6.4.2　小波基确定

小波基的选取不是唯一的，只要满足小波条件的函数都可以。在不同的应用条件下，可以选择不同的小波基函数。常用的小波基函数有 Coiflets 小波系、Biorthogonal 小波系、Symlets 小波系与 Daubechies 小波系。其中，Symlets 小波系对称性更好，且更适用于图像处理问题。因此本章选用 Symlets4 小波基对图像进行小波分析，该小波基不但可以提高能量的集中程度，而且可以解决边界问题。

6.4.3　特征提取

采用 Symlets4 小波基对图像进行二级小波分解，可以得到小波分解的 7 个子图，分别为一级分解的水平细节 HL1 图、垂直细节 LH1 图、对角细节 HH1 图，二级分解的近似 LL2 图、水平细节 HL2 图、垂直细节 LH2 图和对角细节 HH2 图。将这 7 个子图作为研究对象，按式（6-4-6）、式（6-4-7）分别计算每个子图小波系数的平均值和标准差，并按式（6-4-8）计算整幅图片的熵，得到的 15 个参数作为样本的特征向量。其中，各子图小波系数的平均值可以用来反映该细节子图信息量的多少；标准差可以反映样本的对应细节部分偏离平均数的程度、纹理样本各频率下差别的大小；熵可以反映整体样本图像所提供信息量的多少，样本的图像内容越复杂，样本的熵就越大。将 7 个子图小波系数的平均值按 W1 到 W7 的顺序进行编号，7 个子图小波系数的标准差按 W8 到 W14 的顺序编号，将整幅图片的熵编为 W15。三类纹理的特征值如表 6-4-4 所示。

设小波分解后为 $N \times N$ 的子带，$i = 1, 2, \cdots, 14$，则平均值为

$$\mu_i = \frac{1}{N^2} \sum_{x_1=1}^{N} \sum_{x_2=1}^{N} \left| f(x_1, x_2) \right| \tag{6-4-6}$$

标准差为

$$\sigma_i = \sqrt{\frac{\sum_{x_1=1}^{N} \sum_{x_2=1}^{N} \left(f(x_1, x_2) - \mu_i \right)}{N^2}} \tag{6-4-7}$$

熵为

$$e = -\sum_{x_1=1}^{N} \sum_{x_2=1}^{N} f(x_1, x_2) \ln f(x_1, x_2) \tag{6-4-8}$$

表 6-4-4 图像三类纹理的特征值

编号	直纹			抛物线			乱纹		
	样本 1	样本 2	平均值	样本 1	样本 2	平均值	样本 1	样本 2	平均值
W1	-0.389	0.121	-0.134	-0.632	0.158	-0.237	-0.023	-0.271	-0.147
W2	0.065	0.077	0.071	-0.022	0.028	0.003	-0.099	-0.014	-0.057
W3	0.045	-0.006	0.0195	0.008	-0.022	-0.007	-0.118	-0.028	-0.073
W4	414.033	417.386	415.710	355.170	371.726	363.448	314.179	315.640	314.910
W5	1.945	0.132	1.039	0.719	-0.734	-0.008	-1.216	-0.739	-0.978
W6	-0.342	-0.001	-0.172	0.385	0.141	0.263	0.390	-0.690	-0.150
W7	0.043	-0.171	-0.064	-0.044	-0.080	-0.062	0.118	0.135	0.127
W8	24.159	18.033	21.096	20.000	17.273	18.637	17.125	18.544	17.835
W9	4.601	5.179	4.890	4.820	5.021	4.921	10.957	8.703	9.830
W10	3.988	4.061	4.025	3.895	4.252	4.074	9.141	8.180	8.661
W11	47.418	49.772	48.595	48.501	36.311	42.406	48.186	37.173	42.680
W12	59.680	44.750	52.215	37.811	33.703	35.757	30.385	34.861	32.623
W13	7.198	8.837	8.018	10.284	11.310	10.797	24.947	15.671	20.309
W14	6.378	6.741	6.560	9.117	9.988	9.553	21.382	15.347	18.365
W15	6.673	6.697	6.685	6.741	6.339	6.540	6.773	6.453	6.613

6.4.4 实验结果与分析

运用以上方法，选取三类纹理的 300 幅木材样本图像，每类纹理样本各 100 幅，其中 50 幅用于 BP 神经网络的训练，另 50 幅作为待测样本。对三类纹理样本提取 W1 到 W15 的特征，并送入 BP 神经网络分类器的输入端，用训练好的 BP 神经网络分类器进行测试，测试结果如表 6-4-5 所示。

表 6-4-5 基于小波变换的样本分类准确率 单位：%

实验次数	直纹	抛物线	乱纹
1	94	84	86
2	90	84	84
3	88	86	82
平均准确率	90.7	84.7	84.0

通过以上实验可以发现，基于小波变换的方法可以对木材的纹理进行较好识别，对于直纹纹理的木材样本分类准确率高于另外两种纹理的样本，这说明小波变换的方法对木材的直纹纹理的识别效果更好，这一现象可能是由于小波变换的方法没有方向性。整个识别过程的时间为 0.025s。

6.5 基于曲波变换的特征提取

6.5.1 第一代曲波变换简介

第一代曲波变换是 Candès 和 Donoho 于 1999 年在脊波变换的基础上提出的，它是基于 Ridgelet 变换理论、多尺度 Ridgelet 变换理论与带通滤波器理论的一种变换。与微积分的定义类似，当尺度足够小时，曲波可以被看作直线，曲波的奇异性就可以根据直线奇异性来体现，为此可以将曲波变换称为脊波变换的积分。单尺度脊波变换的基本尺度是固定的，而曲波变换则不然，它是在所有可能的尺度上进行分解[27]。

在曲波变换分解中，多尺度的字典由曲波基元素构成，形成了不同尺度的单尺度曲波字典的集合。集合中的曲波基函数表示为ψ_μ，极坐标半径满足$s \geqslant 0$，极坐标角度满足$0 < Q \in \Omega_s$且分解级数$a \in \Gamma$。

$$\left\{\psi_\mu := \psi_{Q,a}, s \geqslant 0, 0 < Q \in \Omega_s, a \in \Gamma\right\} \tag{6-5-1}$$

由式（6-5-1）可知，多尺度脊波字典构成了长度和位置均可变的局部脊波金字塔。显然，这样的多尺度脊波金字塔是一个过完备的表示系统，采用简单的阈值处理往往找不到对应的一个稀疏分解。针对这一问题，曲波变换通过子带滤波形成尺度的正交分解来减少各尺度的冗余性。完成曲波变换需要使用一系列滤波器，如Φ_0、$\Psi_{2s}(s = 0,1,2,\cdots)$，这些滤波器需要满足：①$\Phi_0$是一个低通滤波器，并且其通带为$|\xi| \leqslant 1$。②$\Psi_{2s}$是带通滤波器，带通范围为$|\xi| \in [2^{2s}, 2^{2s+2}]$。③所有滤波器要满足$\Phi_0(\xi)^2 + \sum\limits_{s \geqslant 0} \left|\Psi_{2s}(\xi)\right|^2 = 1$。

滤波器组将函数f映射为

$$f \to \left(P_0 f = \Phi_0 \cdot f, \Delta_0 f = \psi_0 \cdot f, \cdots, \Delta_s f = \psi_{2s} \cdot f, \cdots\right) \tag{6-5-2}$$

满足：$\|f\|_2^2 = \|P_0 f\|_2^2 + \sum\limits_{s \geqslant 0} \|\Delta_s * f\|_2^2$。曲波的变换系数可以定义为

$$a_\mu \leqslant \Delta_s f, \quad \Psi_{Q,a} > Q \in \Omega_s, \quad a \in \Gamma \tag{6-5-3}$$

曲波变换为将任意均方可积函数f映射到系数序列$a_\mu(\mu \in M)$的变换。其中，M 表示a_μ的参数集，称元素$\sigma_\mu = \Delta_s \Psi_{Q,a}, Q \in \Omega_s, a \in \Gamma$为曲波，曲波的集合构成$L_2\left(IR^2\right)$上的一个紧框架$\|f\|_2^2 = \sum\limits_{\mu \in M} \left|\left\langle f, \sigma_\mu \right\rangle\right|^2$，并且有分解[28]：

$$f = \sum_{\mu \in M} \left\langle f, \sigma_\mu \right\rangle \sigma_\mu \tag{6-5-4}$$

曲波基的支撑区间满足式（6-5-5）的关系是曲波变换的一个最核心的关系。这一关系称为各向异性尺度关系（anisotropy scaling relation，ASR），此关系表明Curvelet变换具有方向性[29]。

$$\text{width} \propto\sim \text{length}^2 \tag{6-5-5}$$

式中，width为曲波宽度；length为曲波宽度上界。

对于曲波变换，设 s 为 Sobolev 系数，设 g 为辅助算子，g 的定义域为 $g \in W_2^2(\mathbf{R}^2)$，令 $\left| f(x)=g(x) \right|_{\{x_2 \leqslant \gamma(x_1)\}}$，若曲线 γ 二阶可导，则函数 f 的曲波变换的 M 项非线性逼近 $Q_M^C(f)$ 能达到误差界：

$$\left\| f - Q_M^C(f) \right\|_2^2 \leqslant CM^{-2}\left(\ln M\right)^{\frac{1}{2}} \tag{6-5-6}$$

由式（6-5-6）可知，对于二阶可导函数，曲波变换已经达到了一种"几乎最优"逼近阶，此时非线性小波变换逼近误差的衰减速度依然是 M^{-1} 阶的。

曲波分解的具体实现步骤可总结如下。

（1）子带分解。利用滤波器组 Φ_0 和 $\Psi_{2s}(s=0,1,2,\cdots)$ 将图像 f 分解为低频子带 $P_0 f$ 和高频子带 $\Delta_s f$，即

$$f \to \left(P_0 f = \Phi_0 * f, \Delta_0 f = \psi_0 * f, \cdots, \Delta_s f = \psi_{2s} * f, \cdots\right) \tag{6-5-7}$$

（2）光滑部分。将各高频子带进行平滑分割，分割成合适尺寸的正方形区域，即 $\Delta_s f \to \left(\omega_Q \Delta_s f\right)$。

（3）归一化。对得到的每个正方形区域进行归一化处理，即 $g_Q = \left(T_Q\right)^{-1}\left(\omega_Q \Delta_s f\right)$。

（4）脊波分解。对每个剖分块 g_Q 进行脊波变换，得到曲波系数。

6.5.2 第二代曲波变换简介

1. 连续曲波变换

第一代曲波的数字实现步骤比较复杂，需要进行子带分解、平滑分块、正规化与脊波分析等一系列过程，而且曲波金字塔的分解也存在巨大的数据冗余量，因此Candès等又提出了实现更为简单的快速曲波变换算法（fast Curvelet transform，FCT），即第二代曲波[30]。

第二代曲波变换通过信号频谱的多方向分解实现信号的多方向分解，借助快速傅里叶变换使数字实现更加简单、快速。第二代曲波变换有两种数字实现方法：一种是基于非均匀采样的快速傅里叶变换；另一种是基于特殊选择的傅里叶采样的卷绕。

在二维空间 $\mathbf{R}^2$ 中，定义 x 为空间位置变量，ω 为频域变量，r 和 θ 为频域下

的极坐标。假定 $W(r)$ 和 $V(t)$ 为平滑、非负、实值的半径窗和角窗，且满足容许性条件：

$$\sum_{j=-\infty}^{+\infty} W^2\left(2^j r\right)=1, \quad r \in\left(\frac{3}{4}, \frac{3}{2}\right) \tag{6-5-8}$$

$$\sum_{l=-\infty}^{+\infty} V^2(t-l)=1, \quad l \in\left(-\frac{1}{2}, \frac{1}{2}\right) \tag{6-5-9}$$

对所有尺度 $j \geqslant j_0$，定义傅里叶频域的频率窗为

$$U_j(r, \theta)=2^{-\frac{3j}{4}} W\left(2^{-j} r\right) V\left(\frac{2^{\left\lfloor \frac{j}{2} \right\rfloor} \theta}{2\pi}\right) \tag{6-5-10}$$

式中，$\left\lfloor \frac{j}{2} \right\rfloor$ 表示 $\frac{j}{2}$ 的整数部分。由以上定义可知，U_j 为极坐标下的楔形窗。图 6-5-1 给出了连续曲波变换的频率空间区域分块图，其中阴影部分表示一个楔形窗，为曲波的支撑区间。

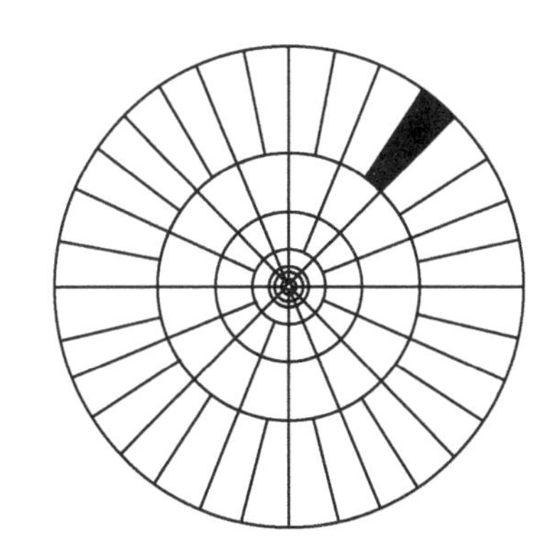

图 6-5-1　连续曲波变换的频率空间区域分块图

令曲波为 $\varphi_j(x)$，其傅里叶变换 $\hat{\varphi}_j(\omega)=U_j(\omega)$，则通过 φ_j 的旋转和平移可以得到在尺度 2^{-j} 上的所有曲波。定义等间隔的旋转角序列 $\theta_l=2\pi \cdot 2^{-\left\lfloor \frac{j}{2} \right\rfloor} \cdot l(l=0,1,\cdots, 0 \leqslant \theta_l \leqslant 2\pi)$ 和平移参数序列 $k=\left(k_1, k_2\right) Z^2$[31]，则尺度为 2^{-j}、方向为 θ_l、位置为 $x_k^{(j,l)}=R_{\theta_l}^{-1}\left(k_1 \cdot 2^{-j}, k_2 \cdot 2^{-\frac{j}{2}}\right)$ 的曲波为

$$\varphi_{j,k,l}(x)=\varphi_j\left(R_{\theta_l}\left(x-x_k^{(j,l)}\right)\right) \tag{6-5-11}$$

频域的曲波变换定义为

$$
\begin{aligned}
c(i,l,k) &:= \frac{1}{(2\pi)^2}\int \hat{f}(\omega)\hat{\varphi}_{j,l,k}(\omega)\mathrm{d}\omega \\
&= \frac{1}{(2\pi)^2}\int \hat{f}(\omega)U_j\left(R_{\theta_l}\omega\right)\exp\left[i\left\langle x_k^{(j,l)},\omega\right\rangle\right]\mathrm{d}\omega
\end{aligned}
\tag{6-5-12}
$$

与小波变换一样，曲波变换也包括粗尺度成分和精尺度成分。曲波变换的精尺度成分可由函数与曲波得到。对于粗尺度成分，引入低通窗口W_0。它满足：

$$
\left|W_0(r)\right|^2 + \sum_{j\geqslant 0}\left|W\left(2^{-j}r\right)\right|^2 = 1 \tag{6-5-13}
$$

对于$k_1,k_2\in\mathbf{Z}$，粗尺度下的曲波可以定义为

$$
\varphi_{j_0,k}(x) = \varphi_{j_0}\left(x-2^{-j_0}k\right) \tag{6-5-14}
$$

其傅里叶变换满足：

$$
\hat{\varphi}_{j_0}(\omega) = 2^{-j_0}W_0\left(2^{-j_0}|\omega|\right) \tag{6-5-15}
$$

由式（6-5-14）和式（6-5-15）可知，粗尺度成分下的曲波不具有方向性。因此，曲波变换是由精尺度成分下的方向和粗尺度成分下各向同性的小波构成的[32]。

2. 离散曲波变换

在连续时域，曲波变换的实现方法是通过环形方向窗U_j将信号频谱进行光滑分割。而在离散时域，则采用同中心的方形笛卡儿窗来代替环形方向窗，如图 6-5-2 所示。

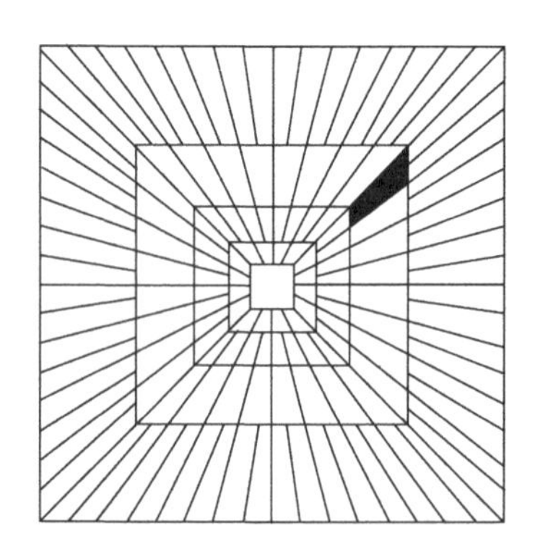

图 6-5-2 离散曲波变换分块图

笛卡儿坐标系下，局部窗函数定义为

$$\tilde{U}_j(\omega)=\tilde{W}_j(\omega)V_j(\omega) \tag{6-5-16}$$

式中，$\tilde{W}_j(\omega)$为频域下的尺度函数。

$$\Phi_j(\omega_1,\omega_2)=\phi\left(2^{-j}\omega_1\right)\phi\left(2^{-j}\omega_2\right) \tag{6-5-17}$$

设等间隔斜率序列为$\tan\theta_l=l\cdot 2^{-\left\lfloor\frac{j}{2}\right\rfloor},\ l=-2^{-\left\lfloor\frac{j}{2}\right\rfloor},\cdots,-2^{-\left\lfloor\frac{j}{2}\right\rfloor}-1$，则有

$$\tilde{U}_{j,l}(\omega)=\tilde{W}_j(\omega)V_j(S_{\theta_l}\omega) \tag{6-5-18}$$

式中，$S_\theta=\begin{bmatrix}1 & 0\\ -\tan\theta & 1\end{bmatrix}$是剪切矩阵。由此离散曲波可定义为

$$\tilde{\varphi}_{j,l,k}(x)=2^{\frac{3j}{4}}\tilde{\varphi}_j\left(S_{\theta_l}^{\mathrm{T}}\left(x-S_{\theta_l}^{-\mathrm{T}}b\right)\right) \tag{6-5-19}$$

式中，b 取离散值$\left(k_1\cdot 2^{-j},k_2\cdot 2^{-\frac{j}{2}}\right)$。离散曲波变换定义为

$$c(i,l,k)=\int\hat{f}(\omega)\tilde{U}_j(S_{\theta_l}^{-1}\omega)\exp\left[i\left\langle S_{\theta_l}^{-1}b,\omega\right\rangle\right]\mathrm{d}\omega \tag{6-5-20}$$

在采用快速傅里叶变换实现离散曲波变换时，剪切的块应为标准的矩形。此时，式（6-5-20）应改写为

$$c(i,l,k)=\int\hat{f}(S_{\theta_l})\bar{U}_j(\omega)\exp\left[i\left\langle b,\omega\right\rangle\right]\mathrm{d}\omega \tag{6-5-21}$$

3. 曲波变换的实现方法

本章采用的快速离散 Curvelet 变换是基于不等空间快速傅里叶变换（unequally-spaced fast Fourier transform，USFFT）算法，该算法的实现过程如下。

（1）对于在笛卡儿坐标系下给定的二维函数$f\left[t_1,t_2\right],\ 0\leqslant t_1,t_2\leqslant\omega$，进行二维分数傅里叶变换（two-dimensional fractional Fourier transform，2D FFT），得到二维频域如下表示：

$$\hat{f}\left[n_1,n_2\right],\quad -\frac{n}{2}\leqslant n_1,\quad n_2\leqslant\frac{n}{2} \tag{6-5-22}$$

（2）在频域，对于每一对$(j,1)$[即(尺度,角度)]，重采样$\hat{f}\left[n_1,n_2\right]$，得到采样值：

$$\hat{f}\left[n_1,n_2-n_1\tan\theta_l\right],\quad (n_1,n_2)\in P_j \tag{6-5-23}$$

式中，$P_j = \left\{ (n_1, n_2) : n_{1,0} \leqslant n_1 < n_{1,0} + L_{1,j}, n_{2,0} \leqslant n_2 < n_{2,0} + L_{2,j} \right\}$，且 $L_{1,j}$ 是关于 2^j 的参量，$L_{2,j}$ 是关于 $2^{\frac{j}{2}}$ 的参量，分别表示窗函数 $\tilde{U}_j[n_1, n_2]$ 的支撑区间的长宽分量。

（3）将内插后的 $\hat{f}$ 与窗函数 $\tilde{U}_j$ 相乘，可得到

$$\hat{f}_{j,l}[n_1, n_2] = \hat{f}[n_1, n_2 - n_1 \tan\theta_l]\tilde{U}_j[n_1, n_2] \tag{6-5-24}$$

对 $\hat{f}_{j,l}$ 进行 2D FFT 逆变换，可以得到离散的曲波系数集合 $c^D(j,l,k)$ [33]。

6.5.3 实验结果与分析

1. *曲波变换的层次*

可以根据图像的规格来对划分的尺度层次进行确定，划分规则为 $\mathrm{nsclaes} = \log_2(n) - 3$，其中，$[m,n] = \mathrm{size(img)}$，由于本章选取的图像分辨率为 128×128，因此，图像的尺度划分层次为 4。图像的层次可以分为三个部分，即 Coarse、Detail、Fine。从频率的分布情况来讲，最内层为低频系数，分配到 Coarse 部分；最外层为高频系数，分配到 Fine 部分；中间层次为中高频系数，分配到 Detail 部分。对 Coarse、Fine 尺度层系数 S{1}和 S{4}分别进行快速傅里叶逆变换（inverse fast Fourier transform，IFFT），从而得到相应尺度层上的曲波变换系数 C{1}和 C{4}，Coarse 尺度层系数 C{1}包含了原始图像的概貌信息，Fine 尺度层系数 C{4}包含了是图像的高频轮廓信息。Detail 层曲波变换系数的获得需要对 Detail 层的系数 S{2}和 S{3}进行角度的分割，Detail 层系数涵盖的是中高频系数，也主要包含的是边缘特征，Detail 的边缘特征具备多方向性。

分别对三类纹理样本进行基于USFFT算法的曲波变换，可以得到4个尺度层，最内层为 Coarse 尺度层，是由低频系数组成的一个 32×32 的矩阵；最外层为 Fine 尺度层，是由高频系数组成的一个 128×128 的矩阵；中间的第二层、第三层为 Detail 尺度层，每层系数被分割为四个大方向，每个方向上都被划分为 8 个小方向，每个小方向是由中高频系数组成的矩阵，矩阵的形式如表 6-5-1 所示，得到曲波系数图如图 6-5-3 所示。

表 6-5-1 曲波变换的系数分析

层次	尺度系数	方向参数 l 的个数	矩阵的形式				
Coarse	C{1}	1	32×32	—	—	—	—
Detail	C{2}	32（4×8）	—	16×12	12×16	16×12	12×16
	C{3}	32（4×8）	—	32×22	22×32	32×22	22×32
Fine	C{4}	1	128×128	—	—	—	—

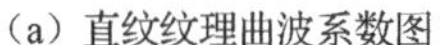
（a）直纹纹理曲波系数图

（b）抛物线纹理曲波系数图

（c）乱纹纹理曲波系数图

图 6-5-3　三类纹理样本的曲波系数图

2. 识别结果对比

由图 6-5-3 可以观察出三类纹理样本的系数有明显区别，直纹纹理的系数主要分布在一、三方向的中间部分；抛物线纹理的系数主要分布在一、三方向，二、四方向有较少部分；而乱纹纹理的系数则在四个方向都有，没有任何规律特征。根据以上三类纹理样本曲波系数分布的差异能够很好地区分三类纹理。

其中，Detail 层的边缘特征更能体现纹理的方向性，辨别纹理的能力更强，而 Detail 层中的第二层与第三层在尺度分割上，每个小方向都被划分为 8 个相同的小方向。因此，本章只对 Detail 层中的第二层系数进行分析，由于第一方向与第三方向的 Curvelet 系数分布相似，第二方向与第四方向的 Curvelet 系数分布相似，为了避免信息的冗余，仅取第一方向和第二方向系数中的奇数小方向上的 8 个系数矩阵，用式（6-4-6）和式（6-4-7）计算曲波系数小方向上的平均值和标准差，共 16 个参数作为曲波变换的特征参数。将 8 个小方向系数的平均值按照 C1 到 C8 的顺序编号，标准差按 C9 到 C16 的顺序编号，特征值如表 6-5-2 所示。

表 6-5-2　三类纹理样本的特征值

编号	直纹纹理			抛物线纹理			乱纹纹理		
	样本 1	样本 2	平均值	样本 1	样本 2	平均值	样本 1	样本 2	平均值
C1	−0.284	−0.953	−0.618	−1.259	1.179	−0.404	−2.131	0.121	−1.005
C2	3.081	−0.694	1.193	0.066	2.271	1.169	−0.478	−2.773	−1.626
C3	−6.903	−9.588	−8.246	0.227	−0.076	0.076	0.141	1.585	0.863
C4	3.704	−1.114	1.295	0.818	−0.482	0.168	6.725	3.613	5.169
C5	0.106	0.963	0.535	−0.454	−0.250	−0.352	−7.884	5.323	−2.561
C6	−0.508	−0.254	−0.381	0.640	0.145	0.393	−2.321	0.428	−0.947
C7	0.160	−0.842	−0.341	−0.701	−0.553	−0.627	3.316	2.440	2.878
C8	0.396	−1.651	−0.628	−0.965	−0.021	−0.493	0.656	0.290	0.473
C9	4.602	6.329	5.466	3.970	4.693	4.332	8.556	6.846	7.701

续表

编号	直纹纹理			抛物线纹理			乱纹纹理		
	样本 1	样本 2	平均值	样本 1	样本 2	平均值	样本 1	样本 2	平均值
C10	12.003	12.610	12.307	9.411	11.970	10.691	10.454	11.932	11.193
C11	64.296	84.212	74.254	21.445	20.253	20.849	14.152	23.483	18.818
C12	8.385	10.638	9.512	9.355	5.436	7.396	27.740	21.854	24.797
C13	5.737	4.670	5.204	3.282	4.083	3.683	27.274	17.502	22.388
C14	4.939	4.331	4.635	3.274	6.482	4.878	21.879	12.303	17.091
C15	5.686	4.931	5.309	4.129	4.637	4.383	15.929	11.307	13.618
C16	4.417	4.710	4.564	4.996	4.875	4.936	9.796	7.528	8.662

对 300 幅三类纹理样本图像进行曲波变换，并将提取的 16 个特征量送入 BP 神经网络分类器的输入端，分类结果如表 6-5-3 所示。

表 6-5-3 曲波变换的分类准确率 单位：%

实验次数	直纹纹理	抛物线纹理	乱纹纹理
1	92	92	86
2	90	88	90
3	92	90	86
平均准确率	91.3	90	87.3

由上表可以发现，曲波变换的方法可以对木材表面的纹理进行识别，并且对每类木材纹理的识别效果都很好。将曲波变换的方法与小波变换的方法进行对比，结果如表 6-5-4 所示。

根据以上对比可得，曲波变换对抛物线纹理与乱纹纹理的分类准确率明显高于小波变换的方法。进而表明曲波变换可以更好地用来描述曲线状特征，但是曲波变换的识别时间较长。

表 6-5-4 小波变换与曲波变换分类准确率的对比

特征提取方法	准确率			识别时间/s
	直纹/%	抛物线/%	乱纹/%	
小波变换	90.7	84.7	84	0.025
曲波变换	90.7	90	87.3	0.5634

6.6　基于遗传算法特征融合的木材纹理识别

6.6.1　特征融合的准备

特征融合的功能比较全面，适当的特征处理不但可以保留关键信息，还能将次要的信息过滤掉，降低复杂度[34]。因此，要实现特征的融合，首先要对样本图像进行特征提取，尽量多地提取出对样本有价值的信息，其次要对提取出的特征参数进行归一化处理，使所有特征参数在一个计量单位上，单位的统一为特征参数的后续处理提供了方便，最后采用遗传算法对提取的特征进行数据融合，选择出对样本图像识别贡献大的特征。

特征融合的实现过程如图 6-6-1 所示。

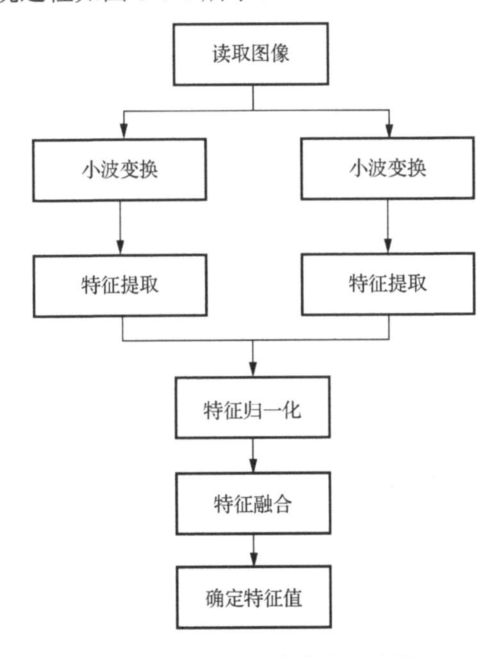

图 6-6-1　特征融合的实现过程

1. 图像的特征提取

采用小波变换与曲波变换对木材样本图像进行分解并提取特征，其中，对图像进行小波变换提取了 15 个特征 W1～W15，W1～W7 分别表示一级分解的水平细节 HL1、垂直细节 LH1、对角细节 HH1，二级分解的近似细节 LL2、水平细节 HL2、垂直细节 LH2 和对角细节 HH2 共 7 个子图像的小波系数的平均值，W8～

W15 分别表示 7 个子图像小波系数的标准差及整幅图像的熵。对图像进行曲波变换提取了 16 个特征 C1～C16，C1～C8 分别为 Detail 层的第二层系数中第一方向和第二方向上的奇数小方向系数的平均值，C9～C16 分别为 Detail 层的第二层系数中第一方向和第二方向上的奇数小方向系数的标准差。共计 31 个特征作为样本图像的特征参数，对两种方法提取出的特征进行融合。

2. 特征的归一化

由于特征提取的方法不同，各特征的量纲也不同[35,36]，如果某一特征的值域范围较大，那么其他值域范围较小的特征的贡献将会被它削弱，因此在对特征进行处理之前，需先将它们归一化到同一值域区间内，本章采用最大最小法，使归一化后的数据将分布在[0.1, 0.9]内[36]。

$$x_k = 0.1 + \left(x_k - x_{\min}\right) / \left(x_{\max} - x_{\min}\right) \times \left(0.9 - 0.1\right) \tag{6-6-1}$$

其中，$x_{\min}$ 表示序列中的最小值；$x_{\max}$ 表示序列中的最大值。

6.6.2 基于遗传算法的特征融合

特征融合的过程也是特征选择的过程。若在得到一组原始特征后，不加筛选而全部用于分类函数确定，则有可能存在部分无效特征。这既造成了对分类决策复杂度的增加，又不能明显改善分类器的性能[37,38]。

1. 遗传算法参数确定

1）编码

用每个基因代表一种特征的状态，每个特征有两种标记状态，分别为 0 或 1。其中，0 代表该特征没被选中，1 代表被选中。如表 6-6-1 与表 6-6-2 所示，共 31 个特征，基因位的长度 n=31。初始群体中每个个体的基因值均可采用均匀分布的随机数来生成。

2）个体适应度值

用三类纹理样本分类的平均准确率作为适应度值。

3）遗传算子

（1）选择运算使用比例选择算子[39]。

（2）交叉运算使用单点交叉算子。

（3）变异运算使用基本位变异算子。

4）基本遗传算法的运行参数

（1）群体大小 M 取 30。

（2）交叉概率 P_c 取 0.5。

（3）变异概率 P_m 取 0.005。

5）终止条件

如果连续几代个体的平均适应度值在遗传过程中不变（其差小于阈值 0.02），认为种群已达成熟且不会再进化，将此定为算法终止的判定标准。进化终止后，在末代种群中选择适应度值最大的个体进行解码，就是我们所要得到的最优特征子集。

表 6-6-1　小波变换后的特征编码

特征编号	特征变量	特征编码
W1	HL1 系数平均值	100000000000000000000000000000
W2	LH1 系数平均值	010000000000000000000000000000
W3	HH1 系数平均值	001000000000000000000000000000
W4	LL2 系数平均值	000100000000000000000000000000
W5	HL2 系数平均值	000010000000000000000000000000
W6	LH2 系数平均值	000001000000000000000000000000
W7	HH2 系数平均值	000000100000000000000000000000
W8	HL1 系数标准差	000000010000000000000000000000
W9	LH1 系数标准差	000000001000000000000000000000
W10	HH1 系数标准差	000000000100000000000000000000
W11	LL2 系数标准差	000000000010000000000000000000
W12	HL2 系数标准差	000000000001000000000000000000
W13	LH2 系数标准差	000000000000100000000000000000
W14	HH2 系数标准差	000000000000010000000000000000
W15	图像的熵	000000000000001000000000000000

表 6-6-2　曲波变换后 Detail 层的第二层系数中的特征编码

特征编号	特征变量	特征编码
C1	一方向中第一小方向系数平均值	000000000000000100000000000000
C2	一方向中第三小方向系数平均值	000000000000000010000000000000
C3	一方向中第五小方向系数平均值	000000000000000001000000000000
C4	一方向中第七小方向系数平均值	000000000000000000100000000000

续表

特征编号	特征变量	特征编码
C5	二方向中第一小方向系数平均值	0000000000000000000100000000000
C6	二方向中第三小方向系数平均值	0000000000000000000010000000000
C7	二方向中第五小方向系数平均值	0000000000000000000001000000000
C8	二方向中第七小方向系数平均值	0000000000000000000000100000000
C9	一方向中第一小方向系数标准差	0000000000000000000000010000000
C10	一方向中第三小方向系数标准差	0000000000000000000000001000000
C11	一方向中第五小方向系数标准差	0000000000000000000000000100000
C12	一方向中第七小方向系数标准差	0000000000000000000000000010000
C13	二方向中第一小方向系数标准差	0000000000000000000000000001000
C14	二方向中第三小方向系数标准差	0000000000000000000000000000100
C15	二方向中第五小方向系数标准差	0000000000000000000000000000010
C16	二方向中第七小方向系数标准差	0000000000000000000000000000001

2. 遗传算法的求解步骤

简单遗传算法的求解步骤如下。

（1）编码，将需要选择的特征进行编码，并给定种群大小 M、基因位数 n、交叉概率 P_c 和变异概率 P_m。

（2）初始化群体，随机产生 M 个初始串结构数据，每个串结构数据成为一个个体，M 个个体组成一个群体。

（3）分别对群体中的每一个个体的适应度值进行评估。

（4）从当前群体中选择适应度值高的个体，使这些个体有机会被选择进入下一代的迭代过程，同时舍弃适应度值低的个体。

（5）按交叉概率 P_c 进行交叉操作。

（6）按变异概率 P_m 进行变异操作。

（7）若没有满足某种终止条件，则转向第（3）步，否则进入下一步。

（8）将群体中适应度值最优的染色体输出，并将其作为问题的满意解或最优解。

遗传算法的框图如图 6-6-2 所示。

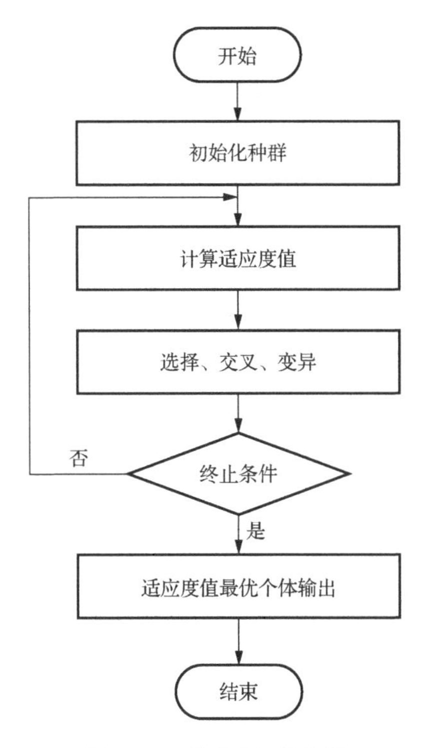

图 6-6-2 遗传算法的框图

3. 特征融合实现

应用 MATLAB 进行仿真实验，采用遗传算法对样本的特征进行数据融合，统计 90 幅木材样本图像，用 BP 神经网络作为分类器，以对三类纹理样本分类的平均准确率作为遗传算法个体的适应度值来评价样本的好坏，进行三次实验，结果如表 6-6-3 所示。

表 6-6-3 特征融合的结果

实验次数	遗传代数	最优值	最优解	特征数
1	38	0.87	1110111000110011010001101011100	17
2	30	0.84	11100110110001110000001110010001	15
3	89	0.87	0110001000110010101100001101101	14

由上表可以看出，第一次与第三次实验的最优值相同，但是最优解存在很大差异，这说明对于本章的分类问题，在对特征进行融合时，选择的特征有不同组解，每一组特征解都可以达到对木材样本满意的分类效果。

但是特征参数的数量影响着样本的识别速度，特征数越多，识别速度越慢。本章需要衡量运算时间，因此在第一次与第三次的实验中，选择第三次的最优解作为特征融合的结果，对应的 14 个特征为 W2、W3、W7、W11、W12、W15、C2、C4、C5、C10、C11、C13、C14、C16。遗传过程如图 6-6-3 所示。

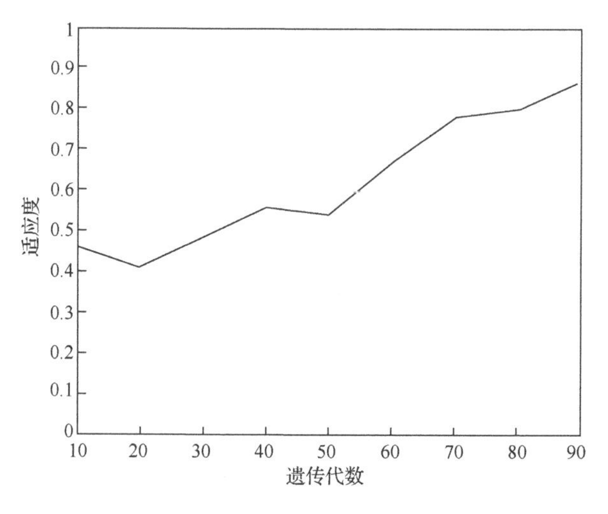

图 6-6-3　遗传过程

6.6.3　实验结果与分析

选取以上融合得出的 14 个特征用 BP 神经网络训练三类纹理样本，因此 BP 神经网络的输入层为 14 个神经元，输出层为 3 个神经元，但是隐含层的节点个数需要根据经验选取，根据式（6-4-10），隐含层神经元个数 $l \in [6,15]$，对 100 个木材样本进行测试，结果如表 6-6-4 所示。

表 6-6-4　不同隐含层节点个数的 BP 神经网络识别率　　单位：%

节点个数	识别率
6	87
7	89
8	92
9	90
10	88
11	88
12	89
13	90
14	90
15	89

通过上表可以看出，当隐含层节点个数为 8 时，对木材样本的识别率最高，效果最好，因此 BP 神经网络训练时的隐含层节点个数设为 8。

选取三类纹理的 300 幅木材样本图像，每类纹理样本各 100 幅，其中，50 幅用于 BP 神经网络的训练，另 50 幅作为待测样本，送入训练好的 BP 神经网络分类器进行测试。首先对 150 幅训练样本图像进行训练，BP 神经网络训练过程与结果如图 6-6-4 与图 6-6-5 所示。

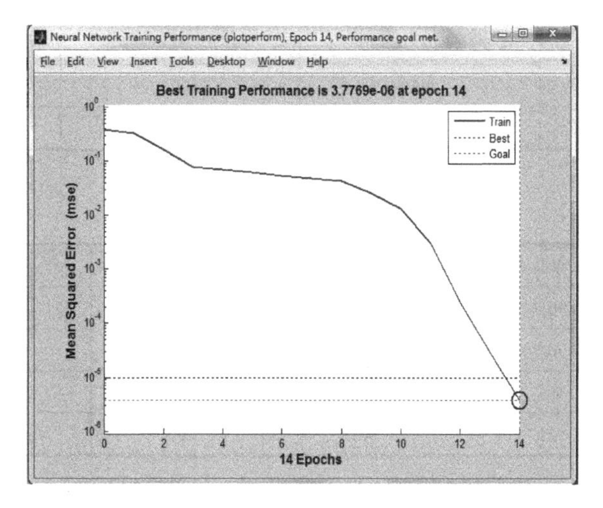

图 6-6-4 BP 神经网络的训练过程

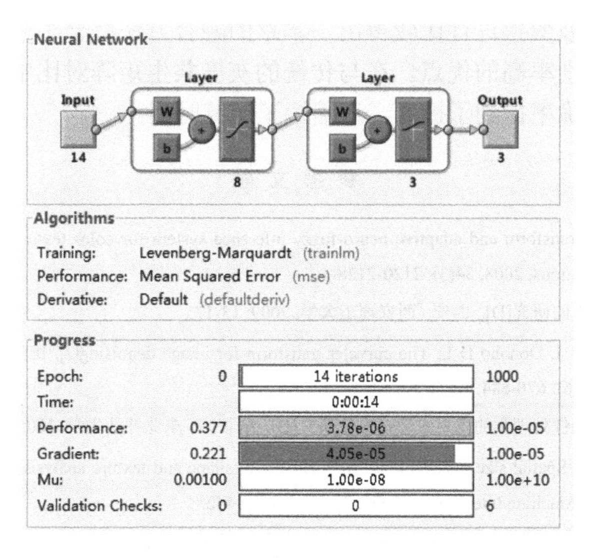

图 6-6-5 BP 神经网络的训练结果

以上结果可以看出，BP 神经网络的训练在第 14 步时达到了收敛，训练达到了满意效果。针对特征融合选择的特征，采用训练好的 BP 神经网络分类器，对另 150 幅木材样本图像进行分类测试，结果如表 6-6-5 所示。然后与小波变换、曲波变换及灰度共生矩阵特征提取方法进行对比，结果如表 6-6-6 所示。

表 6-6-5 特征融合实验结果 单位：%

实验次数	直纹纹理准确率	抛物线纹理准确率	乱纹纹理准确率
1	90	90	92
2	92	92	88
3	94	90	90
平均	92	90.7	90

表 6-6-6 不同方法实验结果对比分析

特征提取方法	直纹纹理准确率/%	抛物线纹理准确率/%	乱纹纹理准确率/%	平均准确率/%	时间/s
小波变换	90.7	84.7	84	86.5	0.025
曲波变换	90.7	90	87.3	89.3	0.5634
灰度共生矩阵	88	90	90	89.3	2.1311
本章融合方法	92	90.7	90	90.9	0.2167

由以上两表可知，本章采用的特征融合方法适合用于对木材表面纹理的分类，该方法既可以检测出直纹纹理，又可以对抛物线纹理与乱纹纹理进行很好的识别。与小波变换及曲波变换进行比较得出，本章的融合方法综合了小波变换运算时间快与曲波变换识别率高的优点。在与传统的灰度共生矩阵对比中表明，本章融合方法不但平均准确率得到了提高，还缩短了运算时间。

参考文献

[1] Sengur A. Wavelet transform and adaptive neuro-fuzzy inference system for color texture classification[J]. Expert Systems with Applications, 2008, 34(3): 2120-2128.

[2] 邢楠. 相机指纹技术的研究[D]. 西安: 西安理工大学, 2009: 13-17.

[3] Starck J L, Candès E J, Donoho D L. The curvelet transform for image denoising[J]. IEEE Transactions on Image Processing, 2002, 11(6): 670-684.

[4] 于海鹏. 基于数字图像处理学的木材纹理定量化研究[D]. 哈尔滨: 东北林业大学, 2005: 15-16.

[5] Ayala G, Domingo J. Spatial size distributions: Applications to shape and texture analysis[J]. IEEE Transactions on Pattern Analysis and Machine Intelligence, 2001, 23(12): 1430-1442.

[6] 王克奇, 陈立君, 王辉, 等. 基于空间灰度共生矩阵的木材纹理特征提取[J]. 森林工程, 2006, 22(1): 24-26.

[7] Wright W A. Fast image fusion with a Markov random field[C]. International Conference on Image Processing and Its Applications, Manchester, UK, 1999.

[8] 任宁, 于海鹏, 刘一星, 等. 木材纹理的分形特征与计算[J]. 东北林业大学学报, 2007, 35(2): 9-11.

[9] 王晗, 白雪冰, 王辉. 基于高斯-马尔可夫随机场木材纹理特征的研究[J]. 林业机械与木工设备, 2006, 34(11): 25-27.

[10] 王亚超, 薛河儒, 多化琼. 基于 9/7 小波变换的木材纹理频域特征研究[J]. 西北林学院学报, 2012, 27(1): 225-228.

[11] 杨福刚, 孙同景, 庞清乐, 等. 基于 SVM 和小波的木材纹理分类算法[J]. 仪器仪表学报, 2006, 27(6): 2250-2252.

[12] 解洪胜, 张虹, 徐秀. 基于复小波和支持向量机的纹理分类法[J]. 计算机应用研究, 2008, 25(5): 1573-1575, 1578.

[13] 张刚, 马宗民. 一种采用 Gabor 小波的纹理特征提取方法[J]. 中国图象图形学报, 2010, 15(2): 247-254.

[14] Avci E, Sengur A, Hanbay D. An optimum feature extraction method for texture classification[J]. Expert Systems with Applications, 2009, 36(3): 6036-6043.

[15] 王辉, 杨林, 丁金华. 基于特征级数据融合木材纹理分类的研究[J]. 计算机工程与应用, 2010, 46(3): 215-218.

[16] 王克奇, 白雪冰, 王辉. 基于小波变换的木材表面纹理分类[J]. 哈尔滨工业大学学报, 2009, 41(9): 232-234.

[17] 谢永华, 钱玉恒, 白雪冰. 基于小波分解与分形维的木材纹理分类[J]. 东北林业大学学报, 2010, 38(12): 118-120.

[18] 陈立君, 王克奇, 王辉. 基于 BP 神经网络木材纹理分类的研究[J]. 森林工程, 2007, 23(1): 40-42.

[19] 杨彩霞. 基于 Gabor 变换与最近邻分类器的字符识别方法[J]. 西安文理学院学报: 自然科学版, 2010, 13(4): 83-85.

[20] 谈蓉蓉. 基于支持向量机分类的图像识别研究[J]. 安徽农业科学, 2010, 38(26): 14756-14757.

[21] 毕昆, 姜盼, 唐崇伟, 等. 基于麦穗特征的小麦品种 BP 分类器设计[J]. 中国农学通报, 2011, 27(6): 464-468.

[22] 张燕丽, 刘晓东. 基于 AFS 理论的加权模糊分类器[J]. 小型微型计算机系统, 2009, 30(10): 2005-2009.

[23] Khan N M, Ksantini R, Ahmad I S, et al. A novel SVM+NDA model for classification with an application to face recognition[J]. Pattern Recognition, 2012, 45(1): 66-79.

[24] Celik T, Tjahjadi T. Bayesian texture classification and retrieval based on multiscale feature vector[J]. Pattern Recognition Letters, 2011, 32(2): 159-167.

[25] Bombardier V, Schmitt E. Fuzzy rule classifier: Capability for generalization in wood color recognition[J]. Engineering Applications of Artificial Intelligence, 2010, 23(6): 978-988.

[26] 李想. 板材表面纹理色差的树种识别方法研究[D]. 哈尔滨: 东北林业大学, 2012: 8-9.

[27] 李晖晖. 多传感器图像融合算法研究[D]. 西安: 西北工业大学, 2006: 88-89.

[28] Candes E J, Demanet L, Donoho D L. Discrete Curvelet transform[J]. California Institute of Technology, 2005: 1-44.

[29] 车慧翠. 基于曲波变换的地震数据去噪方法研究[D]. 青岛: 中国石油大学, 2008: 12-13.

[30] 武治国. 基于图像特征的多尺度变换图像融合技术研究[D]. 长春: 中国科学院长春光学精密机械与物理研究所, 2009.

[31] 许学斌, 张德运, 张新曼, 等. 基于离散曲波变换和支持向量机的掌纹识别方法[J]. 红外与毫米波学报, 2009, 28(6): 456-460.

[32] Shan H, Ma J W. Curvelet-based geodesic snakes for image segmentation with multiple objects[J]. Pattern Recognition Letters, 2010, 31(5): 355-360.

[33] 黄薇. Curvelet 变换及其在图像处理中的应用研究[D]. 西安: 西安理工大学, 2007: 8-10.

[34] 李静. 基于 CPD 和特征级融合的手纹识别技术研究[D]. 西安: 西安电子科技大学, 2009: 35-37.

[35] 王惠明, 史萍. 图像纹理特征的提取方法[J]. 中国传媒大学学报: 自然科学版, 2006, 13(1): 49-52.

[36] Dash M, Liu H. Feature selection for classification[J]. Intelligent Data Analysis, 1997, 1(1-4): 131-156.

[37] Yang C H, Chuang L Y, Yang C H. IG-GA: A hybrid filter/wrapper method for feature selection of microarray data[J]. Journal of Medical and Biological Engineering, 2009, 30(1): 23-28.

[38] Hsu H H, Hsieh C W, Lu M D. Hybrid feature selection by combining filters and wrappers[J]. Expert Systems with Applications, 2011, 38(7): 8144-8150.

[39] Xia P Y, Ding X Q, Jiang B N. A GA-based feature selection and ensemble learning for high-dimensional datasets[C]. International Conference on Machine Learning and Cybernetics, Baoding, China, 2009.

第7章

面向拼接的锯材原料纹理缺陷协同辨识方法

7.1 概述

板材拼接能实现窄料宽用、小材大用，提高木材的综合利用率。对原料表面颜色纹理进行检测优选，使成材表面的颜色纹理和谐统一，可直接影响产品的外观质量与经济价值。缺陷直接影响拼接板材的质量等级，锯材的优选过程中应对锯材的表面缺陷的存在情况进行判断。本章从板材拼接的一致性出发，利用图像处理和模式识别技术对拼接原料的颜色、纹理和缺陷进行自动检测分类，优选出一组适合拼接在一起的锯材，该方法能克服传统人工目测方法劳动强度大、效率低的缺点。

7.2 实木表面特征与分类器研究现状

拼接板材的颜色参数、纹理参数等是重要的表面视觉特征，直接影响木质产品的质量评定[1]。针对木质材料表面颜色、纹理两种自然属性，根据表面图像的颜色及纹理特征实现颜色和纹理的判定。

7.2.1 木材表面颜色特征识别的研究现状

表面颜色是木质产品表面最为重要的自然属性之一。木质颜色主要分布在红黄色系内，给人一种温暖的感觉，明度高的板材显得明快活泼，而明度低的板材就会显得稳重深沉[2]。颜色特征具有很强的鲁棒性，不受旋转及尺度变化的影响，能有效准确地表示图像信息[3]。选用颜色特征作为拼接原材料分类依据可有效实现无缝拼接，提高成材外观质量。

文献[4]针对 5 种树种的木材颜色分类问题，采用基于 RGB 颜色空间的低三阶矩作为图像的颜色特征，最后训练得到单隐含层 BP 神经网络的平均分类准确率达到 98%，有效验证了方法的有效性。文献[5]为了克服木材颜色分布范围很窄的问题，提取 CIELAB 颜色空间的 12 个特征参量，特征优选后采用 BP 神经网络和 k 近邻分类器对 5 个树种进行分类验证，取得了满意的分类结果。文献[6]针对木材表面颜色的不确定性及检测环境因素的影响，提出一种模糊规则分类器（fuzzy rulc classificr，FRC）用于木材颜色识别。计算 CIELAB 颜色空间 mL、ma、mb、homL 和 homh 这 5 个参数作为特征，通过比较分布式模糊化、自适应模糊化和自动模糊化，证明了自动模糊化具有更高的识别率和更少的模糊规则。文献[7]针对木材表面颜色的自动分类问题，结合 HSV 颜色空间和提升小波变换，统计分块后的图像的低频系数得到 12 维特征向量，并通过神经网络、支持向量机和 k 近邻分类器验证了该特征提取方法的有效性。文献[8]分析木材颜色分布特征，对 HSV 颜色空间的 H 分量、S 分量和 V 分量进行了非等间隔量化，通过主色调方法得到了 81 个颜色级的一维直方图，该特征提取方法能更有针对性地表达木材颜色特征，最后根据图像的相似性度量进行图像检索。文献[9]通过木材颜色特征与人类心理感知的对应关系，将 HSV 颜色空间的 H 分量和 S 分量的一阶矩作为木材的颜色特征并采用改进的归一化方法处理 H 分量，设计模糊分类器将产品划分为明快、温馨和奢华三个类别，分类准确率达到 98.4%。文献[10]为了实现橡胶木指接材的颜色统一，将木材颜色分为 10 种。结合图像处理技术和人工神经网络，采用基于 HSV 颜色空间中 H 分量的改进归一化直方图的 4 个参数作为分类依据，利用自组织映射（self-organizing map，SOM）神经网络无监督学习的能力，进行 10 种木材颜色的区分，平均识别准确率可达 95%。

锯材表面颜色特征的提取主要需要解决两个方面的问题：一是颜色空间的选择；二是颜色特征不同构成方式的选择。在图像分析中，颜色空间的分量构成方法、均匀性和等距性能更好地表示人对彩色的描述方式及人眼对颜色视觉差异，HSV 和 CIELAB 等颜色空间比 RGB 颜色空间更具有优势。其次在颜色特征构成方式上，常用的特征构成方式有直方图及其改进方法、颜色矩等。颜色特征的提取应面向具体问题，结合实际对象选用合适的颜色空间及特征构成方式。

7.2.2 木材表面纹理特征识别的研究现状

由于树木自然生长过程中生长轮、轴向薄壁细胞、导管、木射线等因素及后期加工方式的不同，会在木材表面形成各式各样的纹理。木材表面纹理美观与否，直接影响木制产品经济价值的高低与感官效果的好坏[11]。文献[12]指出未来的人造板发展趋势仍是保持自然的表面质感，纹理的视觉与触觉感观会更加精致。因此，对锯材表面纹理进行判断，实现纹理的分类和优选，能进一步改善木制品的视觉感官效果，提升产品的经济价值。

文献[13]通过木材样本横截面的纹理分析实现树种识别，比较灰度共生矩阵、Gabor 滤波器、联合灰度共生矩阵以及协方差矩阵四种特征提取方法，实验结果分别为 78.33%、73.3%、76.67%和 85%，协方差矩阵取得了最好的识别效果。文献[14]针对木材表面纹理分类问题，提取灰度共生矩阵的 6 个纹理参数，采用竞争神经网络进行分类识别，准确率达到 88%。文献[15]通过模拟退火算法对灰度共生矩阵纹理特征和高斯-马尔科夫随机场（Gauss-Markov random field，GMRF）纹理特征进行特征级融合，采用 BP 神经网络验证特征参数的有效性，纹理分类准确率达到 97%。文献[16]研究了分形维数与木材纹理特征之间的关系，采用 Symlet 小波基函数对木材纹理图像进行 2 级变换，计算原图像以及 8 幅子图像的分形维数，得到分形维数与纹理粗糙度的关系。文献[17]为了有效识别浮选泡沫纹理并自动识别生产状态，对泡沫的纹理图像进行 Gabor 小波变换，依据 Gabor 小波变换后的幅度纹理表示和相位纹理表示的参数作为纹理特征，实验结果识别率高于 90%，表明该特征计算方法是有效可行的。文献[18]针对传统小波变换仅有 3 个方向，方向性不足的缺点，对纹理图像进行四元数小波变换（quaternion wavelet transform，QWT），计算多分形特征，利用 BP 神经网络对伊利诺伊大学厄巴纳-香槟分校纹理图像块进行分类，准确率达到 96.69%。文献[19]结合离散小波变换、遗传算法和神经网络对 Brodatz 纹理库图像进行分类，准确率达到 95%，验证了算法的有效性。

国内外学者对纹理特征提取与分析方法做出了不断的创新与改进。主要分为四种提取方法：一是结构法，木材表面图像具有强烈的不确定性，但是结构法基于纹理基元理论，认为纹理是由各个纹理基元不断重复、规则排列而成，因此结构法显然不适于描述木材表面自然的纹理特征；二是统计法，其中，灰度共生矩阵是统计法的典型代表；三是模型法，主要包括马尔可夫随机场模型、吉布斯随机场模型、分型模型等；四是频谱法，主要包括小波变换方法、Gabor 滤波器等多分辨率分析方法等[20]。每种特征提取方法具有不同的适用对象及优缺点，比如灰度共生矩阵需要统计整幅图像的灰度信息，因而速度较慢；模型法模型系数求解比较复杂。特征提取过程中可通过不同方法的结合实现图像纹理特征的综合表达。

7.2.3　木材表面特征分类器的研究现状

对木材表面图像进行有效的特征表达后，需要利用模式识别技术完成对测试样本图像的分类与优选。分类器的选择是木材分选的核心步骤，直接影响最后的分类精度与分类效率。

文献[21]提取灰度共生矩阵纹理参数，采用 BP 神经网络实现 10 种木材纹理的分类，准确率达到 89%。文献[22]针对木材分布特征及种类差异分布的特点，提取木材的颜色特征、纹理特征和光谱特征实现对 5 种树种的分类识别。综合 4 个子 BP 神经网络，结合模糊理论和遗传算法设计并优化了一个 5 层模糊 BP 神经网络，识别精度达到 89%。文献[23]为了实现木材纹理分类，利用二进正交小波基提取木材纹理特征，采用多分类支持向量机进行分类，选用径向基函数、Sigmiod 函数和二次多项式的准确率分别为 92.3%、81.65%和 92.39%。文献[24]针对 12 种花岗岩的自动分类识别纹理，讨论了图像获取、噪声抑制、特征提取和分类器的选择等多方面问题，最后结合颜色特征和纹理特征作为花岗岩样本的图像特征输入给支持向量机进行分类，在参数设置合适的情况下取得了较高的分类性能。文献[25]利用 Contourlet 变换提取图像纹理特征，采用支持向量机进行分类，对 Brodatz 纹理库图像进行仿真，最高识别率达到 98.75%。文献[26]利用机器视觉技术实现竹片自动分类，统计竹片图像的 R、G、B 分量，构造竹片的纹理参数，采用贝叶斯分类器实现颜色自动分类，准确率达到 91.7%。文献[27]设计了一种有监督的多尺度贝叶斯纹理分类器用于纹理检索。对图像进行 DT-CWT，提取样本图像的多尺度特征向量，采用主成分分析法进行特征降维，最后采用贝叶斯分类器实现纹理的分类。文献[28]针对地板分类问题，提取 HSV 颜色空间的颜色矩特征并赋予特征数据不同的权重，结合最短距离和 k 近邻分类测试地板的逐层分类，由粗到细实现层次分类，准确率达到 95.6%。文献[29]考虑种间颜色和种内颜色的变化问题，提出一种基于颜色信息的树种分类方法。建立灰度直方图，利用主动轮廓模型的改进模式进行曲线变形，收敛到测试样本的直方图曲线，最后通过测试样本直方图曲线最初和最后的主动轮廓模型进行分类，该方案有效提高了分类准确率。

经典的神经网络、支持向量机等分类器都具有很强的学习能力和分类能力。但是在神经网络的训练过程中，需要进行多个参数的设置且最后结果受网络结构的影响，因此需要反复训练以获得较好的网络结构。支持向量机分类性能也受到核函数及其他多个参数选择的影响。因此，在分类器的设计上，可考虑参数设置简单、变换灵活等问题。

7.3 锯材表面图像检测系统及预处理

7.3.1 实验设备

锯材表面一致性检测分类系统主要包括 3 个部分：锯材样本图像的采集、图像表面信息特征提取，以及锯材表面颜色、纹理和缺陷自动检测分类。通过图像采集系统获取锯材样本的表面图像，并由计算机对采集到的样本图像进行处理分类并提取表面特征，最后由软件仿真平台运行模式识别分类算法得出样本分类结果。

1. 图像采集系统

为保证所有锯材的样本图像都在同一光照条件下进行采集，排除光照不同对采集图像表面特征的干扰，提高图像的整体质量和最后分类精度，系统照明光源部分采用了 36×15 的白色 LED 排灯，如图 6-3-2 所示。

2. 软件系统

图像表面信息特征提取及锯材表面模式识别自动检测分类属于软件部分，由软件 MATLAB 2010b 进行仿真实验，得出锯材测试样本的分类结果，统计本章算法的分类准确率，对算法的有效性进行验证。

7.3.2　锯材样本图像

选用相同树种的锯材作为训练及测试样本来进行仿真实验，锯材样本选用柞木。经过干燥、刨光等加工工序后获得锯材样本，如图 7-3-1 所示。在图像采集系统下拍照后，将图像数据经传输线送入 PC 进行存储和处理分析，图像的保存格式为 BMP，原始图像的尺寸为 3272×2469。为了能够拍摄到锯材表面的整体图像，完整体现样本的纹理信息，要注意锯材样本的拍摄位置，保证锯材完全处于相机的拍摄视野中。因此原始图像不可避免地含有传送带上的部分黑色背景。另外，默认保存的原始图像尺寸过大，像素点过多，会造成后期图像处理分析的复杂度和运行计算量大大增加，降低计算机运算处理的效率，增加处理及分类的时间。因此对采集的原始图像进行合适的剪切与缩小，能更好地提高算法的效率，降低分类时间。处理后的图像仍能体现完整的细节信息，图像纹理细节清晰可见，便于计算机的后期处理分析。

图 7-3-1　锯材样本

7.3.3 表面图像灰度化

针对锯材表面纹理特征及缺陷特征的提取，为了减少图像存储量，降低特征计算时间与计算量，需要对标准样本图像进行灰度化的预处理。

灰度化就是以一种变换方式对三个颜色分量进行运算后使得每个像素点的位置只存放该点灰度值。灰度值的变化范围为[0,255]，由低到高分别对应从黑到白的逐渐过渡。标准样本图像为 RGB 彩色图像，R 分量、G 分量和 B 分量颜色值的取值范围都在[0,255]之间，可以表示 1000 多万种颜色。而对应的灰度图只在 256 种不同的黑白深度中变化（本章只考虑 8 位灰度图）。灰度图像数据量小，图像存储量少。原始彩色图像灰度化后的图像仍具有与原始图像一致的色彩变化与分布趋势。因此采用灰度图像进行后期处理分析，能大大减小计算量，缩短运算时间，降低计算复杂度。

用 $f(x,y)$ 表示原始彩色图像，RGB 空间的彩色图像可具体表示为式（7-3-1）。

$$f(x,y)=\begin{bmatrix} R(x,y) \\ G(x,y) \\ B(x,y) \end{bmatrix} \tag{7-3-1}$$

式中，x、y 为图像像素位置坐标；$R(x,y)$、$G(x,y)$、$B(x,y)$ 为坐标 (x,y) 的三个颜色分量的灰度值。

常用的灰度变换方法如下。

（1）分量法。选择原始彩色图像的 R 分量、G 分量或者 B 分量的灰度值直接作为输出图像对应的每个像素点灰度值，见式（7-3-2）。

$$\begin{aligned} g_1(x,y)&=R(x,y) \\ g_2(x,y)&=G(x,y) \\ g_3(x,y)&=B(x,y) \end{aligned} \tag{7-3-2}$$

式中，$g(x,y)$ 为输出的灰度图像。

（2）最大值法。比较原始彩色图像的 R 分量、G 分量和 B 分量的三个灰度值的大小，选择每个像素点最大的灰度值作为输出图像对应每个像素点的灰度值，见式（7-3-3）。

$$g(x,y)=\max\left(R(x,y),G(x,y),B(x,y)\right) \tag{7-3-3}$$

（3）求取平均值法。计算原始彩色图像的每个像素点 R 分量、G 分量和 B 分量的三个颜色分量灰度值的平均值，作为输出图像对应像素点的灰度值，见式（7-3-4）。

$$g(x,y)=\frac{1}{3}\left(R(x,y)+G(x,y)+B(x,y)\right) \tag{7-3-4}$$

（4）加权平均值法。赋予三个颜色分量不同的权重，计算各个像素点的加权平均值实现彩色图像灰度化，见式（7-3-5）。

$$g(x,y) = iR(x,y) + jG(x,y) + kB(x,y) \tag{7-3-5}$$

式中，i、j、k 为颜色分量的权重，其中，$i+j+k=1$。

从人的生理角度来看，人眼对彩色的敏感程度是不一样的，在红、绿、蓝三种颜色中，绿色的敏感程度最高，蓝色最低。在加权系数的分配中可以依据敏感程度对三个分量赋予不同的权重，因此可以设定 G 分量权重最大，B 分量权重最小。MATLAB 库函数中的 rgb2gray 函数可实现 RGB 彩色图像的灰度化，其中，权重 i=0.299, j=0.587, k=0.114。本章选用加权平均法，直接利用 rgb2gray 函数实现锯材彩色图像的灰度化，既计算简便，又与人类的视觉敏感度相联系。分别对纹理图像和缺陷图像采用加权平均灰度化方法，前后对比如图 7-3-2 所示。（b）图的灰度化图像与（a）图的原始彩色图像相比，颜色、亮度的变化趋势与分布特点基本保持一致，纹理和缺陷的细节信息仍清晰可见。

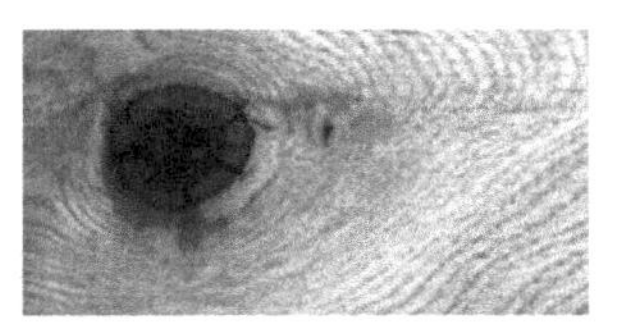

（a）原始色彩图像

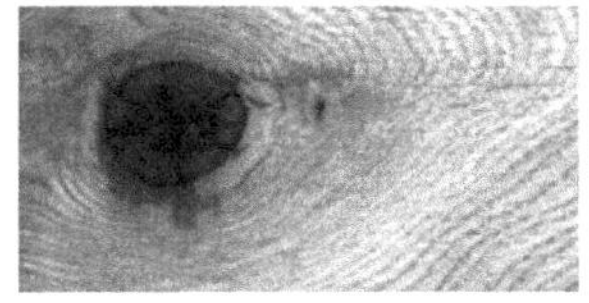

（b）灰度化图像

图 7-3-2　灰度化前后对比

7.4　锯材图像颜色与纹理特征表达方法

特征提取是指从图像中找到能够有效准确表达所需图像信息的若干参数。特征参数之间要具有一定的可靠性与可分性，同类样本特征分布较集中，特征之间差异较小，异类样本特征之间差异大，保证一定的可分性。特征提取是锯材分类识别的重要环节，所选参数的有效性与完备性直接影响分类器的识别精度。颜色是木质产品表面最重要、最直观的视觉特征。拼接后板材整体表面颜色的深浅变化是否统一直接影响人的心理感受和商品的经济价值。纹理是树木在生长和加工过程中形成的千变万化的纹路，赋予了木质产品一种天然纯朴的自然感受，因此，本章将提取预处理后的锯材标准样本图像的颜色特征及纹理特征，找到符合表面一致性要求的锯材样本。

7.4.1 颜色特征提取

颜色特征的选择主要包括两大方面：一是颜色空间的选择；二是特征向量的构成方式。颜色特征一般要满足完备性、一致性和唯一性的要求，也就是颜色空间的表示参数要与人眼能感觉的所有颜色一一对应，并且颜色特征参数之间的距离差异要与人眼实际感受到的不同颜色之间差异大小相符合。

为了能够得到令人满意的成材颜色，并使锯材表面颜色协调统一，通过提取一系列参考颜色样本的颜色特征确定各个颜色特征的变化区间，判断测试样本的颜色分布是否位于参考颜色区间范围内来实现样本颜色的优选。

通过视觉主观度量，按照锯材表面颜色的深、中、浅三个等级进行划分，选用中间颜色作为标准颜色样本。颜色样本如图 7-4-1 所示。(b) 图中，第一行记为颜色 1，代表较深颜色样本；第二行记为颜色 2，代表较浅颜色样本。

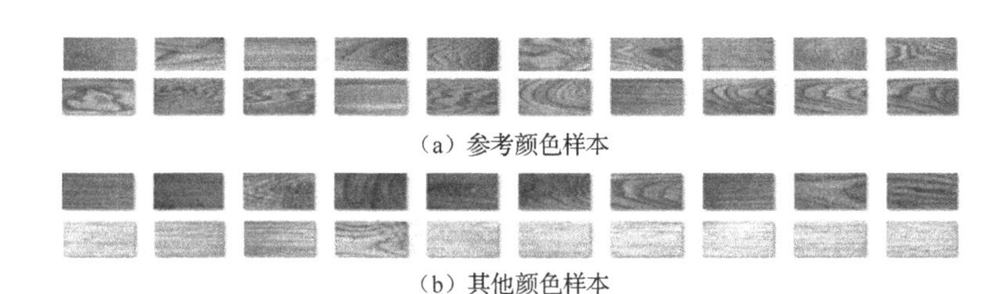
(a) 参考颜色样本

(b) 其他颜色样本

图 7-4-1 颜色样本

1. *颜色直方图*

颜色直方图表示图像的全局统计特性，通过计算每种颜色的像素点在整幅图像中出现的个数（频率）从而得到图像的直方图。

图像处理中经常使用 RGB 颜色空间，R 分量、G 分量、B 分量分别对应光的三原色——红、绿、蓝，人眼所能看到的彩色就是由三原色不同的亮度与比例组合叠加而成的。RGB 颜色空间基于笛卡儿坐标系，可以用图 7-4-2 所示的立方体表示。R 分量、G 分量和 B 分量三个分量灰度值的实际变化区间是[0,255]，在图 7-4-2 中为方便观察，将三个颜色值进行归一化，也就是灰度值范围限定在[0, 1]内。立方体构建的三维坐标系中的每一个三维坐标点代表三个颜色混合叠加从而产生不同的颜色。

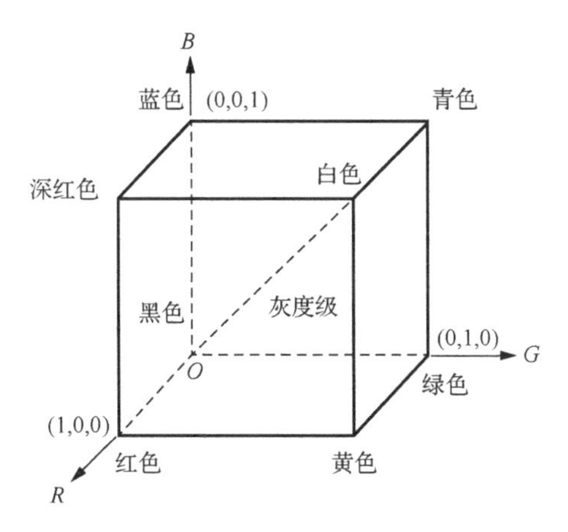

图 7-4-2　RGB 颜色空间模型

分别绘制参考颜色和其他两种颜色样本三个分量的颜色直方图，如图 7-4-3 所示。

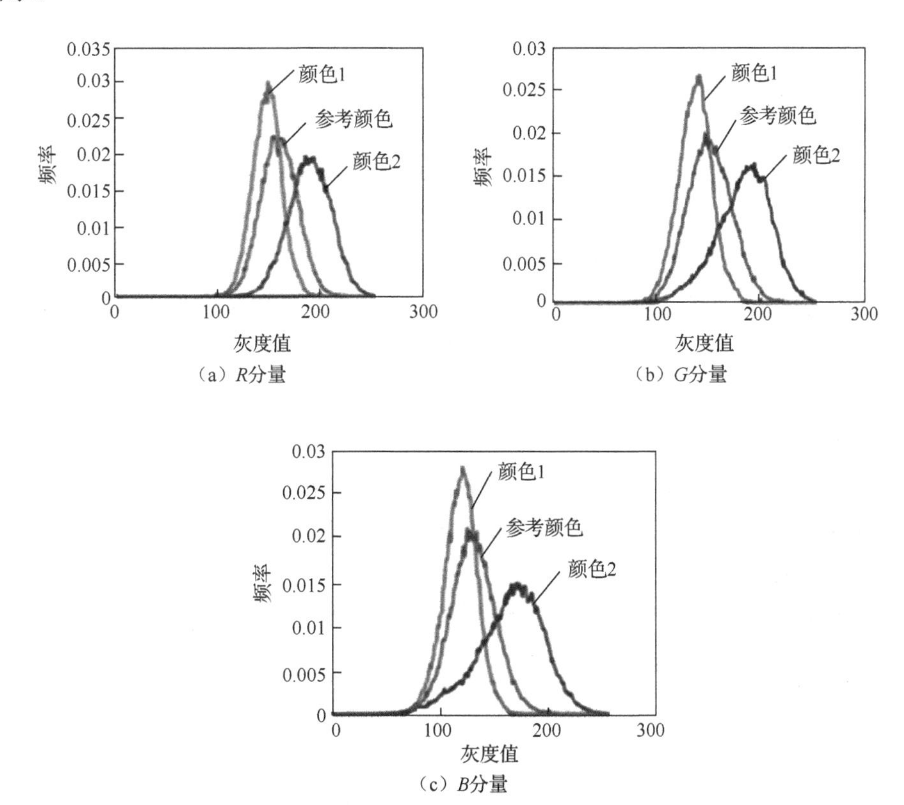

图 7-4-3　三类颜色样本直方图对比

从图中可以看出，三类颜色样本直方图灰度值分布范围较为集中，且变化趋势都趋向于正态分布，说明锯材颜色分布较为均匀一致，表面颜色较为统一。但是在特征提取中，三类颜色样本直方图分布的重叠部分太多，特别是参考颜色和颜色 1 大部分都重叠在一起，这是因为在直方图统计中对颜色空间进行了一定的量化，而且只是统计了不同颜色像素点出现的次数（比例），并不知道这种颜色的像素点在图像中出现的位置，只表示了图像的全局特征，忽略了许多图像的细节信息。在锯材表面图像中，由于纹理的复杂性和随机性，可能使不同的样本图像具有相似的直方图。而且直接基于直方图提取的图像特征一般具有较大的维数，不利于分类效率的提高[30]。

2. 颜色矩

提取图像的颜色直方图特征，会对颜色空间进行一定的量化操作从而不可避免地出现图像信息的丢失。为了避免上述缺点，常采用颜色矩特征来表示图像的颜色信息。Stricker 等[31]指出了颜色分量的低三阶矩对图像颜色信息表征的有效性。

在 RGB 颜色空间中，因为人眼很难从 R 分量、G 分量、B 分量灰度值中感受到颜色的种类，不符合人眼的视觉感知特性。并且 RGB 颜色空间尺度分布很不均匀，描述颜色坐标之间的距离差距并不一定与人眼实际感受到的不同颜色之间差异大小相符合[32]。人眼观察一种彩色物体的时候，往往不是通过三原色的不同比例来描述，而是通过色调、饱和度和亮度，这构成了色彩三要素。

HSV 颜色空间是通过色调、饱和度和亮度三个分量来对颜色的色彩、深浅和明暗进行描述。中心轴为 V 轴，表示亮度值的变化，范围从 0 到 1。顶部中心 V=1，代表白色；底部顶点为原点代表黑色，该点 V=0。V 轴由上到下对应不同的灰度级别。色调 H 和饱和度 S 在图形中的表示方法与 HSI 颜色空间一样，利用圆锥体内部的某个点的位置来表示一种颜色，其中，饱和度最大的纯色位于圆锥体的表面。HSV 颜色空间符合人类对颜色的理解，充分表达了人眼的视觉特性[33]。HSV 模型在特征提取中的应用十分广泛。

以 HSV 颜色空间的三个颜色分量为例，可按照式（7-4-1）～式（7-4-3）计算每个分量的颜色矩特征。

$$E_i = \frac{1}{N}\sum_{j=1}^{N} p_{ij} \tag{7-4-1}$$

$$\sigma_i = \left(\frac{1}{N}\sum_{j=1}^{N}(p_{ij} - E_i)^2\right)^{1/2} \tag{7-4-2}$$

$$t_i = \left(\frac{1}{N} \sum_{j=1}^{N} (p_{ij} - E_i)^3 \right)^{1/3} \tag{7-4-3}$$

式中，E_i 为颜色分量的一阶矩；σ_i 为颜色分量的二阶距；t_i 为颜色的分量的三阶矩；N 为图像中的像素点总个数；$i=1$ 表示 H 通道，$i=2$ 表示 S 通道，$i=3$ 表示 V 通道；p_{ij} 为表示第 i 个通道的第 j 个像素的大小。

分别计算图 7-4-1（b）所示参考颜色样本和其他两类颜色样本的 HSV 颜色特征参数，三通道的低三阶矩分别记为 H_1、S_1、V_1、H_2、S_2、V_2、H_3、S_3 和 V_3，结果见表 7-4-1。

表 7-4-1　参考颜色样本 HSV 颜色空间颜色矩特征

样本	H_1	S_1	V_1	H_2	S_2	V_2	H_3	S_3	V_3	计算时间/s
参考颜色样本	0.1221	0.1945	0.6278	0.0013	0.0047	0.0049	0.0001	0.0002	0.0000	0.153
	0.1374	0.1871	0.7054	0.0041	0.0066	0.0092	0.0009	0.0005	0.0001	0.221
	0.1774	0.1823	0.7062	0.0116	0.0132	0.0081	0.0034	0.0025	−0.0004	0.196
	0.1299	0.1824	0.6180	0.0020	0.0068	0.0078	0.0002	0.0007	0.0001	0.193
	0.1230	0.1987	0.6080	0.0013	0.0055	0.0070	0.0001	0.0004	0.0000	0.174
颜色 1	0.1072	0.2051	0.5807	0.0007	0.0037	0.0030	0.0000	0.0002	0.0000	0.217
	0.1016	0.2621	0.5277	0.0023	0.0050	0.0038	0.0015	0.0003	0.0000	0.188
	0.1199	0.3136	0.6398	0.0044	0.0137	0.0082	0.0018	0.0003	−0.0002	0.238
	0.1074	0.3514	0.5057	0.0005	0.0059	0.0041	0.0000	0.0000	−0.0001	0.188
	0.1029	0.2761	0.5153	0.0006	0.0047	0.0050	0.0000	0.0001	−0.0001	0.193
颜色 2	0.1833	0.1557	0.8750	0.0169	0.0116	0.0089	0.0046	0.0009	−0.0004	0.209
	0.1497	0.1902	0.8148	0.0072	0.0085	0.0064	0.0024	0.0007	−0.0001	0.166
	0.1488	0.1472	0.7485	0.0068	0.0083	0.0067	0.0020	0.0011	−0.0001	0.149
	0.2052	0.1365	0.7678	0.0099	0.0076	0.0094	0.0011	0.0009	−0.0004	0.162
	0.1675	0.1532	0.8750	0.0116	0.0093	0.0075	0.0031	0.0006	−0.0002	0.218
计算时间/s	0.007			0.078			0.136			0.191

一阶矩表示图像平均值，描述图像的平均颜色。二阶矩表示图像方差，描述图像颜色的离散程度大小，方差越小，图像颜色分布就越均匀。三阶矩表示图像偏斜度，描述图像分布的偏斜方向和程度，偏斜度越大，图像颜色分布就越不对称。在计算时间上，随着阶矩的提高，计算复杂度分别为 $O(n)$、$O(n^2)$ 和 $O(n^3)$，其中，n 表示图像像素点个数，因此计算时间依次增加，呈指数型增长。HSV 颜色空间平均特征提取时间为 0.191s。

7.4.2 基于 CIELAB 颜色空间的样本颜色优选

CIELAB 颜色空间同样也是一种与视觉感知对应的空间模型，具有更广的色域范围并保持了空间的均匀性和等距性。分量 L 代表明度，取值范围为[0,100]，对应纯黑到纯白；分量 a 表示从红到绿的过渡，对应值为+127～−128；分量 b 代表从黄到蓝的过渡，对应值为+127～−128。RGB 通道颜色值到 CIELAB 颜色空间的转换需要通过 XYZ 颜色空间，具体如下式：

$$\begin{cases} X = 0.49 \times R + 0.31 \times G + 0.2 \times B \\ Y = 0.177 \times R + 0.812 \times G + 0.011 \times B \\ Z = 0.01 \times G + 0.99 \times B \end{cases} \tag{7-4-4}$$

$$\begin{cases} L = 166 f(Y) - 16 \\ a = 500\left(f\left(\dfrac{X}{0.982} - f(Y) \right) \right) \\ b = 200\left(f(Y) - f\left(\dfrac{Z}{1.183} \right) \right) \end{cases} \tag{7-4-5}$$

因为锯材颜色分布较集中，颜色差距较小，基于具有色差高分辨力的 CIELAB 颜色空间，提取锯材的颜色参数。除了 L、a、b 三个参数外，CIELAB 颜色空间的常用特征参数还包括：

$$C = \sqrt{(a)^2 + (b)^2} \tag{7-4-6}$$

$$\text{Ag} = \arctan\left(\frac{b}{a} \right) \tag{7-4-7}$$

$$\Delta L = L_1 - L_2 \tag{7-4-8}$$

$$\Delta a = a_1 - a_2 \tag{7-4-9}$$

$$\Delta b = b_1 - b_2 \tag{7-4-10}$$

$$\Delta E = \sqrt{(\Delta L)^2 + (\Delta a)^2 + (\Delta b)^2} \tag{7-4-11}$$

式中，特征量 L、a、b、C 和 Ag 描述了图像像素点的平均值，反映了图像整体的颜色分布情况。特征量 ΔL、Δa、Δb 和 ΔE 描述了图像像素点对平均值的偏离程度，反映了图像的色差大小。

按照上式计算图 7-4-1（a）所示的参考颜色样本图像的 9 个颜色特征，前 10 幅图像的特征量数值见表 7-4-2。

表 7-4-2　参考颜色样本颜色特征

样本	L	a	b	C	Ag	ΔL	Δa	Δb	ΔE	计算时间/s
样本 1	83.030	−0.7249	16.044	16.061	92.542	3.5842	1.6333	1.8916	4.3694	0.060
样本 2	87.045	−1.1413	16.382	16.421	93.941	4.4741	1.9029	2.1339	5.3096	0.047
样本 3	87.249	−2.1674	16.427	16.570	97.474	4.4296	2.9369	3.6351	6.4390	0.051
样本 4	82.587	−0.8953	15.446	15.472	93.273	4.6716	1.8233	1.8601	5.3486	0.050
样本 5	81.845	−0.6756	15.990	16.004	92.375	4.5960	1.8624	1.7283	5.2516	0.066
样本 6	86.616	−1.4106	15.610	15.673	95.120	3.8862	1.8334	2.4315	4.9373	0.067
样本 7	85.790	−1.6696	14.562	14.657	96.498	5.0294	1.9068	2.0140	5.7435	0.041
样本 8	87.249	−1.2816	16.327	16.377	94.444	3.9892	2.2588	2.4440	5.1951	0.069
样本 9	85.775	−0.8797	17.820	17.842	92.781	3.9480	1.7832	2.3689	4.9375	0.054
样本 10	84.847	−0.8253	17.400	17.420	92.671	5.4343	2.6121	3.3472	6.8963	0.049

表中数据 L、a、b、C 和 Ag 分布范围较集中，ΔL、 Δa、 Δb 和 ΔE 数值均较小，说明参考颜色样本本身的颜色相对来说比较一致稳定。

提取图 7-4-1（b）所示的其他两类颜色样本的特征参数（分别计算前 5 个样本），颜色 1 样本和颜色 2 样本对应数值分别见表 7-4-3 和表 7-4-4。

表 7-4-3　颜色 1 样本特征参数

样本	L	a	b	C	Ag	ΔL	Δa	Δb	ΔE
样本 1	80.0788	0.2436	15.5471	15.5490	269.1477	2.8521	1.6100	1.6714	3.6770
样本 2	76.0808	1.2430	17.0192	17.0645	265.8664	3.4025	1.9557	2.1096	4.4556
样本 3	81.6970	0.7456	21.2124	21.2255	268.0316	4.9299	3.4318	3.8569	7.1384
样本 4	73.9812	0.9857	21.3124	21.3352	267.3961	3.7138	2.2657	2.2934	4.9179
样本 5	75.2167	1.0771	17.6031	17.6360	266.5425	4.0328	1.9488	1.9044	4.8670

表 7-4-4　颜色 2 样本特征参数

样本	L	a	b	C	Ag	ΔL	Δa	Δb	ΔE
样本 1	95.2261	−1.8077	16.0659	16.1672	96.3774	4.4193	2.0958	3.9650	6.2963
样本 2	92.3109	−1.7050	17.6426	17.7248	95.4770	3.6533	2.2857	3.1596	5.3436
样本 3	89.5947	−1.2934	14.8870	14.9431	94.9224	3.9496	2.1391	2.5330	5.1567
样本 4	90.9311	−1.7160	14.8895	15.2120	101.7802	4.4280	1.8924	2.8269	5.5839
样本 5	95.3218	−1.7818	16.0770	16.1754	96.2818	3.9952	1.9102	3.3705	5.5652

为了直观表示参考颜色与其他两类颜色特征分布的差距，计算三类颜色样本

的特征量的平均值和方差，绘制特征参数 L、a、b、C 和 Ag 的分布图，如图 7-4-4 所示。

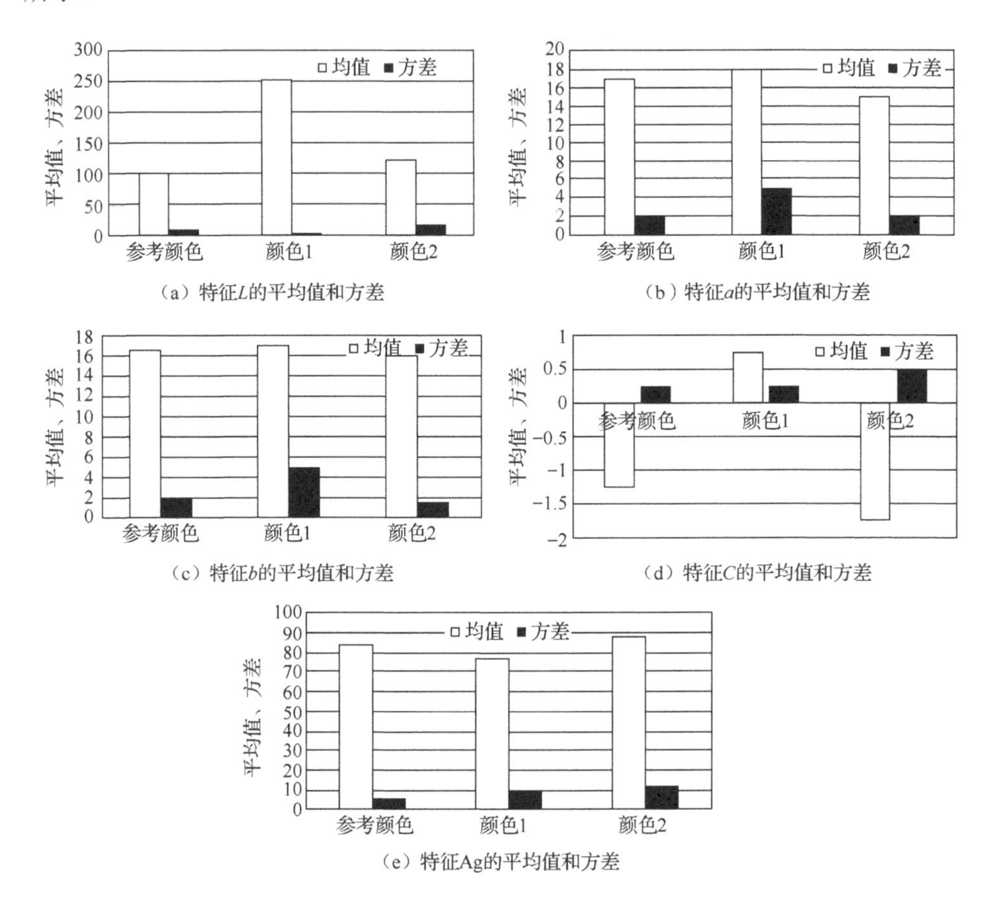

（a）特征L的平均值和方差

（b）特征a的平均值和方差

（c）特征b的平均值和方差

（d）特征C的平均值和方差

（e）特征Ag的平均值和方差

图 7-4-4　样本颜色特征的平均值和方差分布图

从上图中可以看出，参考颜色的均值和方差与其他两类样本颜色的均值和方差具有明显的差异。每类参考颜色的方差越小说明特征的离散程度越小，也就说明参考图像的颜色分布比较均匀，颜色特征比较统一。参考样本中特征 L 的分布区间为(81,88)，a 分量的分布区间为(−2.5,−0.6)，b 分量的分布区间为(14,18)。与其他两类样本相比，颜色 1 的 a 分量为正值，可以直接区分。三类样本的 L 分布具有最大的区别，颜色 1 分布区间的数值普遍低于参考样本，颜色 2 分布区间的数值普遍高于参考样本，并且区间之间几乎无重叠。因此，通过测试样本的数值分布可以实现颜色样本的优选。

在计算速度上，CIELAB 颜色空间特征计算速度较快，平均每幅特征提取时间为 0.055s，而对同一样本集提取 HSV 颜色矩特征平均每幅需要 0.191s。因此，

CIELAB 颜色空间的 9 个特征参数可以高效区分锯材颜色，从而挑选需要的颜色样本，实现颜色样本的优选。实际应用中，通过计算测试样本的颜色特征 L、a 和 b 的大小是否位于参考颜色样本的颜色分布区间内，来判断该样本颜色是否令人满意，是否能用于该颜色锯材的拼接。

7.4.3　基于 DT-CWT 的纹理特征提取

DT-CWT 很好地克服了离散小波变换的上述缺点。DT-CWT 的实现可以由两棵平行的滤波器组树 A 和树 B 构成，变换过程如图 7-4-5 所示。

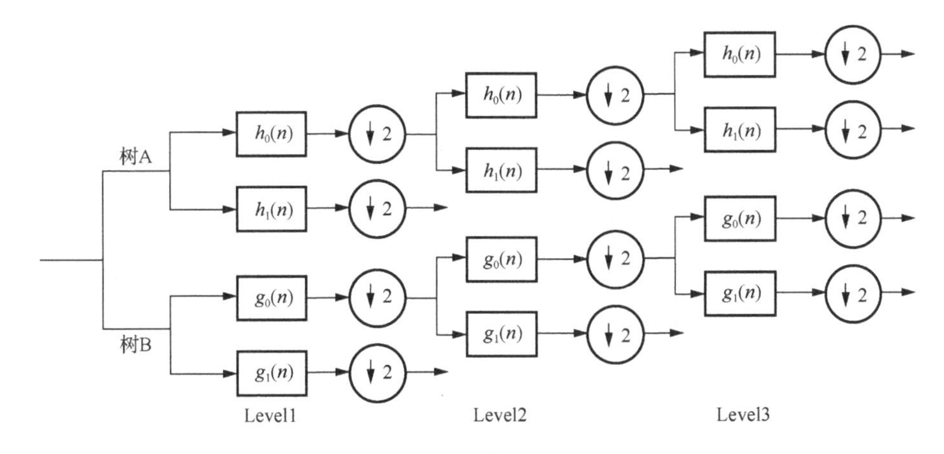

图 7-4-5　一维 DT-CWT

通过两个实函数 $\psi_h(t)$ 和 $\psi_g(t)$ 将一维双树复小波定义为

$$\psi_c(t) = \psi_h(t) + \mathrm{j}\psi_g(t) \tag{7-4-12}$$

$$\psi_g(\omega) = \begin{cases} -\mathrm{j}\psi_h(\omega), & \omega > 0 \\ \psi_h(\omega), & \omega < 0 \end{cases} \tag{7-4-13}$$

式中，$\psi_h(\omega)$、$\psi_g(\omega)$ 为 $\psi_h(t)$、$\psi_g(t)$ 对应的傅里叶变换。

树A 和树 B 是两个相互独立的离散小波变换。$h_0(n)$、$h_1(n)$ 为树 A 采用的低通滤波器和高通滤波器，$g_0(n)$、$g_1(n)$ 为树 B 采用的低通滤波器和高通滤波器。双树复小波的逆变换中，通过图 7-4-5 的逆变换实现，将两棵树的输出实信号取平均值作为逆变换的输出。同样，也要让两棵树的采样点具有互补性，保证信息的完整性和变换的平移不变性，双树复小波滤波器的架构如图 7-4-6 所示，使用该架构可以实现信号的重构。

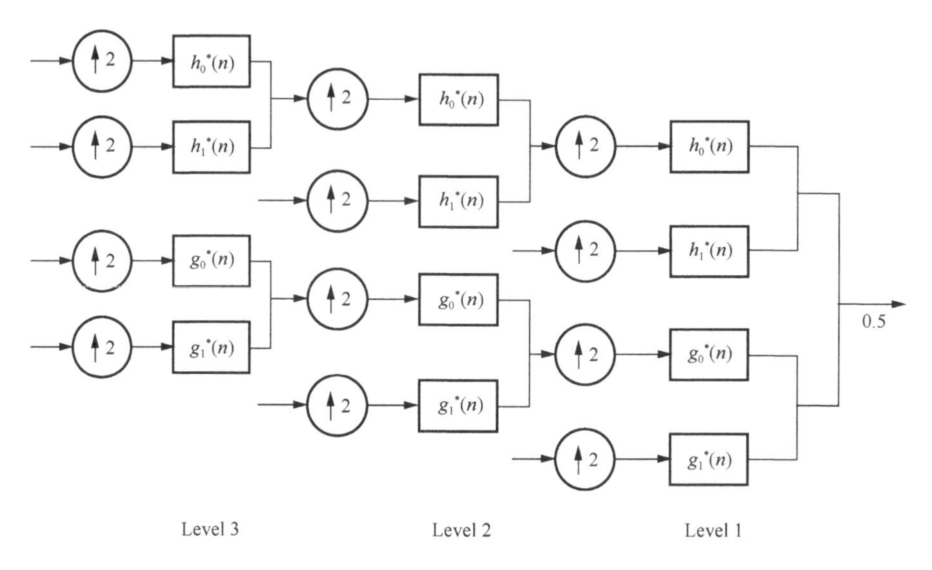

图 7-4-6 双树复小波滤波器重构过程

通过一维双树复小波 $\psi(t)=\psi_h(t)+\mathrm{j}\psi_g(t)$ 可以构造图像的二维 DT-CWT，即

$$\begin{aligned}\psi(x,y)&=\psi(x)\psi(y)\\&=[\psi_h(x)+\mathrm{j}\psi_g(x)][\psi_h(y)+\mathrm{j}\psi_g(y)]\\&=\psi_h(x)\psi_g(y)-\psi_g(x)\psi_g(y)+\mathrm{j}[\psi_g(x)\psi_h(y)+\psi_h(x)\psi_g(y)]\end{aligned}\tag{7-4-14}$$

$\psi(x)$ 的傅里叶频谱具有单边性，二维 DT-CWT 的频谱只会出现在一角，因此二维 DT-CWT 具有方向性。首先利用滤波器 $h_0(n)$ 和 $h_1(n)$ 先后进行行变换和列变换，得到小波变换的 LL、HL、LH 和 HH 四个分解子带；利用滤波器 $g_0(n)$ 和 $g_1(n)$ 先后进行行变换和列变换，得到另一组分解子带 LL、HL、LH 和 HH；求取每对子带系数的和或差即可得到 DT-CWT 的低频分量和高频分量。变换后的高频分量的实部的方向和虚部的方向相同，分别对应−75°、−45°、−15°、15°、45°和 75°，如图 7-4-7 所示。因此双树复小波能够表达更多的方向信息，对曲线的表示需要较少的小波系数，可有效处理线奇异。

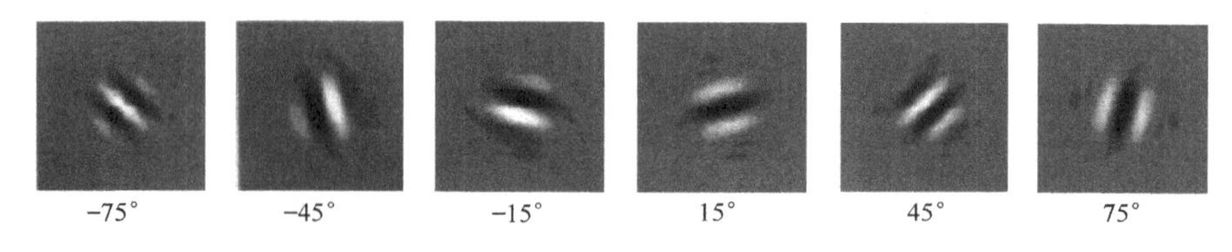

图 7-4-7 DT-CWT 的 6 个方向

7.4.4　纹理分类实验结果与分析

在 MATLAB 工具箱中的二维双树复小波分解函数 dtwavexfm2 运行时需要 4 个输入参数，即图像矩阵、分解级数和两组不同的滤波器。分解可以在像素大小允许的条件下一直进行，但是随着分解层数的增加，需要计算的特征值也相应增加，而且特征量之间存在一定的冗余性，这会造成分类器精度和效率的下降。对图形进行 DT-CWT 变换后得到图像的近似系数与细节系数，计算每个变换后的子带图像系数矩阵的平均值和标准差，并计算图像矩阵的熵和标准差共同作为样本纹理的描述特征。

$$\mu_i = \frac{1}{M \times N}\sum_{x=1}^{M}\sum_{y=1}^{N}\left|f(x,y)\right| \tag{7-4-15}$$

$$\sigma_i = \sqrt{\frac{\sum_{x=1}^{M}\sum_{y=1}^{N}(f(x,y),\mu_i)}{M \times N}} \tag{7-4-16}$$

$$e = -\sum_{x=1}^{M}\sum_{y=1}^{N} f(x,y)\ln f(x,y) \tag{7-4-17}$$

式中，μ_i 表示子带图像系数矩阵的平均值，用于描述图像的平均特征；M 和 N 分别为图像的宽度和高度，$M \times N$ 表示图像的尺寸，在式（7-4-15）中，表示总像素数量；$f(x,y)$ 表示坐标 (x,y) 处的图像像素值或原始整幅图像灰度；σ_i 表示子带图像系数矩阵的标准差，用于刻画图像像素值的离散程度；e 表示图像的熵，用于描述图像的复杂度；μ_i 和 σ_i 共同描述图像样本纹理的统计特征。

本节利用压缩感知的分类结果直接对分解层次和滤波器进行选择。dtwavexfm2 函数中第一个滤波器参数 biort 有四个选择，分别为 antonini、legall、near_sym_a 和 near_sym_b，第二个正交滤波器参数 qshift 包括 qshift_06、qshift_a、qshift_b、qshift_c 和 qshift_d。当分级级数为 3，滤波器分别选用 near_sym_b 和 qshift_b 时取得了最好的识别效果，并且特征数量也在适当的范围内。纹理样本图像 3 级 DT-CWT 如图 7-4-8 所示。图 7-4-8（b）表示低频分量，对应系数矩阵表示为 Yl，大小为原始图像的 1/4，图 7-4-8（c）表示分解后第一层高频分量，大小为原始图像的 1/2，对应系数矩阵表示为 Yh{1,1}(:,:,1)～Yh{1,1}(:,:,6)，图 7-4-8（d）表示分解后第二层高频分量，大小为原始图像的 1/4，对应系数矩阵表示为 Yh{2,1}(:,:,1)～Yh{2,1}(:,:,6)，图 7-4-8（e）表示分解后第三层高频分量，大小为原始图像的 1/8，对应系数矩阵表示为 Yh{3,1}(:,:,1)～Yh{3,1}(:,:,6)。

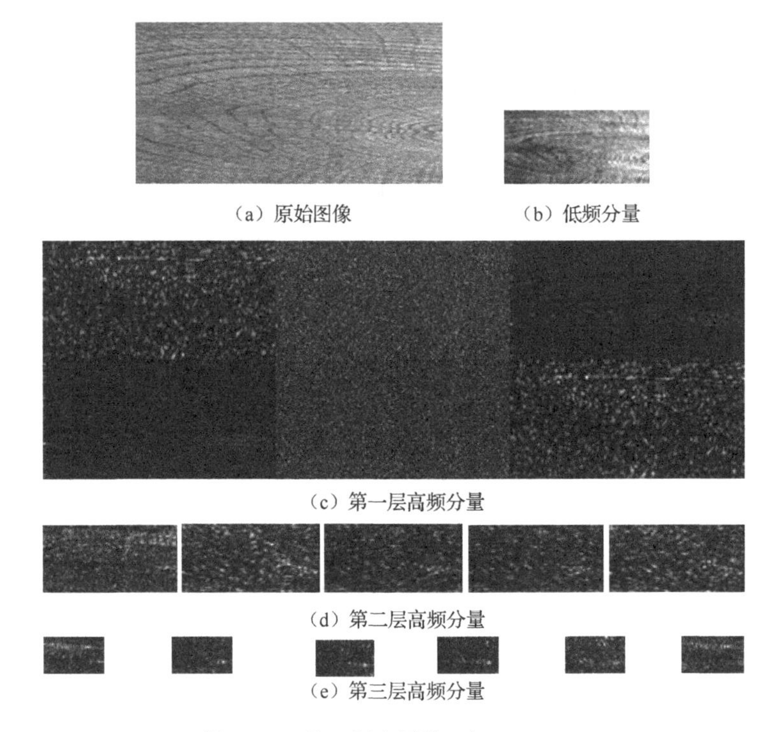

（a）原始图像　（b）低频分量

（c）第一层高频分量

（d）第二层高频分量

（e）第三层高频分量

图 7-4-8　纹理样本图像 3 级 DT-CWT

双树复小波每进行一级分解，就可以得到 1 个低频近似信息和 6 个高频细节信息。三级双树复小波分解后，得到低频子带 Yl 和高频子带 Yh1～Yh18，记每个子带系数矩阵的均值为 $m(\cdot)$、标准差为 $s(\cdot)$，原始灰度图像的标准差和熵分别为 s 和 e。部分纹理样本特征参数见表 7-4-5。

表 7-4-5　部分纹理样本特征参数

特征	弦切纹 1	弦切纹 2	弦切纹 3	弦切纹 4	弦切纹 5	径切纹 1	径切纹 2	径切纹 3	径切纹 4	径切纹 5
m(Y1)	607.47	695.40	601.22	697.46	703.69	880.96	898.51	682.93	748.19	735.40
m(Yh1)	4.1549	3.7912	4.2428	6.0041	5.4556	9.1529	8.4367	3.8859	7.0924	4.7062
m(Yh2)	0.5423	0.3292	0.3614	1.8346	2.0254	1.2328	1.1633	1.1885	1.7106	1.4937
m(Yh3)	2.0281	1.0840	1.2638	4.9025	5.1497	1.7337	1.6282	2.4764	2.3951	2.0931
m(Yh4)	2.0434	1.0829	1.2412	5.4014	5.2100	1.5726	1.4925	2.3779	2.1582	1.5569
m(Yh5)	0.5425	0.3301	0.3587	2.0053	1.5978	0.9734	0.9671	1.0189	1.3645	0.8810
m(Yh6)	4.1884	3.7843	4.1938	6.1372	4.9023	9.2088	8.1915	3.6617	7.3075	4.5192
m(Yh7)	20.410	22.846	24.079	20.992	16.843	41.547	37.371	14.471	23.986	19.903
m(Yh8)	8.0814	4.6884	5.9165	7.3383	7.8787	3.6852	3.7317	3.9211	3.9083	3.9759
m(Yh9)	10.275	6.3098	7.4100	14.637	13.822	4.3843	4.1972	5.6711	4.6404	4.4969

续表

特征	弦切纹 1	弦切纹 2	弦切纹 3	弦切纹 4	弦切纹 5	径切纹 1	径切纹 2	径切纹 3	径切纹 4	径切纹 5
m(Yh10)	10.842	6.2149	6.8757	17.249	14.881	4.2085	4.0119	5.7148	4.3929	3.8776
m(Yh11)	9.2824	4.8203	5.0436	9.0096	7.5717	3.3351	3.2229	3.7768	3.4093	2.3641
m(Yh12)	22.087	22.511	21.561	20.489	15.422	42.385	36.531	13.741	25.283	20.345
m(Yh13)	31.599	59.448	46.257	57.795	48.185	101.71	105.26	39.896	72.226	62.682
m(Yh14)	17.106	14.199	19.985	18.302	16.431	8.1263	7.8969	9.4469	6.6913	7.5702
m(Yh15)	18.546	14.722	18.371	25.982	21.843	9.2402	8.6208	11.316	7.7345	8.7684
m(Yh16)	18.672	15.022	15.731	30.807	23.870	9.0478	8.4283	11.387	7.6816	8.3838
m(Yh17)	20.693	14.663	14.753	20.718	15.627	8.0456	7.2059	9.4870	6.7686	6.6262
m(Yh18)	32.562	59.227	41.813	53.895	41.043	104.83	102.60	37.487	76.593	65.344
s(Yl)	54.873	107.08	80.810	72.881	58.351	58.826	53.316	72.350	51.487	71.039
s(Yh1)	2.7797	2.8091	2.9801	3.6762	3.2447	5.8454	5.8522	3.1250	4.3595	3.4633
s(Yh2)	0.3849	0.2184	0.2468	1.1064	1.2059	0.8064	0.7995	0.7090	1.0474	0.8875
s(Yh3)	1.3935	0.8010	0.9839	3.2178	3.0513	1.3026	1.2329	1.6801	1.5833	1.3073
s(Yh4)	1.4043	0.7973	0.9726	3.5038	3.1118	1.1852	1.1507	1.6334	1.4558	0.9821
s(Yh5)	0.3831	0.2159	0.2441	1.2072	0.9072	0.6423	0.6527	0.6002	0.8350	0.5098
s(Yh6)	2.7837	2.8114	2.9737	3.7215	2.9503	5.9275	5.6872	2.8987	4.5335	3.4535
s(Yh7)	11.378	14.902	13.665	12.353	9.9186	21.976	21.251	10.120	13.406	13.792
s(Yh8)	4.5332	3.2500	4.3144	4.3229	4.4578	2.4212	2.5146	2.4490	2.3901	2.3991
s(Yh9)	6.4004	4.3482	5.3931	9.8158	8.0381	2.8978	2.8676	3.7721	2.7926	2.7671
s(Yh10)	6.5305	4.2655	4.9233	11.630	9.0126	2.8414	2.7527	3.8191	2.7411	2.4227
s(Yh11)	5.4202	3.2756	3.5923	5.3119	4.1113	2.1795	2.1384	2.5177	2.0579	1.4833
s(Yh12)	12.295	14.589	12.288	12.355	8.8212	22.889	20.593	9.1897	14.299	14.241
s(Yh13)	20.995	46.577	29.876	31.113	27.231	39.372	37.618	22.817	27.839	30.926
s(Yh14)	10.925	9.7808	14.074	10.840	9.1085	4.6956	5.0519	5.7164	3.9622	4.5366
s(Yh15)	12.257	9.9793	14.216	17.646	12.898	5.5038	5.1975	6.8296	4.6111	5.3194
s(Yh16)	11.323	9.9697	11.326	21.890	13.803	5.5945	5.1888	6.9139	4.4934	5.2497
s(Yh17)	12.737	10.233	9.5932	13.128	9.0021	4.7883	4.1652	5.8199	4.1889	4.0048
s(Yh18)	19.844	41.052	29.107	28.493	21.540	41.599	37.833	21.115	30.101	32.691
s	23.612	35.483	28.064	31.401	29.257	36.467	34.189	26.240	27.566	27.791
e	6.6032	7.1694	6.8516	7.0096	6.8914	6.5414	6.3632	6.7417	6.7960	6.7900

表中数据可以看到一些特征参数值较小，比如 m(Yh2)、m(Yh5)、s(Yh2)和 s(Yh5)等，而一些特征参数值较大，比如 m(Yl)、m(Yh12)和 s(Yh18)等。数值大的特征往往比数值小的特征的影响更大，但是数值大的特征并不一定是关键特征，因此需要特征参数的归一化[34,35]。为了保证数值小的特征在分类过程中的作

用，实现特征数量级的统一，按照式（7-4-18）实现特征归一化，使归一化后的特征值域分布在[0.1,0.9]之间。其中，$x_{\min}$表示特征向量x中的最小值，$x_{\max}$表示特征向量中的最大值。

$$\bar{x}=0.1+\frac{x_i-x_{\min}}{x_{\max}-x_{\min}}(0.9-0.1) \tag{7-4-18}$$

前期研究对比了小波变换和曲波变换针对样本表面纹理的识别效果，曲波变换图像层次包括 Coarse 部分、Detail 部分和 Fine 部分。文献[36]分析了不同层次中不同方向的 Curvelet 系数分布情况，通过实验验证了基于 Detail 部分的第 2 层中的第 1 方向和第 2 方向奇数小方向上的 Curvelet 系数可有效表示锯材的纹理信息。

为验证锯材图像的特征提取方法的有效性与快速性，利用 BP 神经网络对锯材样本图像表面纹理的弦切纹和径切纹进行分类，比较 3 种不同的频谱特征提取方法下的分类准确率和分类时间。其中，BP 神经网络的参数设置见表 7-4-6。

表 7-4-6 BP 神经网络的参数设置

隐含层神经元个数	输出层神经元个数	隐含层传递函数	输出层传递函数	训练函数	最大训练次数	训练要求精度
6	2	tansig	logsig	trainlm	1000	$1e^{-5}$

选取两类纹理各 60 幅，其中，30 幅作为训练样本，另外 30 幅作为测试样本进行分类验证。按照文献[37]的方法提取锯材图像的小波特征和曲波特征，特征个数分别为 14 个和 16 个。输入层神经元个数根据选用特征维数分别为 14、16 和 40。

1）小波变换特征提取

小波变换中小波基选用 sym4，实验结果见表 7-4-7，平均每幅特征提取时间为 0.023s。

表 7-4-7 小波变换特征提取的实验结果 单位：%

实验次数	弦切纹准确率	径切纹准确率	平均准确率
实验 1	96.7	93.3	95.0
实验 2	90.0	96.7	93.4
实验 3	93.3	100	96.7
平均准确率	93.3	96.7	95.0

2）曲波变换特征提取

曲波分解选用 USFFT 算法，实验结果见表 7-4-8，平均每幅特征提取时间为 0.837s。

表 7-4-8　曲波特征提取的实验结果　　单位：%

实验次数	弦切纹准确率	径切纹准确率	平均准确率
实验 1	96.7	96.7	96.7
实验 2	93.3	100	96.7
实验 3	100	100	100
平均准确率	96.7	98.9	97.8

3）DT-CWT 特征提取

本章方法利用3级双树复小波的38个频谱特征以及图像的熵和标准差作为图像的纹理特征，实验结果见表 7-4-9，平均每幅特征提取时间为 0.067s。

表 7-4-9　DT-CWT 特征提取的实验结果　　单位：%

实验次数	弦切纹准确率	径切纹准确率	平均准确率
实验 1	100	96.7	98.4
实验 2	96.7	100	98.4
实验 3	100	100	100
平均准确率	98.9	98.9	98.9

从分类结果准确率来看，三种频谱变换特征提取方法均能识别锯材表面纹理，从小波、曲波到双树复小波平均准确率逐步上升，这是由于曲波的各向异性及双树复小波的多方向性能够比小波更有效地表示图像的边缘信息、处理线奇异，表示锯材图像的表面纹理。从特征提取时间来看，小波和双树复小波计算时间明显低于曲波变换。双树复小波由上下两棵小波树构成，分解过程中不存在数据的交互，因此容易实施并具有良好的并行性。

7.5　基于离散粒子群优化算法的特征选择方法

二维图像 DT-CWT 具有 4 倍的冗余。提取的特征量均取自子带系数矩阵的均值和标准差，特征之间必然存在一定的冗余性和无关性。特征参数需要完整表示样本图像的信息。如果特征参数太少，那么表示的信息可能不完整。但是参数的个数也并不是越多越好。特征量过多，参数之间可能存在冗余性，一些无效特征会加大分类器的计算量，占用大量的存储空间，使分类效率降低。特征优选是指从众多提取的特征中挑选一个特征参数子集，使分类器的准确率更高，分类时间更短。本章将对粒子群优化（PSO）算法进行研究，通过离散 PSO 算法对特征位置进行随机二进制编码，以分类器的平均准确率为适应度值，从 40 个特征参数中优选出一组特征子集，在保证精度的同时提高分类器运算效率。

7.5.1 特征优选过程

对图像进行 3 级 DT-CWT，提取 19 个不同子带系数矩阵的均值和标准差，得到 38 维频谱特征向量，加上图像的标准差和熵得到一个 40 维特征向量并进行特征的归一化，使特征向量单位保持统一。采用 PSO 算法降低特征冗余度，优选有效特征，实现特征降维与优选。

计算低频子带系数矩阵和高频子带系数矩阵的均值 $m(\mathrm{Y1})$ 、 $m(\mathrm{Yh})\sim m(\mathrm{Yh18})$ 和标准差 $s(\mathrm{Y1})$、$s(\mathrm{Yh1})\sim s(\mathrm{Yh18})$ ，以及原始灰度图像的标准差 s 和熵 e 作为图像特征。其中， $m(\mathrm{Y1})$、$s(\mathrm{Y1})$ 分别表示低频子带系数的均值和标准差， $m(\mathrm{Yh1})\sim m(\mathrm{Yh6})$ 、 $s(\mathrm{Yh1})\sim s(\mathrm{Yh6})$ 表示一级分解得到的 6 个高频系数矩阵的均值和标准差， $m(\mathrm{Yh7})\sim m(\mathrm{Yh12})$、$s(\mathrm{Yh13})\sim s(\mathrm{Yh18})$ 表示三级分解得到的 6 个高频系数矩阵均值和标准差。在离散 PSO 算法的位置特征编码中，对以上 40 个特征进行选择，达到特征优化降维的目的。特征选择过程中，随机将粒子位置 x_i 进行二进制 0、1 编码。如果位置向量 x_i 中的 $x_{id}=1$，则表示特征向量对应的第 d 维参数被选中；如果 $x_{id}=0$，则表示该维特征未被选中。一种特征的 0、1 组合方式相当于搜索空间中的一个粒子，种群大小相当于粒子不同随机组合方式的总数。特征向量的维数就是搜索空间的维数 D，即特征选择中每个粒子的长度为 40。对上一章的 40 个特征参数进行优选，对应的特征编码见表 7-5-1。

表 7-5-1 特征编码

特征	特征编码
m(Yl)	1000000000000000000000000000000000000000
m(Yh1)	0100000000000000000000000000000000000000
m(Yh2)	0010000000000000000000000000000000000000
m(Yh3)	0001000000000000000000000000000000000000
m(Yh4)	0000100000000000000000000000000000000000
m(Yh5)	0000010000000000000000000000000000000000
m(Yh6)	0000001000000000000000000000000000000000
m(Yh7)	0000000100000000000000000000000000000000
m(Yh8)	0000000010000000000000000000000000000000
m(Yh9)	0000000001000000000000000000000000000000
m(Yh10)	0000000000100000000000000000000000000000

续表

特征	特征编码
m(Yh11)	0000000000010000000000000000000000000000
m(Yh12)	0000000000001000000000000000000000000000
m(Yh13)	0000000000000100000000000000000000000000
m(Yh14)	0000000000000010000000000000000000000000
m(Yh15)	0000000000000001000000000000000000000000
m(Yh16)	0000000000000000100000000000000000000000
m(Yh17)	0000000000000000010000000000000000000000
m(Yh18)	0000000000000000001000000000000000000000
s(Yl)	0000000000000000000100000000000000000000
s(Yh1)	0000000000000000000010000000000000000000
s(Yh2)	0000000000000000000001000000000000000000
s(Yh3)	0000000000000000000000100000000000000000
s(Yh4)	0000000000000000000000010000000000000000
s(Yh5)	0000000000000000000000001000000000000000
s(Yh6)	0000000000000000000000000100000000000000
s(Yh7)	0000000000000000000000000010000000000000
s(Yh8)	0000000000000000000000000001000000000000
s(Yh9)	0000000000000000000000000000100000000000
s(Yh10)	0000000000000000000000000000010000000000
s(Yh11)	0000000000000000000000000000001000000000
s(Yh12)	0000000000000000000000000000000100000000
s(Yh13)	0000000000000000000000000000000010000000
s(Yh14)	0000000000000000000000000000000001000000
s(Yh15)	0000000000000000000000000000000000100000
s(Yh16)	0000000000000000000000000000000000010000
s(Yh17)	0000000000000000000000000000000000001000
s(Yh18)	0000000000000000000000000000000000000100
s	0000000000000000000000000000000000000010
e	0000000000000000000000000000000000000001

将每个粒子编码对应的特征参数代入适应度函数进行计算，本章按照文献[37]的方法，采用测试样本的平均分类准确率作为适应度值，如下式：

$$s\left(v_{id}^{(t)}\right)=\frac{1}{1+\mathrm{e}^{-v_{id}^{(t)}}} \tag{7-5-1}$$

式中，$s(v_{id}^{(t)})$ 表示粒子在 t 时刻的适应度值，它是通过一个 Sigmoid 函数将输入 $v_{id}^{(t)}$ 映射到区间 (0,1)，用于衡量分类模型的准确性。$v_{id}^{(t)}$ 代表粒子在 t 时刻的速度，i 和 d 分别为粒子和其所在维度的编号。通过此公式，可以计算每个粒子的适应度值，从而评估其在特征空间中的表现。

通过迭代不断更新每个粒子的速度和位置，用准确率来评价每个粒子的好坏程度，指导粒子在二进制空间内搜索。最后输出群体最佳位置 gb 的编码作为最后挑选出来的特征子集。

7.5.2 特征选取实验结果与分析

计算 60 个测试样本的平均准确率作为适应度值对每个粒子的好坏进行评价，粒子的长度为 40，设置最大进化代数为 20，种群大小分别为 20、40、60，进行 3 次实验。针对锯材表面图像的纹理特征进行优选，特征选择结果见表 7-5-2。

表 7-5-2 特征选择结果

试验次数	种群大小	适应度值/%	gb 对应特征编码	特征个数
1	20	100	1111100000001100000100101110011111011011	21
2	40	100	1100000111001011011101001110000100011000	18
3	60	100	0000111010001001011001000001110111110011	19

种群规模的大小对粒子群的性能基本没有影响，小规模群体足以满足算法的收敛性能，而且降低了计算量[38]。特征选择前分类器的弦切纹准确率为 90%，径切纹准确率为 100%，平均准确率为 95%，种群大小不同的三次特征选择实验得到的适应度值，即最佳的分类准确率均得到了提高，并且三次结果相同。但是特征的 0、1 编码具有较大的差异，说明不同组合的特征子集均可以使锯材样本分类达到满意的效果。

编码的 0、1 组合不同，特征个数也不同。分类系统的计算量和复杂程度会随着特征个数的增多而增加，因而特征个数越多分类时间越长。从特征维数出发，选择第二次实验结果的特征编码作为特征选择的最终结果，即选择的 18 个纹理特征分别为 $m(Y1)$、$m(Yh1)$、$m(Yh7)$、$m(Yh8)$、$m(Yh9)$、$m(Yh12)$、$m(Yh14)$、$m(Yh15)$、$m(Yh17)$、$m(Yh18)$、$s(Y1)$、$s(Yh2)$、$s(Yh5)$、$s(Yh6)$、$s(Yh7)$、$s(Yh12)$、$s(Yh16)$ 和 $s(Yh17)$。

选用 60 幅新的测试样本验证本章特征选择方法的有效性，其中，弦切纹和径切纹各 30 幅。特征选择前后分类结果对比见表 7-5-3。

表 7-5-3　特征选择分类结果对比

	弦切纹准确率/%	径切纹准确率/%	平均准确率/%	时间/s		
				特征提取	分类识别	合计
选择前	83.3	100	91.7	0.096	0.342	0.438
选择后	96.7	100	98.4	0.073	0.208	0.281

采用本章特征选择方法后特征维数降低，计算时间缩短，分类时间降低，并且需要提取的特征个数减少，相应的特征提取时间也有所降低。选择前后径切纹都能正确区分，对弦切纹的分类能力有了一定的提高。因此，选择后的特征包含了足以表达图像纹理特征所需要的信息，去除无效特征与冗余特征，分类性能也有所提高。因此，本章特征选择方法是有效可行的。

7.6　基于压缩感知理论的锯材表面纹理缺陷分类方法

7.6.1　压缩感知分类算法

1. 压缩感知基本理论

2006 年，Donoho[39]提出压缩感知（compressed sensing，CS）理论，该理论指出当信号具有稀疏性或者是可以进行压缩的，就可以通过不相关的观测向量，将信号从高维空间投影到低维空间，得到维度更低的测量数据，最后利用得到的少量投影数据通过重构算法将原信号高精度重建。测量数据不是信号本身，而是经过测量矩阵变换输出的投影测量值，这些值包含了重构原始信号所需的全部信息。该方法打破了奈奎斯特采样（Nyquist sampling）定理，即信息的内容与结构决定了采样速率，而不再是信号带宽。压缩感知的采集与重构信号过程如图 7-6-1 所示。

图 7-6-1　压缩感知的采集与重构信号过程

在压缩感知理论中，从模拟信号到数字信号的采样过程中同时完成了信号的压缩，相当于“直接感知压缩后的信息”，这使采样速率远低于奈奎斯特采样速率，数据传输与存储更加简便，极大降低了信号处理时间。

文献[39]、[40]中定义了稀疏性的数学表示：在正交基 ψ 域下，通过 $\theta=\psi^{\mathrm{T}}x$

求取信号 x 的变换系数向量 θ。当 $0<p<2, R>0$ 时，如果系数向量 θ 满足式（7-6-1），则表示向量 θ 具有稀疏性。从数值上来讲，当向量 θ 中仅含有 K 个非零元素（K 远小于向量维数），大部分数值为 0，则说明向量 θ 是稀疏的。

$$\|\theta\|_p=\left(\sum_i|\theta_i|^p\right)^{\frac{1}{p}}\leqslant R,\quad \theta_i=\langle x,\ \Psi_i\rangle \tag{7-6-1}$$

在信号的稀疏表示中，针对有限维度的实值信号 $x\in\mathbf{R}^{N\times 1}$，利用正交基 $\psi=[\psi_1,\psi_2,\cdots,\psi_N]$, $\psi_i\in\mathbf{R}^{N\times 1}$ 进行变换，即

$$x=\sum_{i=1}^{N}\theta_i\psi_i=\psi\theta \tag{7-6-2}$$

式中，x 为原始信号，$x\in\mathbf{R}^{N\times 1}$；$\theta$ 为展开系数向量 $\theta\in\mathbf{R}^{N\times 1}$，$\theta\in\psi^{\mathrm{T}}x$，$\theta_i=\langle x,\psi_i\rangle=\psi_i x$。$\psi$ 为正交基字典矩阵 $\psi\in\mathbf{R}^{N\times N}$，且满足 $\psi\psi^{\mathrm{T}}=\psi^{\mathrm{T}}\psi=I$。

若向量 θ 中非 0 值的个数远远小于信号维数 N，则表示向量 θ 是稀疏的，正交基称为实值信号 x 的稀疏基。这样，通过式（7-6-2）实现了信号的稀疏化，得到了稀疏向量 θ。向量 θ 是信号 x 在 ψ 域下的同等表示。

目前常用的稀疏基有离散傅里叶变换（discrete Fourier transform，DFT）基、离散小波变换（discrete wavelet transform，DWT）基、离散正弦（余弦）变换基、多尺度变换基、冗余字典等。

测量矩阵的设计问题实际上就是通过测量矩阵 φ 将稀疏向量 θ 从高维空间投影到低维空间实现降维，得到维数更低的测量值 y，即

$$y=\varphi\theta \tag{7-6-3}$$

式中，y 为测量值,$y\in\mathbf{R}^{M\times 1}$,且 $M\ll N$； φ 为测量矩阵,$\varphi\in\mathbf{R}^{M\times N}$。

结合式（7-6-2）和式（7-6-3），得到

$$y=\varphi\theta=\varphi\Psi^{\mathrm{T}}x=\Theta x \tag{7-6-4}$$

式中，Θ 表示传感矩阵 $\Theta=\varphi y^{\mathrm{T}}$,$\Theta\in\mathbf{R}^{M\times N}$。

为保证数据能够重构，要让稀疏基 Ψ 和测量矩阵 φ 不相关，传感矩阵 Θ 的任意 $2K$ 列满足线性无关。文献[41]指出传感矩阵 Θ 必须符合有限等距性质（restricted isometry property，RIP）准则，即

$$1-\varepsilon\leqslant\frac{\|\Theta\gamma\|}{\|\gamma\|_2}\leqslant 1+\varepsilon,\ \varepsilon>0 \tag{7-6-5}$$

式中，γ 为具有 K 稀疏的任意向量。

除了 RIP 准则，还有互相关理论[42]、Spark 常数判别[43]和有限等距常数（restricted isometry constant，RIC）作为衡量标准[44]。文献[42]、[45]～[47]中指出高斯随机矩阵因其自身具有很强的随机性，与其他矩阵相关度都比较低，满足 RIP 准则，可以作为测量矩阵。

信号重构就是从低维测量值 y 中重建出高维原始信号 x。可通过求解式（7-6-6）中的 l_0 范数的最小化问题获得稀疏向量 θ 的解，再通过式（7-6-2）求得信号 x。

$$\begin{cases}\min\limits_{\theta}\|\theta\|_0 \\ \text{s.t.}\quad y=\varphi\theta\end{cases} \tag{7-6-6}$$

式中，$\|\theta\|_0$ 表示向量 θ 的 l_0 范数，即向量 θ 中非 0 值的个数。

实际计算中，由于测量值 y 的维数 M 远小于向量 θ 的维数 N，方程中未知数的个数远远大于方程个数，式（7-6-6）是一个非确定性多项式（nondeterministic polynomial，NP）难题，难以直接求出结果。通常可以转化为求解 l_p 范数的最小化问题，即

$$\begin{cases}\min\limits_{\theta}\|\theta\|_p \\ \text{s.t.}\quad y=\varphi\theta\end{cases} \tag{7-6-7}$$

式中，$0\leqslant p\leqslant 1;\|\theta\|_p=\left(\sum|\theta_i|^p\right)^{1/p}$

文献[48]给出了系数的四种不同范数极值求解的几何表示，如图 7-6-2 所示。直线 L 满足 $y=\varphi\theta$，也就是方程 $y=\varphi\theta$ 的解都在直线 L 上。求解式（7-6-7）就是在满足 $y=\varphi\theta$ 的约束条件下，从直线 L 上找到一点 $\bar{\theta}$，使 l_p 球的半径最小，也就是找到直线 L 与 l_p 球相切的位置，即为 θ 的解。在 $0<p<1$ 的范围中，如图 7-6-2（a）所示 l_p 球的形状是内凸的，随着球半径的增大，l_p 球与直线 L 的交点，即 θ 的解必然位于纵轴上，因此这个交点必然是稀疏的。当 $p=1$ 时，如图 7-6-2（b）所示，因为 l_1 范数表示绝对值之和，那么 l_p 球半径的增长在图中就是菱形边长的增加，最后菱形在纵轴上半轴的顶点与直线 L 相交，这个解也必定是稀疏的。但是如果 $p>1$，如图 7-6-2（c）所示，l_p 球的形状变为外凸，随着球的半径的增大，与直线 L 的交点不再位于坐标轴上。特殊的，图 7-6-2（d）中 $p=2$，l_2 范数最小化为平方和形式，随着圆半径的增加，与直线 $L: y=\varphi\theta$ 的交点已经位于第二象限，方程 $y=\varphi\theta$ 的解不再是稀疏的。

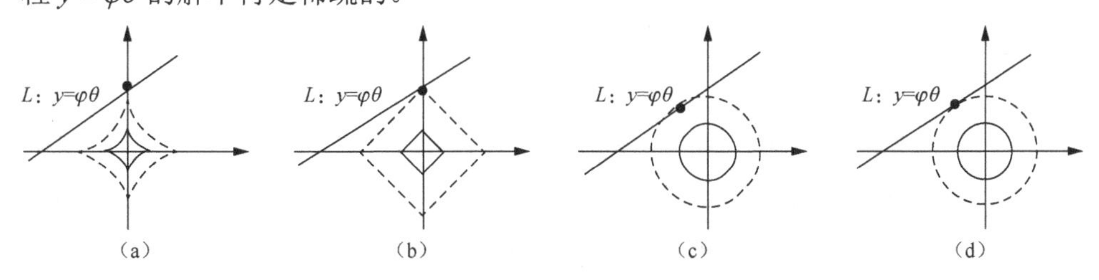

图 7-6-2　四种不同范数极值求解的几何表示

将式（7-6-6）转化为 l_1 范数下的最小化问题求解。

$$\begin{cases}\min\limits_{\theta}\|\theta\|_1 \\ \text{s.t.}\quad y=\varphi\theta\end{cases} \tag{7-6-8}$$

进一步来讲，只要向量θ足够稀疏，那么认为式（7-6-6）和式（7-6-8）是等价的，并且能通过求解l_1的范数最小化问题重构稀疏信号θ。式（7-6-8）是一个凸优化问题，将l_0范数的最小化问题转换成一个线性规划（linear programming，LP）问题求解，使计算更加简便。目前解决压缩感知信号重构的方法有匹配追踪（matching pursuit，MP）、正交匹配追踪（orthogonal matching pursuit，OMP）、多级正交匹配追踪（stagewise orthogonal matching pursuit，StOMP）、链式追踪（chaining pursuit，CP）、基于稀疏表示的梯度投影（gradient projection for sparse representation，GPSR）法[49]、内点法[50]、BP 神经网络算法等。

2. 压缩感知分类算法求解步骤

锯材分类算法就是根据建立的一个具有k个已知类别的训练样本集，通过某种模式识别技术决定一个新的测试样本的类别问题。将压缩感知理论引入模式识别领域中，构建训练样本集作为压缩感知理论中的数据字典，对需要测试的未知类别的样本进行线性表示，实现测试样本的稀疏表示，通过计算类似式（7-6-6）的最小化问题求取测试样本在数据字典上的稀疏向量。最后通过重建特征与测试样本特征之间的距离大小来判断测试样本的归属类别。

1）样本的稀疏表示

假设所有锯材样本图像分为k个不同的类别，每类图像中用于构建训练样本的个数为m，m个锯材训练样本图像的特征用列向量$f \in \mathbf{R}^{N\times 1}$表示，将所有训练样本的特征向量$f$依次排列作为矩阵$A_i$的一列，第$i$类锯材训练样本集就能够表示为

$$A_i = [f_{i,1}, f_{i,2}, \cdots, f_{i,m}] \in \mathbf{R}^{N\times M} \tag{7-6-9}$$

式中，N为样本的特征向量维数。

若A_i中的锯材训练样本数量足够充分，那么对于属于第i类，但是不在这个训练样本集中的测试样本y，可以用A_i中训练样本的特征向量通过线性叠加的组合来进行表示，即

$$y = \alpha_{i,1} f_{i,1} + \alpha_{i,2} f_{i,2} + \cdots \alpha_{i,m} f_{i,m} = A_i \alpha_i \tag{7-6-10}$$

式中，y为测试样本的特征向量，$y \in \mathbf{R}^{N\times 1}$；$\alpha_{i,1}, \alpha_{i,2}, \cdots, \alpha_{i,m}$为$m$个线性表示系数。

整个训练样本集包括k个类别，共n个样本图像($n = km$)，将矩阵A_i扩展到所有训练样本中，即k个类别的训练样本集可以用矩阵A表示为

$$\begin{aligned} A &= [A_1, A_2, \cdots, A_k] \\ &= [f_{1,1}, \cdots f_{1,m}, \cdots, f_{i,1}, \cdots, f_{i,m}, \cdots, f_{k,1}, \cdots, f_{k,m}] \in \mathbf{R}^{N\times n} \end{aligned} \tag{7-6-11}$$

此时式（7-6-10）可以表示为

$$y = \alpha_{1,1} f_{1,1} + \alpha_{1,2} f_{1,2} + \cdots + \alpha_{k,m} f_{k,m} = A\alpha \tag{7-6-12}$$

理想情况下，假设测试样本 y 属于第 i 类样本，那么在表示的系数向量 α 中，只有与第 i 类样本相对应位置上的变换系数 α_i 的值不等于 0，而在其他类别对应的系数都是 0，即 α 满足：

$$\alpha = \left[0,\cdots,0,\alpha_{i,1},\alpha_{i,2},\cdots,\alpha_{i,m},0,\cdots,0\right]^{\mathrm{T}} \in \mathbf{R}^{n\times 1} \tag{7-6-13}$$

向量 α 中非 0 值的个数远远小于训练样本总数 n，也就是稀疏向量的维数，因此可以认为向量 α 具有稀疏性。通过式（7-6-12）实现了测试样本的稀疏表示。

2）基于压缩感知的锯材分类

通过求解式（7-6-12）得到稀疏向量 α，实现对需要测试的未知类别样本 y 的分类识别。稀疏向量 α 包含了测试样本的类别信息，并且具有很强的稀疏性，根据压缩感知理论，求解 l_1 范数最小化问题即可得到稀疏向量 α，即

$$\begin{cases} \bar{\alpha} = \arg\min \|\alpha\|_1 \\ \text{s.t.} \quad A\alpha = y \end{cases} \tag{7-6-14}$$

式中，$\bar{\alpha}$ 为稀疏向量 α 的精确解或近似解。

具体应用中应考虑噪声对压缩感知分类模型的影响，因此在式（7-6-12）中引入噪声模型：

$$y = A\alpha + w \tag{7-6-15}$$

式中，w 为噪声 $w \in \mathbf{R}^{m\times 1}$ 且 $\|w\|_2 < \varepsilon$，ε 为噪声引起的误差上限。

因此式（7-6-14）的条件可以放宽，通过式（7-6-16）求出稀疏向量 α 的精确解或近似解 $\bar{\alpha}$。

$$\begin{cases} \bar{\alpha} = \arg\min \|\alpha\|_1 \\ \text{s.t.} \quad \|A\alpha - y\| \leqslant \varepsilon \end{cases} \tag{7-6-16}$$

在实际应用中，考虑模型的误差与噪声的干扰，稀疏向量 α 中除了与第 i 类有关的系数是非 0 的，其余类别对应的系数也可能有少量非 0 值。因此，定义函数 $\delta_i(x)$，表示通过向量 x 的某些取值关系得到一个新的维数相同的向量，这个新的向量只保留了向量 x 中的某些数值，例如当 $i=1$ 时，仅保留第 1 类训练样本对应维数上的数值，令其他数值等于 0。计算重建特征向量 $y_i = A\delta_i(x)$，比较每一类的 y_i 与测试样本特征向量 y 的距离，距离越小，即 y_i 与 y 越接近，y_i 最小的类别也就是测试样本 y 的所属类别，计算见式（7-6-17）。

$$\min_i r_i(y) = \min_i \left(\left\| y - A\delta_i\left(\bar{\alpha}\right) \right\|_2 \right) \tag{7-6-17}$$

式中，$r_i(y)$为残差。

综上所述，通过压缩感知理论进行锯材表面纹理缺陷分类算法实现如下。

（1）分别提取作为训练样本的所有锯材的特征向量，按式（7-6-11）依次排列建立数据字典矩阵 A，提取作为测试样本的锯材图像的特征向量，记为 y。

（2）计算得到稀疏向量 $\bar{\alpha}$ 。

（3）分别计算 k 个类别对应的残差 $r_i(y) = \left\| y - A\delta_i\left(\bar{\alpha}\right) \right\|_2,\ i = 1,2,\cdots,k$ 。

（4）$r_i(y)$ 最小时标号对应的类别即为测试样本 y 的类别，即

$$\text{lable}(y) = \arg\min_i r_i(y) \tag{7-6-18}$$

7.6.2 锯材分选实验结果与分析

1. 锯材分选流程

若锯材有缺陷，则根据表面缺陷类别将锯材定义为活节或死节；若没有缺陷，则根据表面纹理类别将锯材定义为弦切纹或径切纹。因此根据实际应用，将样本分为活节、死节、弦切纹和径切纹四大类。选用 120 幅锯材样本图像，其中，每类锯材样本各 30 幅。训练样本图像示例如图 7-6-3 所示。

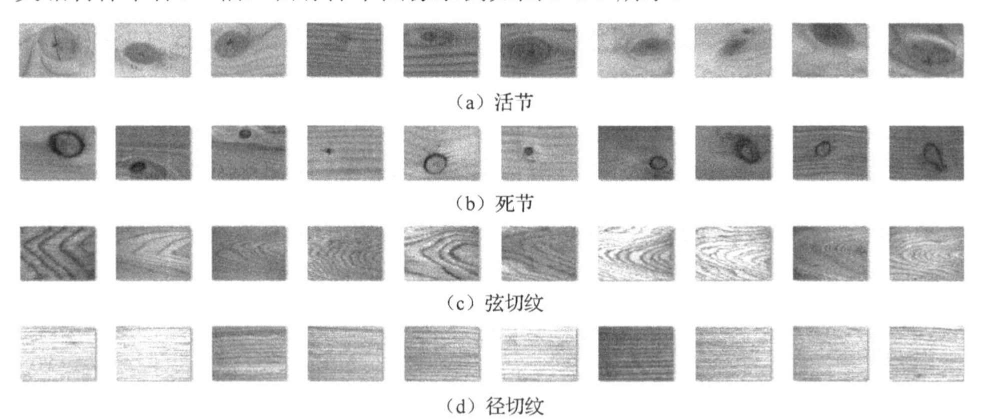

（a）活节

（b）死节

（c）弦切纹

（d）径切纹

图 7-6-3 训练样本图像示例

计算样本灰度图像下的图像标准差 s、熵 e 及 3 级 DT-CWT 后的频谱特征并进行归一化处理，每个样本计算得到 40 个纹理缺陷特征参数，构建数据字典矩阵 A，矩阵大小为 40×120。

选用另外 120 幅样本图像，其中，缺陷样本共 60 幅，包括 30 幅活节样本和 30 幅死节样本；纹理样本共 60 幅，包括 30 幅弦切纹样本和 30 幅径切纹样本。对测试样本图像进行 9 等分，判断每块区域是否属于缺陷，如果是缺陷，则直接

退出剩余区域的判断，输出缺陷类别，舍弃该测试样本锯材。如果 9 个区域均不包含缺陷且均判断为径切纹，则样本类别为径切纹，否则输出为弦切纹。测试样本图像分块如图 7-6-4 所示。

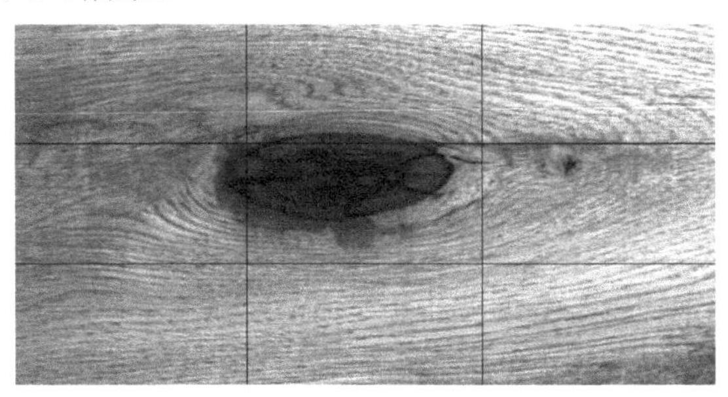

图 7-6-4　测试样本图像分块示意图

锯材分类流程如图 7-6-5 所示。

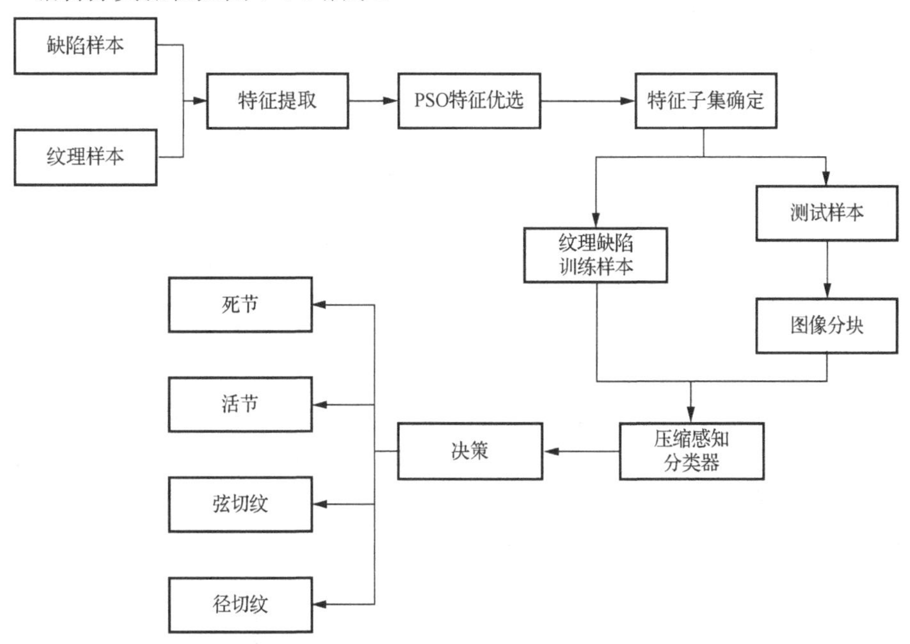

图 7-6-5　锯材分类流程

2. 实验结果与分析

以上述 120 幅锯材作为测试样本，首先计算灰度图像下的图像特征标准差 s、熵 e 及 3 级 DT-CWT 后的频谱特征并进行归一化处理，然后利用上述的压缩感知理论，按照式（7-6-16）和式（7-6-17）计算稀疏向量下的最小残差实现锯材表面纹理缺陷的判别。与曲波变换、小波变换进行对比，测试样本分类结果见表 7-6-1。

表 7-6-1 测试样本分类准确率对比 单位：%

锯材类别	本章方法	曲波变换	小波变换
弦切纹	86.7	86.7	80
径切纹	100	100	100
活节	80	76.7	66.7
死节	86.7	83.3	83.3
平均准确率	88.4	86.7	82.5

在平均准确率上，本章方法和曲波变换方法取得了更高的准确率，因为小波变换表示的有限方向存在很大的局限性，不能有效解决线奇异问题。在纹理的分类效果上，本章方法与曲波变换的准确率相同，但是在缺陷识别中，基于 DT-CWT 所提取的特征能够达到的分类性能优于曲波变换特征，因为曲波具有的支集结构是矩形，而小波的支集结构是圆形，与缺陷的形状更加贴切，双树复小波由小波构成，保留了圆形的支集，因此在缺陷识别上取得了更高的准确率。因此认为双树复小波能够结合小波变换与曲波变换的优点，实现锯材表面纹理缺陷的快速有效分类。

针对测试样本对每个区域进行分类，图 7-6-6 和图 7-6-7 是压缩感知分类的基本计算过程。图 7-6-6 对应式（7-6-16），表示计算得到的稀疏向量。

其中，横轴表示训练样本编号，1～30、31～60、61～90、91～120 分别代表活节样本、死节样本、弦切纹样本和径切纹样本。纵轴表示稀疏向量对应每一个样本的数值。从四个图对比可以看出，各个区域稀疏向量的系数分布集中在对应样本编号区间范围内。

图 7-6-7 对应式（7-6-17），横轴表示类别标号，1 表示活节样本，2 表示死节样本，3 表示弦切纹样本，4 表示径切纹样本，纵轴表示残差 $r_i(y)$ 的大小。从四个图对比可以看出，测试样本的残差分布在所属类别对应的标号上与其他三类相比更低。因此 $r_i(y)$ 是判断样本类别的有效依据。

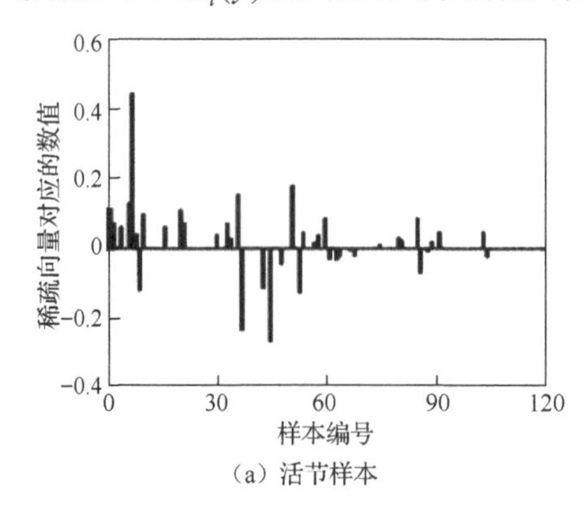

（a）活节样本

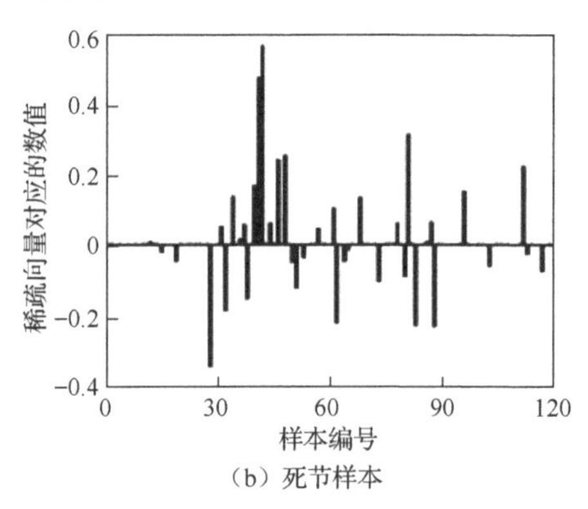

（b）死节样本

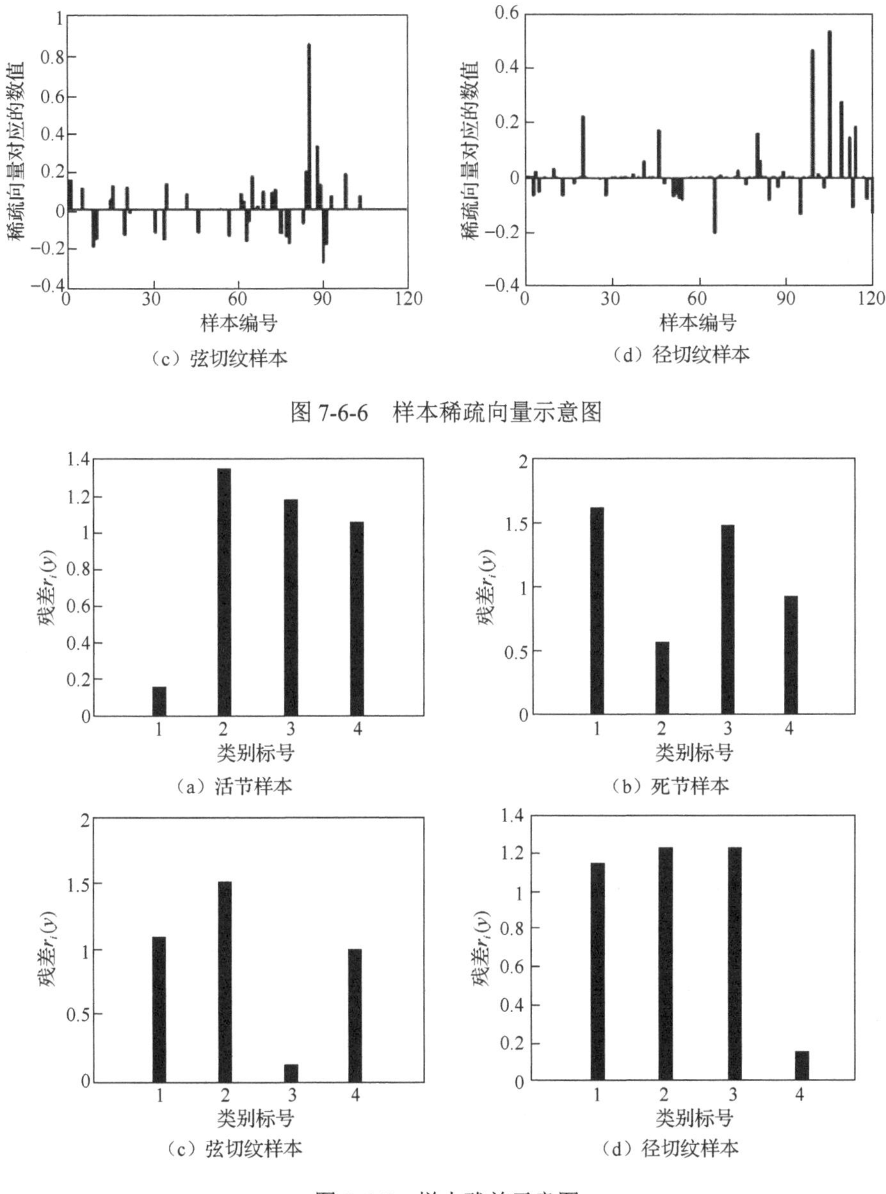

图 7-6-6　样本稀疏向量示意图

图 7-6-7　样本残差示意图

按照第 4 章粒子群特征选择算法步骤，对纹理缺陷样本特征进行特征优选，得到 gb 位置编码为[000110100000001010001101001000001011110011]，编码 1 的个数为 16，即对应的 16 个特征分别为 m(Yh3)、m(Yh4)、m(Yh6)、m(Yh13)、m(Yh15)、s(Yl)、s(Yh1)、s(Yh3)、s(Yh6)、s(Yh11)、s(Yh13)、s(Yh14)、s(Yh15)、s(Yh16)、s 和 e。对 120 幅测试样本进行特征有效性仿真验证，前后分类算法参数及分类结果见表 7-6-2。

表 7-6-2　特征选择有效性验证

	A	y	ε	分类准确率/%				平均值/%	时间/s
				活节	死节	弦切纹	径切纹		
选择前	40×120	40×1	120×1	86.7	80	83.3	100	87.5	0.916
选择后	16×120	16×1	120×1	93.3	83.3	96.7	100	93.5	0.334

直观上看，参与压缩感知分类运算的数据字典矩阵 A 和测试样本的特征向量 y 的维数降低了，计算复杂度降低，分类时间缩短。针对特征的无效与冗余，特征选择算法提高了锯材的平均分类准确率。对比 BP 神经网络和压缩感知分类方法，取训练收敛的三次网络结构进行测试，其中，BP 神经网络参数设置见表 7-6-3，两种方法分类结果对比见表 7-6-4。

表 7-6-3　BP 神经网络参数设置

隐含层神经元个数	输出层神经元个数	隐含层传递函数	输出层传递函数	训练函数	最大训练次数	训练要求精度
8	4	tansig	logsig	trainlm	1000	$1e^{-5}$

表 7-6-4　分类准确率对比结果　　单位：%

分类方法	活节	死节	弦切纹	径切纹	平均值
DT-CWT+PSO+CVX	93.3	83.3	96.7	100	93.3
DT-CWT+BP 一次实验	90	80	86.7	100	89.2
DT-CWT+BP 二次实验	86.7	83.3	93.3	100	90.8
DT-CWT+BP 三次实验	83.3	86.7	90	100	90

其中，第二次 BP 神经网络结构训练过程及结果分别如图 7-6-8 和图 7-6-9 所示。

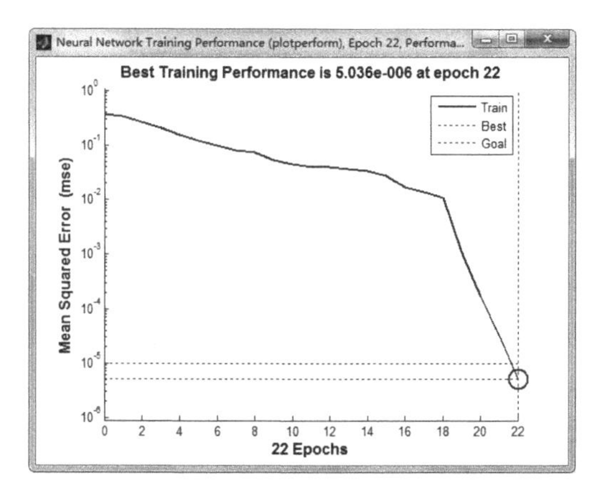

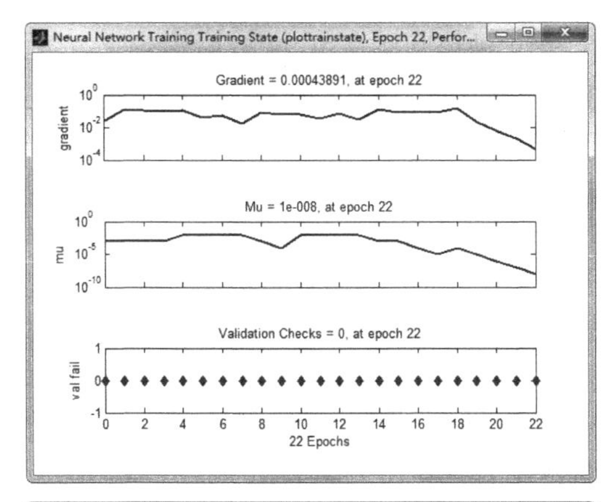

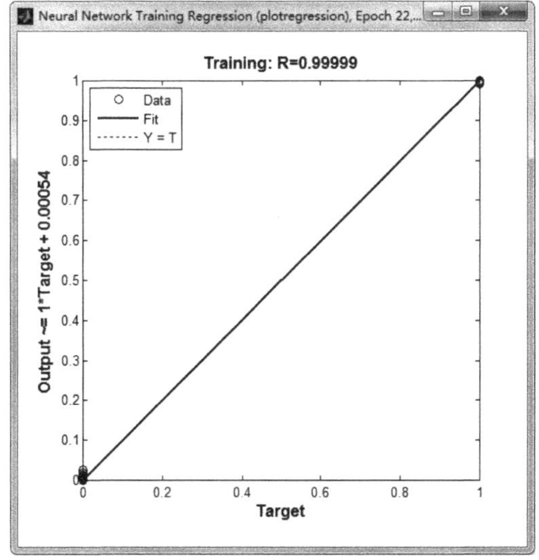

图 7-6-8　BP 神经网络训练过程

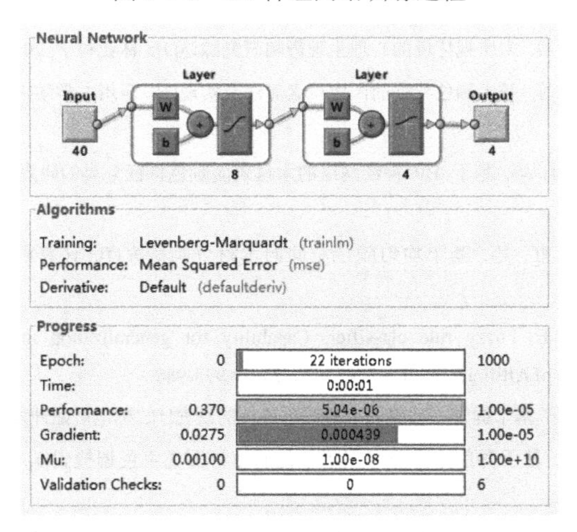

图 7-6-9　BP 神经网络训练结果

在第二次实验中，BP 神经网络在第 22 步时达到了收敛。从表 7-6-4 中的数据可以看出，本章方法结合优选后的特征与压缩感知分类算法取得了与 BP 神经网络相当的准确率。但是 BP 神经网络分类效果与网络训练的结果密切相关，BP 神经网络每次训练的初始化的权重具有随机性，使得每次训练出来的网络不一定相同。要想得到性能优良的网络结构，需要设置较多的网络参数并进行多次训练。而压缩感知分类算法需要手动设置的参数只有误差阈值ε，参数设置简单，计算过程明了。并且当需要添加新的训练样本时，BP 神经网络又需要多次反复训练，而压缩感知只需将添加样本的特征向量直接加入原始数据字典中，直接计算方程得到分类结果，因此可以认为压缩感知分类算法更加灵活变通，适应性强。

经过颜色区间判断后，图 7-6-10（a）和图 7-6-10（b）在协同分选中被判断为缺陷样本，直接剔除；图 7-6-10（c）和图 7-6-10（d）、图 7-6-10（e）和图 7-6-10（f）分别满足纹理一致，因此更适合拼接组合在一起。

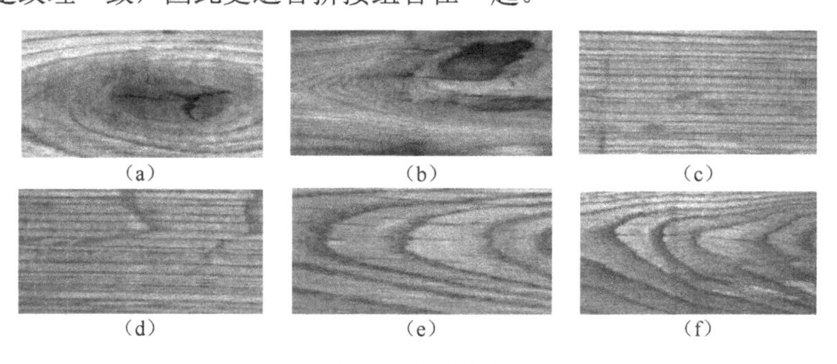

图 7-6-10　拼接样本示例

参 考 文 献

[1] 刘一星, 李坚, 郭明晖, 等. 中国 110 树种木材表面视觉物理量的分布特征[J]. 东北林业大学学报, 1995, 23(1): 52-58.

[2] 车文, 于海鹏, 陈文帅, 等. 木质视环境的心理生理影响研究综述[J]. 林业科学, 2010, 46(7): 164-169.

[3] 金海善, 汪华章, 吴炜, 等. 基于颜色特征的图像检索算法及实现[J]. 四川大学学报: 自然科学版, 2008, 45(4): 817-822.

[4] 白雪冰, 王克奇, 王业琴, 等. 基于 BP 神经网络的木材表面颜色特征分类的研究[J]. 森林工程, 2007, 23(1): 24-26.

[5] 王克奇, 杨少春, 戴天虹, 等. 基于均匀颜色空间的木材分类研究[J]. 计算机工程与设计, 2008, 29(7): 1780-1784.

[6] Bombardier V, Schmitt E. Fuzzy rule classifier: Capability for generalization in wood color recognition[J]. Engineering Applications of Artificial Intelligence, 2010, 23(6): 978-988.

[7] 戴天虹, 赵贝贝, 王玉珏. 基于提升小波提取木材颜色特征的研究[J]. 机电产品开发与创新, 2010, 23(1): 3-5.

[8] 罗微, 李红岩, 孙丽萍. 基于颜色空间非等间隔量化的木材图像主色调检索[J]. 东北林业大学学报, 2012, 40(10): 159-162.

[9] 常湛源, 曹军, 张怡卓. 板材心理感知颜色在线模糊分类器设计[J]. 电机与控制学报, 2014, 18(9): 93-98.

[10] Kurdthongmee W. Colour classification of rubberwood boards for fingerjoint manufacturing using a SOM neural network and image processing[J]. Computers and Electronics in Agriculture, 2008, 64(2): 85-92.

[11] 苗艳凤, 关惠元. 基于感性工学的木材山峰状纹理视觉特性研究[J]. 家具与室内装饰, 2013 (1): 58-60.

[12] 管宁. 人造板的质感表面[J]. 国际木业, 2011(10): 33.

[13] Tou J Y, Tay Y H, Lau P Y. A comparative study for texture classification techniques on wood species recognition problem[C]. International Conference on Natural Computation, Tianjin, China, 2009.

[14] 白雪冰, 王克奇, 王辉. 基于灰度共生矩阵的木材纹理分类方法的研究[J]. 哈尔滨工业大学学报, 2005, 37(12): 1667-1670.

[15] 王辉, 杨林, 丁金华. 基于特征级数据融合木材纹理分类的研究[J]. 计算机工程与应用, 2010, 46(3): 215-218.

[16] 谢永华, 钱玉恒, 白雪冰. 基于小波分解与分形维的木材纹理分类[J]. 东北林业大学学报, 2010, 38(12): 118-120.

[17] 刘金平, 桂卫华, 牟学民, 等. 基于 Gabor 小波的浮选泡沫图像纹理特征提取[J]. 仪器仪表学报, 2010, 31(8): 1769-1775.

[18] 高直, 朱志浩, 徐永红, 等. 基于四元数小波变换及多分形特征的纹理分类[J]. 计算机应用, 2012, 32(3): 773-776.

[19] Avci E, Sengur A, Hanbay D. An optimum feature extraction method for texture classification[J]. Expert Systems with Applications, 2009, 36(3): 6036-6043.

[20] 温智婕. 图像纹理特征表示方法研究与应用[D]. 大连: 大连理工大学, 2008: 4-6.

[21] 陈立君, 王克奇, 王辉. 基于 BP 神经网络木材纹理分类的研究[J]. 森林工程, 2007, 23(1): 40-42.

[22] 窦刚, 陈广胜, 赵鹏. 采用颜色纹理及光谱特征的木材树种分类识别[J]. 天津大学学报: 自然科学与工程技术版, 2015, 48(2): 147-154.

[23] 杨福刚, 孙同景, 庞清乐, 等. 基于 SVM 和小波的木材纹理分类算法[J]. 仪器仪表学报, 2006, 27(6): 2250-2252.

[24] Bianconi F, González E, Fernández A, et al. Automatic classification of granite tiles through colour and texture features[J]. Expert Systems with Applications, 2012, 39(12): 11212-11218.

[25] 王佳奕, 葛玉荣. 基于 Contourlet 变换和支持向量机的纹理识别方法[J]. 计算机应用, 2013, 33(3): 677-679, 699.

[26] 丁幼春, 陈红. 基于 Bayes 的竹片颜色检测分级方法[J]. 华中农业大学学报, 2009, 28(6): 767-770.

[27] Celik T, Tjahjadi T. Bayesian texture classification and retrieval based on multiscale feature vector[J]. Pattern Recognition Letters, 2011, 32(2): 159-167.

[28] 钱勇, 白瑞林, 倪健, 等. 基于颜色特征的地板层次分类研究[J]. 计算机工程与应用, 2013, 49(13): 245-247, 252.

[29] Zhao P. Robust wood species recognition using variable color information[J]. Optik—International Journal for Light and Electron Optics, 2013, 124(17): 2833-2836.

[30] 曾传华. 基于颜色和纹理特征的竹条分级方法研究[D]. 武汉: 华中农业大学, 2010: 13-14.

[31] Stricker M A, Orengo M. Similarity of color images[C]. International Society for Optics and Photonics, San Jose, CA, USA, 1995.

[32] 周品, 李晓东. MATLAB 数字图像处理[M]. 北京: 清华大学出版社, 2012.

[33] 赵贝贝. 基于颜色特征的木质板材分类方法的研究[D]. 哈尔滨: 东北林业大学, 2010: 9-12.

[34] Dash M, Liu H. Feature selection for classification[J]. Intelligent Data Analysis, 1997, 1(1-4): 131-156.

[35] 肖汉光, 蔡从中. 特征向量的归一化比较性研究[J]. 计算机工程与应用, 2009, 45(22): 117-119.

[36] 张怡卓, 马琳, 许雷, 等. 基于小波与曲波遗传融合的木材纹理分类[J]. 北京林业大学学报, 2014, 36(2): 119-124.

[37] 李凯齐, 刁兴春, 曹建军, 等. 基于改进蚁群算法的高精度文本特征选择方法[J]. 解放军理工大学学报: 自然科学版, 2010, 11(6): 634-639.

[38] Kennedy J. Small worlds and mega-minds: Effects of neighborhood topology on particle swarm performance[C]. Congress on Evolutionary Computation, Washington, D. C., USA, 1999.

[39] Donoho D L. Compressed sensing[J]. IEEE Transactions on Information Theory, 2006, 52(4): 1289-1306.

[40] 石光明, 刘丹华, 高大化, 等. 压缩感知理论及其研究进展[J]. 电子学报, 2009, 37(5): 1070-1081.

[41] Candès E J, Tao T. Decoding by linear programming[J]. IEEE Transactions on Information Theory, 2005, 51(12): 4203-4215.

[42] Donoho D L, Huo X M. Uncertainty principles and ideal atomic decomposition[J]. IEEE Transactions on Information Theory, 2001, 47(7): 2845-2862.

[43] Elad M, Bruckstein A M. A generalized uncertainty principle and sparse representation in pairs of bases[J]. IEEE Transactions on Information Theory, 2002, 48(9): 2558-2567.

[44] 焦李成, 杨淑媛, 刘芳, 等. 压缩感知回顾与展望[J]. 电子学报, 2011, 39(7): 1651-1662.

[45] 魏超, 刘智, 王番, 等. 压缩感知理论及其在图像融合中的应用[J]. 测绘工程, 2013, 22(2): 30-33.

[46] Candès E J, Romberg J K, Tao T. Stable signal recovery from incomplete and inaccurate measurements[J]. Communications on Pure and Applied Mathematics, 2006, 59(8): 1207-1223.

[47] Tsaig Y, Donoho D L. Extensions of compressed sensing[J]. Signal Processing, 2006, 86(3): 549-571.

[48] 戴琼海, 付长军, 季向阳. 压缩感知研究[J]. 计算机学报, 2011, 34(3): 425-434.

[49] Figueiredo M A T, Nowak R D, Wright S J. Gradient projection for sparse reconstruction: Application to compressed sensing and other inverse problems[J]. IEEE Journal of Selected Topics in Signal Processing, 2007, 1(4): 586-597.

[50] Kim S J, Koh K, Lustig M, et al. An interior-point method for large-scale l1-regularized least squares[J]. IEEE Journal of Selected Topics in Singal Processing, 2007, 1(4): 606-617.